高等院校医学实验系列教材

医学细胞生物学实验教程

主　编　杨　明　刘家宇
副主编　修江帆　张迎春　寻　慧
编　者　刘　萍　张　晶　赵文静　吴　慧
　　　　高　晗　何美娜　朱玉苹　代志军
　　　　卢　帅　石　海

科学出版社
北　京

内 容 简 介

本书共分两部分,第一部分为《医学细胞生物学》实验指导,编入了20个重要的实验,既有经典项目,又有反映学科现代水平的实验,所选的实验内容简单精练,易于操作。第二部分为《医学细胞生物学》的试题与参考答案,编写了十六章习题,便于学生对理论知识进行复习巩固。

本书可供医学院校本科各专业学生使用,也可供研究生及从事相关专业的研究人员参考。

图书在版编目(CIP)数据

医学细胞生物学实验教程 / 杨明,刘家宇主编. 北京:科学出版社, 2024.8. -- (高等院校医学实验系列教材). -- ISBN 978-7-03-078846-7

Ⅰ. R329.2-33

中国国家版本馆CIP数据核字第2024QF6961号

责任编辑:李　植 / 责任校对:宁辉彩
责任印制:赵　博 / 封面设计:陈　敬

斜 学 虫 版 社 出版
北京东黄城根北街 16 号
邮政编码:100717
http://www.sciencep.com

固安县铭成印刷有限公司印刷
科学出版社发行　各地新华书店经销

*

2024 年 8 月第　一　版　开本:787×1092　1/16
2025 年 7 月第　二　次印刷　印张:13
字数:299 000

定价:49.80 元
(如有印装质量问题,我社负责调换)

前　　言

医学细胞生物学是高等医学院校一门重要的基础课。随着教学改革的深入，各院校的课程设置、教学内容和实验编排都不尽相同。因此，根据医学细胞生物学教学发展的需要，紧紧围绕教学大纲，我们组织编写了这本《医学细胞生物学实验教程》，供高等医学院校临床医学、预防医学、医学检验、护理学、药学、口腔医学、影像学、麻醉学、法医学、儿科学、基础医学、生物技术、医学实验技术等专业的师生使用。

本书为《医学细胞生物学》配套使用的实验课教材。第一部分共编入20个实验，对每个实验项目的实验目的，实验原理，实验仪器、材料，实验方法与步骤及注意事项等有充分的阐述，便于学生理解和操作；同时，留有作业和思考题，有助于培养学生的独立思考能力，并加深对相关理论知识和实验内容的理解和掌握。书中还适当列入了实验所用溶液的配制、动物实验基本操作、临床专业相关知识等内容。大部分实验配有微课教学视频，在传统纸质教材的基础上融合实操性更强的数字内容，推动传统课堂教学向数字教学与移动教学转换。第二部分为配套试题，与理论课教学使用教材配套编写而成，可作为学生自学及教师的教辅资料。

由于我们的水平和编写经验有限，可能有疏漏之处，希望使用本实验教程的老师及同学们提出宝贵意见，以便再版时更新。

编　者
2023年6月

目　　录

课程概述及教学目标 ··· 1

实验室规则和要求 ··· 3

第一部分　《医学细胞生物学》实验指导 ·· 4

　　实验1　普通光学显微镜的结构和使用 ··· 4

　　实验2　动、植物细胞临时装片的制备和细胞器形态结构观察 ····················· 12

　　实验3　细胞计数 ··· 16

　　实验4　细胞的化学成分 ·· 19

　　实验5　细胞膜通透性的观察 ·· 24

　　实验6　植物细胞骨架的显示与观察 ·· 28

　　实验7　细胞的超微结构 ·· 31

　　实验8　动植物细胞的有丝分裂 ··· 35

　　实验9　动植物生殖细胞的减数分裂 ·· 39

　　实验10　普通光学显微镜标本的制片技术 ··· 45

　　实验11　荧光显微镜的结构和使用 ·· 53

　　实验12　透射电子显微镜的结构和使用 ·· 57

　　实验13　细胞成分的分离和鉴定 ··· 62

　　实验14　细胞器的活体染色 ··· 65

　　实验15　人外周血淋巴细胞培养与染色体标本制备 ································· 68

　　实验16　动物细胞培养 ··· 72

　　实验17　细胞的冷冻保存 ·· 76

　　实验18　动物细胞融合 ··· 79

　　实验19　小鼠巨噬细胞吞噬的观察 ·· 81

　　实验20　Annexin V-FITC/PI双染法检测细胞凋亡 ·································· 85

第二部分　《医学细胞生物学》试题与参考答案 ·· 88

　　第一章　绪论 ·· 88

　　第二章　细胞的概念与分子基础 ·· 92

　　第三章　细胞生物学的研究方法 ··· 103

　　第四章　细胞膜与物质的穿膜运输 ··· 107

　　第五章　细胞的内膜系统与囊泡转运 ·· 120

　　第六章　线粒体与细胞的能量转换 ··· 130

　　第七章　细胞骨架与细胞的运动 ·· 136

第八章　细胞核……143
第九章　细胞内遗传信息的传递及调控……152
第十章　细胞连接与细胞黏附……158
第十一章　细胞微环境及其与细胞的相互作用……162
第十二章　细胞间信息传递……166
第十三章　细胞分裂与细胞周期……173
第十四章　细胞分化……183
第十五章　细胞衰老与细胞死亡……189
第十六章　干细胞与细胞工程……197

参考文献……201

课程概述及教学目标

一、课程概述

医学细胞生物学是临床医学类专业的一门学科基础必修课程，以细胞生物学和分子生物学为基础，探讨与医学相关的细胞生物学问题，力求回答临床问题，期望能对人体各种疾病的发病机制予以深入阐明，为疾病的诊断、治疗和预防提供理论依据和实际解决途径。课程内容包括五个部分：细胞生物学概论、细胞的结构与功能、细胞的社会性、细胞的基本生命活动、干细胞与细胞工程，其中核心内容是结构、功能和基本生命活动。

医学细胞生物学是其他医学基础课程、医学专业课程的前置课程，要求学生学习该课程后，掌握医学细胞生物学的基础知识体系，具备从细胞生物学角度分析临床问题的学科思维能力，树立科学唯物观，为医学生从事临床工作后，探索疾病的发生、发展，提出诊断、治疗和预防措施，奠定理论基础和学科思维，造就适应社会发展、符合专业培养标准的医学人才。

二、教学目标

（一）知识目标

目标1：能熟练掌握细胞生物学的基本概念和基本原理，熟悉相关领域内的关键词汇。

目标2：明确细胞基本结构与功能的相互关系，知晓细胞生命进程调控机制等基本知识，知晓细胞异常改变与疾病发生的相互关系。

目标3：了解细胞生物学学科发展过程和各种研究方法。

（二）能力目标

目标1：能用所学知识分析细胞生命活动机理和疾病发生的分子机制。

目标2：能联系细胞生物学与物理、化学等其他学科的交叉融合及其应用，具备运用细胞生物学研究方法解决实际科学问题的能力。

（三）素质目标

目标1：提高阅读文献的能力，获得运用所学知识去分析科技文献中数据的能力，跟踪本学科领域内的最新进展。

目标2：熟悉医学细胞生物学的研究模式，建立研究思维。

（四）课程思政目标

目标1：在了解生命组成单位——细胞的基本结构基础上，认识生命形成之美，树立对生命的敬畏、尊重，形成健康积极的人生观念。

目标2：在深刻理解细胞结构、功能和活动规律的基础上，领悟生命的本质，运用马克思主义唯物辩证法的方法论去分析和解决问题。

目标3：在学习中能感悟到科学家崇尚科学、严密推理、追求真理等的科学精神，督促学生形成正确的科学思维和健全的人格品质。

实验室规则和要求

1. 遵守实验纪律，按时进入实验室，不得迟到或早退。实验中途因故需外出时应向任课教师请假。

2. 进入实验室之前要换好白大衣，带齐学习用品（包括生物绘图工具），按指定座位入座。

3. 保持实验室安静，不许在实验室内大声喧哗及随意走动。

4. 必须严肃认真地进行实验。实验期间不得进行任何与实验无关的活动。

5. 实验室内各组仪器及器材由各实验小组内部使用，不得互相调换。要爱护实验仪器、设备和标本。如遇仪器损坏或出现故障，应及时报告任课教师，以便修理或更换，请勿自行处理。损坏实验器材或设备者，应按有关规定进行赔偿。

6. 注意节约实验材料、试剂、药品以及水、电等。

7. 保持实验室内清洁整齐。实验结束后，各组必须认真清理各自的实验台面，将器材清洗后点清数目，然后摆放整齐。班级值日生负责清扫实验室卫生，关好水、电开关和门、窗等，经教师允许后方可离开实验室。

8. 动物尸体、纸片及实验废物应放到指定地点，不得随意乱丢。

9. 有不遵守上述要求者，任课老师将终止其实验，并取消其当节实验课成绩。

第一部分 《医学细胞生物学》实验指导

实验1 普通光学显微镜的结构和使用

【实验目的】

1. 熟悉普通光学显微镜的主要构造及其性能。
2. 掌握低倍镜和高倍镜的正确使用方法。
3. 了解油镜的正确使用方法和注意事项。
4. 了解普通光学显微镜的维护方法。

【实验原理】

光学显微镜（light microscope）的发明打开了人类探索微观世界的大门，首次在光镜下看见了细胞显微结构，进而建立了细胞学说，为细胞学的兴起和发展打下基础。随着普通光学显微技术与图像处理技术的快速发展，普通光学显微镜在研究细胞的结构与功能等方面展示出了新的活力。光学显微镜是利用光线照明使微小物体形成放大影像的仪器，是生物学和医学教学、科研和临床工作的重要仪器，每个医学生都必须熟悉它的主要构造和性能，掌握其正确的使用方法。

【实验仪器、材料、试剂】

1. **仪器** 普通光学显微镜、拭镜纸等。
2. **材料** 玉米茎横切片或其他材料装片等。
3. **试剂** 二甲苯、无水乙醇、香柏油。

【实验方法与步骤】

一、显微镜的主要结构和功能

显微镜的发明和使用已有400多年历史。1590年前后，荷兰的Hans父子研制出放大10倍的原始显微镜；1665年，英国物理学家Hooke研制出性能较好的显微镜并使用它发现了细胞。不断的技术革新使得显微镜的结构和性能渐趋完善，造就了种类多、型号异的系列光学显微镜。形形色色的光学显微镜虽然外形和结构差异较大，但其基本构造和工作原理是相似的。一般而言，光学显微镜分为直立式和倾斜式两型，其结构都可分为机械（图1-1）、照明和光学三部分。

（一）机械部分

1. 镜座　是显微镜的基座，位于最底部，用以支持和稳定镜体。

2. 镜柱　是镜座上方的垂直结构。

3. 镜臂　一端连于镜柱，另一端连于镜筒，是取放显微镜时便于手握提的部位。①直立式显微镜的镜臂略呈弓形，镜臂和镜柱之间有一可动关节称为倾斜关节，使用时可适当倾斜，但倾斜角度不应超过45°，以免由于重心偏移导致显微镜翻倒。②倾斜式显微镜的镜臂呈楔形，与镜柱连为一体，无倾斜关节。由于镜座、镜柱和镜臂在倾斜式显微镜中常连为一个整体，有时也称为主体。

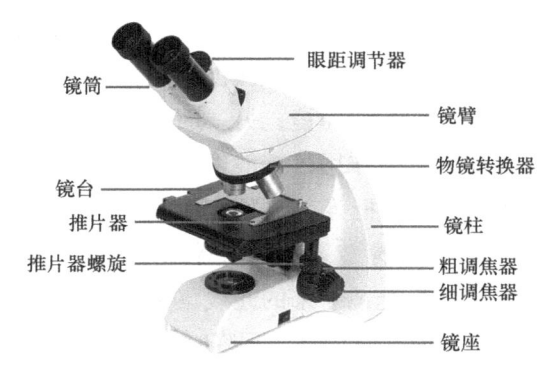

图1-1　显微镜结构——机械部分（双筒倾斜式）

4. 调焦器　也称调焦螺旋、准焦螺旋，是调节焦距的装置，位于镜臂的上端（直立式显微镜）或镜柱的下端（倾斜式显微镜），大小两种螺旋呈同心圆排列，分为粗调焦器（大螺旋）和细调焦器（小螺旋）两种。调节时使镜台作上下方向的移动，其中粗调焦器可使镜台或镜筒作较大距离和较快速度地升降，适用于低倍镜观察时的对焦；而细调焦器可使镜台或镜筒缓慢升降，幅度不易被肉眼观察到，适用于高倍镜或油镜下观察时作较精细的焦距调节，也用于观察标本的不同层次。

5. 镜筒　是安装在显微镜最上方或镜臂前方的圆筒状结构，其上端装有目镜，下端连接物镜转换器。根据镜筒的数目，显微镜可分为单筒式和双筒式两种。单筒显微镜又分为直立式和倾斜式两种，而双筒式显微镜的镜筒均为倾斜式的。双筒式显微镜两个镜筒间距可改变，与观察者的瞳孔间距相对应。每个目镜筒底部有可调节的视度圈（屈光度调节环），用于调节目镜长度以适应两眼不同视力。

6. 物镜转换器（旋转盘）　在镜臂的前端，镜筒的下端，呈圆盘状结构，下面有3~4个物镜孔，可安装不同放大倍数的物镜。换用物镜时，可转动旋转盘，注意一定要将旋转盘边缘上的缺刻和基座上的"T"形卡相扣合，使物镜与光轴合轴，否则无法聚焦。

7. 镜台（载物台）　是位于物镜转换器下方、镜柱前方的方形平台，用以放置被观察的玻片标本。镜台的中央有一圆形的通光孔，靠近镜柱处装有玻片标本推进器（推片器）以固定玻片标本，镜台下方有推片器螺旋可使玻片前后左右移动。推片器上有纵横游标尺，可利用游标尺上的刻度为标记寻找物像。直立式显微镜镜台两侧有一对压片夹，用以固定玻片标本。

（二）照明部分

显微镜的照明装置由光源、反光镜、集光器和光圈组成。

1. 光源　显微镜有不带光源和带光源的两类。前者利用自然光源或人工光源照明；后者为电光源照明，电光源灯一般装在镜座里或镜座后的灯壳中，利用位于镜柱侧面的楔形开关打开或关闭电源，同时使用电压调节旋钮调节光源强度。

2. 反光镜　装在镜座上，镜柱的前方，可向各个方向转动，把光线反射入聚光镜，反光镜一面是凹面镜，另一面是平面镜。凹面镜有聚光作用，适用于较弱和散射光，平面镜只有反射作用，一般用于较强光线和固定光源。有时使用平面镜，在视野内会出现窗外景物或窗框等，可下降聚光镜或使用凹面镜以消除之。

3. 集光器　又名聚光器或聚光镜、集光镜，位于镜台通光孔下方，由一组透镜组成，可使反光镜射来的光线集中于标本上，其侧面有一集光器螺旋，调节时可升降集光器，上升时光线增强，下降时光线减弱。

4. 光圈　又名虹彩光圈或光阑，位于集光器下方，由许多金属薄片组成，侧面有一光阑小柄，拨动小柄可使光圈扩大或缩小，以调节进光量。

（三）光学部分

1. 目镜（ocular）　呈短筒状，插入镜筒上端。上面刻有8×、10×、16×等符号，表示其放大倍数，可供选择。目镜镜筒内有一指针，用以指明视野中观察物像的部位，以利示范和提问。

2. 物镜（objective）　装在物镜转换器上，依放大倍数不同分为：低倍镜、高倍镜和油镜。①低倍镜短细，镜孔直径最大，放大倍数为4×、8×或10×；②高倍镜较长，镜孔直径较小，放大倍数为40×、45×或60×；③油镜最长，镜孔直径最小，放大倍数为90×或100×。

通常在物镜上刻有相应的标记，是反映其主要性能的参数。如在10倍的物镜上刻有：10/0.25和160/0.17。10为物镜放大倍数；0.25为镜口率（或N.A.0.25）；160为镜筒长度，0.17为所需盖玻片的标准厚度，单位均为毫米。

镜口率又称数值孔径（numerical aperture，简写为N.A），可以反映物镜分辨力的大小，数字越大，表示分辨力越高，一般10×物镜的N.A为0.25，40×物镜的N.A为0.65，100×物镜的N.A为1.25等。

显微镜的总放大倍数等于目镜和物镜放大倍数的乘积。例如，目镜10×、物镜100×，其放大倍数为10×100=1000倍。

不同物镜有不同的工作距离（指显微镜处于焦距调好、物像清晰的工作状态时，物镜最下端与盖玻片表面之间的距离）。物镜的放大倍数与其工作距离成反比，放大倍数越高，工作距离越小。尼康YS100型显微镜的工作距离，低倍镜（目镜10×、物镜10×）约为7.63mm，高倍镜（目镜10×、物镜40×）约为0.53mm，油镜（目镜10×、物镜100×）约为0.198mm。不同类型显微镜的工作距离可以存在不同。

二、显微镜的使用方法

显微镜轻放在自己座位左前方的实验台上，以距离标准实验台边缘3～6cm处为宜。直立式显微镜可使用倾斜关节，镜筒略向自己倾斜（但不能超45°），以便观察。

（一）低倍镜的使用

1. 调节光线　先转动粗调焦器，使镜台略降低，再旋转物镜转换器，使低倍镜对准通光孔（可听到轻微的碰撞声）。然后打开光圈，上升集光器，打开电源开关，利用电压调节器旋钮调节视野的光线强弱，双眼睁开，对准目镜观察，调节目镜间距使两个视野重合，再调节视度圈，使双眼均能看清。不带光源的显微镜反复转动反光镜，直到视野内光线明亮均匀为止。

2. 放片　取一张玻片标本，认清标本的位置和正反面，将有盖玻片的一面朝上，用压片夹或推片器固定，然后用手或推片器调节，将要观察的标本对准通光孔的中央。

3. 调焦　转动粗调焦器，将镜台升到最高，使低倍镜镜头与装片标本距离最小，然后用双眼从目镜中观察，缓慢转动粗调焦器至视野中出现清晰的物像为止。

如果在调节焦距时，物镜与标本之间的距离已超过工作距离（指显微镜物像调节清晰时，物镜最下面透镜的表面与盖玻片上表面的距离）而仍未见到物像，则应该严格按上述步骤重新操作。

如果物像不在视野中央，可前后左右移动标本，注意玻片移动的方向与物像移动的方向相反。

如果光线太强或太弱，可慢慢缩小或扩大光圈；也可下降或上升集光器，找到最合适的光亮度。最强的光线不一定是最合适的。

（二）高倍镜的使用

1. 选择目标　一定要在低倍镜下找到物像后，才将要放大观察的部分移至视野正中央，并调节清晰。

2. 换用高倍镜　从侧面注视物镜，转换高倍镜。

3. 调焦　从目镜中观察，可见视野中有不太清晰的物像，此时慢慢地转动细调焦器，即可见到清晰的物像。注意使用高倍镜时，不要随意转动粗调焦器，以免镜筒下降或载物台上升幅度过大而损坏标本或镜头。如果按上述操作看不到物像，应该检查可能的原因，例如，目的物不在视野中，是否由于低倍镜下没有将其移至视野正中；低倍镜的焦距是否调好，玻片标本有否放反；物镜是否松动或有污物等。

如果换用高倍镜时，镜头碰到玻片，不可强行转动，应查找原因并加以纠正。常见原因有：①玻片放反；②玻片过厚；③高倍镜头松动；④低倍镜下焦距未调好等。如这些因素排除后，高倍镜头仍碰到玻片，则非原装高倍镜，镜头过长。

（三）油镜的使用

1. 选择目标　一定要在高倍镜下找到清晰物像后，将拟用油镜观察的目的物移至视野正中央，焦距不动。

2. 调光　光圈开大，集光器升到最高位置。

3. 换用油镜　旋转物镜转换器，转开高倍镜，眼睛注视侧面，在待观察标本的部位滴上一滴香柏油，转换油镜，使油镜镜头与香柏油滴接触。

4. 调焦 从目镜观察，同时慢慢上下转动细调焦器，直至出现清晰的物像。

临时制片因有水分，不宜用油镜观察。

使用后，必须把油镜镜头和装片上的香柏油及时擦拭干净。擦拭前，应将镜筒升高或镜台下降约1cm，并将油镜头转离通光孔。先用拭镜纸蘸少许二甲苯或无水乙醇擦2次，将镜头和标本上的香柏油擦去，再用干拭镜纸擦净。至于玻片上的油，如果是有盖玻片的永久装片，可直接用上述擦油镜头的方法擦净；如果是无盖玻片的标本，则用拉纸法除去载玻片上的油，即先用一小块拭镜纸盖在含油玻片的表面，再向拭镜纸上滴几滴二甲苯或无水乙醇，趁湿将拭镜纸向一侧拉，如此反复几次，即可将玻片上的油除去。

三、标本观察和操作练习

取玉米茎横切片或其他材料装片，按照上述普通光学显微镜的正规使用方法和注意事项，反复练习低、高倍镜的使用，以掌握显微镜的正确使用方法。

【注意事项】

1. 取用普通光学显微镜时，应轻拿轻放。一定要一手紧握镜臂，另一手托住镜座，切勿单手斜提，以免碰坏显微镜或零部件脱落。

2. 显微镜不可放置在实验台的边缘，应使镜座后缘离实验台边缘3~6cm，以防碰翻落地。

3. 使用前要检查，如发现缺损，或使用时损坏，应立即报告指导教师。

4. 放置玻片标本时，应将有盖玻片的一面向上，否则使用高倍镜和油镜时将找不到物像，同时又易损坏玻片标本和镜头；临时装片要加盖玻片，由于含有水分，易于流动，镜台须平放。观察永久装片标本时，倾斜关节不得超过45°，因事离开座位时，必须将倾斜关节复原。

5. 不得随意取出目镜或拆卸零部件，以防灰尘落入或零部件丢失、损坏等。

6. 使用普通光学显微镜应该养成正规操作的习惯。两眼睁开，两手并用（左手转动调焦器，右手移动推片器），边观察，边记录和绘图等。如果两眼同睁观察不习惯，可先挡住右眼，等左眼看清视野后再逐渐放开右眼。两眼同睁，既防止眼睛疲劳，又方便绘图。

7. 如需同老师或同学讨论视野中的某一结构，可用推片器将该结构移至指针尖端处。

8. 要经常维护显微镜的清洁。机械部分有灰尘、污物等可用绸布擦净。光学和照明部分的镜面，只能用拭镜纸轻轻擦拭，切不可用手指、手帕和绸布等擦抹，以免磨损镜面。

9. 普通光学显微镜使用结束后应及时复原：应先下降镜台，取下玻片标本，物镜转离通光孔，使每一个物镜都不对准通光孔，下降聚光镜，关闭光圈，将调节光源强弱旋钮调至最小时再关闭电源开关。

【作业】

填图注明普通光学显微镜的各部分名称。

【思考题】

1. 怎样区分低倍镜、高倍镜和油镜?如不注意区分，错用物镜可能造成什么后果?
2. 如何判断视野中所见污点的来源？目镜在显微镜的成像上起什么作用？
3. 如何调节视野内的光线强度？
4. 使用显微镜观察标本，为什么一定要从低倍镜到高倍镜再到油镜的顺序进行？
5. 如果在高倍镜下，未看到物像，可能有哪些原因？应该怎样解决？
6. 在转动细调焦器时，如已达极限不能转动时，应该采取什么措施？

〔附1〕其他几种显微镜简介

在生物学和医学领域中，目前常用的其他几种显微镜如下所述。

一、解剖显微镜（dissecting microscope）

此种显微镜所成物像为正像，观察实体标本有立体感，用于观察或解剖细小生物。

二、倒置显微镜（inverted microscope）

物镜位于标本的下方，光源位于标本的上方。主要用于细胞培养等的活体观察。

三、暗视野显微镜（dark-field microscope）

其特点是使用中央遮光板或暗视野集光器，使光线通过集光器透镜边缘，倾斜地照射在标本上，经标本的反射或散射，再射入物镜内，因而整个视野是暗的，所观察的是被检物体的衍射光图像，用于观察微小生物的运动、活细胞的结构和细胞内微粒的运动等。

四、荧光显微镜（fluorescence microscope）

这是由普通光学显微镜加上一些附件（如荧光光源、激发滤片、双色束分离器和阻断滤片等）组成。荧光光源一般采用超高压汞灯（50～200W），经过激发滤片系统发出一定波长的激发光（如紫外光或紫蓝光），激发标本内的荧光物质发射出各种不同颜色的荧光后，再通过物镜、目镜的放大进行观察。主要用于研究细胞结构等。

五、相差显微镜（phase contrast microscope）

其主要结构特点是光学系统中有一套特殊装置（如环状光圈和带相板的物镜等），能改变直射光或衍射光的相位；并利用光的衍射和干涉现象，把相差变成振幅差（明暗差），增强反差，以利于观察活标本或未染色的标本。

六、电子显微镜（electron microscope）

电子显微镜，简称电镜，是利用电子束为照明源，使物体成像。特点是分辨率高，放大率大，不仅可以观察样品的二维平面结构，还可得到三维空间的信息。普通光学显微镜的分辨率一般仅为0.2μm，电镜分辨率一般为0.3nm，最高可达0.07nm；光学显微镜放大率最大为1500～1700倍，而电镜放大率可达1 000 000倍，常见的电镜有透射电镜（transmission electron microscope，TEM）和扫描电镜（scanning electron microscope，SEM）。

（一）透射电镜

电子束由电子枪射出，经高压加速和聚光透镜的聚焦，然后穿过样品，再经过多级电磁透镜（物镜、中间镜、投影镜）的放大，最后高度放大的图像显示在荧光屏上或记录在照相装置中。用于透射电镜的样品，必须做成超薄切片，一般厚度为30～60nm。

（二）扫描电镜

扫描电镜是利用由电子枪发射出，经过加速、聚集形成的一束很细小的电子束，在样品表面扫描，电子束中的电子与样品中的原子作用，可产生二次电子，二次电子信号的大小依样品表面的外形而异，因而利用反射回来的二次电子信号，经收集、放大，在荧光屏上显示出样品表面高度放大的立位图像。样品不必作超薄切片，制备较简单。

近年来还出现了其他几种电镜，如超高压电镜（ultrahigh voltage electron microscope）、扫描透射电镜（scanning-transmission electron microscope）、扫描隧道电镜（scanning tunnel electron microscope）、分析电子显微镜（analytical electron microscope）和原子力显微镜（atomic force microscope）等。

[附2] 显微测量

测微尺有目镜测微尺（目尺）和镜台测微尺（台尺），二者配合使用，可测出细胞的长度。目尺是一块可放在目镜内的特制圆形玻片，圆形玻片的直径上有长5mm、分为50个刻度的标尺。每一个刻度代表的长度随不同物镜的放大倍数和镜筒的不同长度而异。台尺是中央封有圆形盖玻片的特制载玻片，盖玻片直径上有长1mm、分为100个刻度的标尺，每个刻度长0.01mm。

显微测量的操作步骤如下。

（一）标定目尺

用台尺标定目尺每小格代表的长度。

将台尺放在载物台上固定好，将刻度线移到通光孔的中央，用低倍镜观察，转动粗调焦器至看清台尺的刻度。取下目镜，将圆形目尺装上。从目镜中观察，转动目镜并移动台尺，使两尺平行、零点对齐，记录目尺的全长所对应的台尺中的刻度数，按下式计算出目尺的每刻度长度。

$$目镜测微尺每格代表的长度（\mu m）=\frac{镜台测微尺的若干格数}{对应的目镜测微尺的格数}\times 10$$

如在低倍镜下所标定的目尺全长（50个刻度）等于台尺68个刻度，即0.68mm，则目尺每一刻度代表的长度为：0.68mm/50=0.0136mm，即13.6μm。也可将目尺和台尺的起始处的刻度线对齐作为起点，向后找到两尺的下一个刻度线对齐的点作为终点，分别数出目尺和台尺起点和终点间的格数，从而计算出目尺每格代表的长度。如用高倍镜或油镜观察，需用此法重新标定目尺。

（二）细胞测量

从显微镜载物台上取下镜台测微尺，换上细胞标本，用目尺的中间部分测出细胞的目尺刻度数，再乘以每刻度的长度，即为细胞的实际长度。可用于测量细胞、细胞核的长短径。

测量时，应注意将被测量的标本移至视野中心，因为视野中心物象最清晰，像差最小；为减少误差，在测量某种细胞时，要测量5个以上，取其平均值；另外，需注意视野中的亮度应均匀一致，亮度不均将影响测量值的准确性。

（三）计算细胞和细胞核体积的公式

圆形$V=4/3\pi r^{3}$（r为半径）。

椭圆形$V=4/3\pi ab^{2}$（a、b为长、短半径）。

核质比$N/D=V_{n}/(V_{c}-V_{n})$（V_{n}为细胞核的体积，V_{c}是细胞的体积）。

作 业

填写显微镜（图1-2）结构名称图（要求用铅笔填写，注字工整，名称写在引线末端）

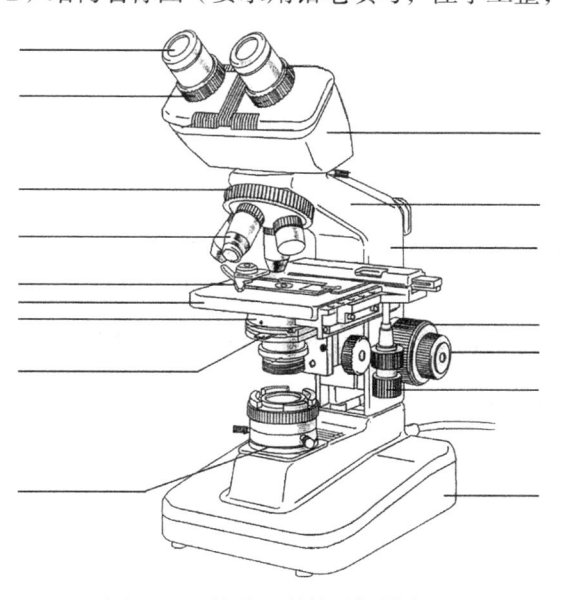

图1-2 双筒式显微镜（倾斜式）

实验2 动、植物细胞临时装片的制备和细胞器形态结构观察

【实验目的】

1. 掌握临时装片制备。

2. 识别光镜下动、植物细胞和细胞器的结构。

【实验原理】

显微镜标本根据制片方法不同，可分为切片、装片和涂片。①切片，由生物体上切取的薄片制成；②装片，从生物体上撕取或挑取的材料制成；③涂片，由液体的生物材料涂抹而成。根据生物材料的特性可选取不同的制片方法。

一般细胞为无色透明的，需要进行染色后，才可在普通光学显微镜下观察。染料会根据酸、碱作用，或者与其他化学基团和细胞内的分子结合，显示出各异的细胞结构。在普通光学显微镜下，各种细胞、亚细胞结构呈现的形态、颜色和该细胞种类有关，也和制片、染色方法有关。

此外根据制作保存时间不同，显微镜玻片又分为临时装片和永久装片。①临时装片：是在做实验的时候当场制作，或近期制作用于短期观察。长时间则细胞结构改变或霉变。②永久装片：一般是厂家制作的，装片上会有一些密封物质把载玻片和盖玻片封起来，一般是长期反复使用，用做样板。

【实验仪器、材料、试剂】

1. 仪器 普通光学显微镜。载玻片、盖玻片、解剖刀、解剖镊、剪刀、解剖盘、小平皿、消毒牙签、吸水纸、擦镜纸、白布等。

2. 材料 洋葱鳞叶、人口腔黏膜上皮细胞、鸡血、家兔脊神经节切片、小白鼠十二指肠横切片、马蛔虫子宫横切片。

3. 试剂 0.2%甲基蓝、蒸馏水、二甲苯、瑞氏染液等。

【实验方法与步骤】

一、临时装片制备和细胞形态观察

（一）洋葱鳞叶表皮细胞标本的制备和观察

取一清洁载玻片平放于桌上，滴蒸馏水1～2滴于载玻片的中央，用解剖镊从洋葱鳞叶内表皮撕下2～3mm²表皮（越薄越好），放于载玻片中央水滴内（若有皱褶，可用解剖镊展平），加滴1～2滴0.2%甲基蓝染液在标本上并染色2～3分钟，盖上盖玻片，制成临时装片。

将做好的临时装片置低倍镜下观察，可见洋葱鳞叶表皮细胞略呈长方形，细胞壁（cell wall）清晰可见，这是植物细胞的特征之一。细胞核（nucleus）呈圆形或卵圆形，位于细胞中央或靠近细胞边缘。用高倍镜观察，在细胞核内可以看见1~2个折光较强的核仁（nucleolus）。细胞膜（cell membrane）位于细胞壁的内侧，二者紧密相贴。在细胞质中，还可见充满清澈透亮细胞液（cell sap）的液泡（pusule）（图2-1）。

（二）人口腔黏膜上皮细胞标本的制备和观察

取清洁载玻片和盖玻片各一张，滴1~2滴生理盐水于载玻片中央，取消毒牙签一根，轻轻刮取唇部内侧的上皮细胞。将粘有上皮细胞的牙签置于载玻片中央水滴内搅动几下，制成细胞悬液，加滴1~2滴0.2%甲基蓝染液并染色2~3分钟，盖上盖玻片。

图2-1 洋葱鳞叶表皮细胞图

低倍镜下观察，可见口腔黏膜上皮细胞呈不规则、扁平椭圆形或多边形，单个或多个连在一起。选择清晰而无重叠的细胞，移至视野中央，换高倍镜观察。在高倍镜下，细胞中央有一个卵圆形的细胞核，细胞质均匀（图2-2）。

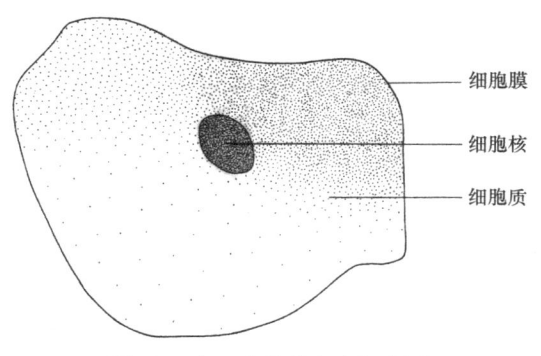

图2-2 人口腔黏膜上皮细胞图

（三）鸡血涂片的制备和观察

取一滴鸡血，滴加在载玻片一端，将另一载玻片置于血滴旁，呈45°夹角，向前匀速推进，使鸡血在载玻片上形成均匀薄层。微干后，细胞黏附在载玻片上，此时滴加瑞氏染液，覆盖整个载玻片。固定0.5~1分钟后，滴加蒸馏水和染液混合，静置5~10分钟，洗去染液。待载玻片风干后，可在显微镜下观察。

在低倍镜下选取染色均匀，细胞较多，且分散不重叠的区域，换至高倍镜，观察鸡红细胞形态。鸡红细胞为椭圆形有核细胞。

二、细胞器永久装片观察

（一）高尔基复合体的观察

取家兔脊神经节切片，置低倍镜下观察，可见到许多淡黄色呈椭圆形或不规则形状

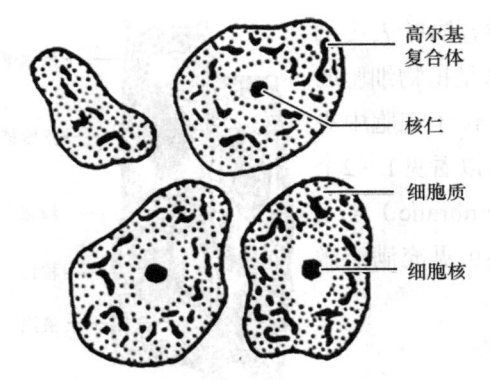

图2-3　家兔脊神经节细胞（示高尔基复合体）

的神经细胞。选择神经细胞较为集中的区域，换高倍镜观察，可以看到大小不等的神经细胞（因为这些细胞不是排列在同一平面上），细胞中央有一染色很浅或无色的圆形细胞核，核内可见橙黄色的核仁。在细胞核周围的细胞质中，有很多染成深褐色卷发状的结构，即高尔基复合体（Golgi complex）（图2-3）。

（二）线粒体的观察

取小白鼠十二指肠横切片，置低倍镜下观察，可见肠管内壁向肠腔中突出，形成许多指状的皱襞。换高倍镜观察，可见皱襞有许多柱状细胞（肠上皮细胞）。再换油镜观察，可见柱状细胞的中央有一椭圆形的细胞核，在细胞核两端的细胞质有许多红色的线状或颗粒状结构，即是线粒体（mitochondrion）（图2-4）。

（三）中心体的观察

取马蛔虫（parascaris equorum）子宫横切片，置低倍镜下观察，找到其受精卵分裂中期侧面观的细胞。换高倍镜观察，可见细胞内染色体呈线状排列在赤道面上。在染色体的两侧，各有一深蓝色的球形颗粒区，即中心体（central body）。在中心体外周，隐约可见放射状的星射线（图2-5）。

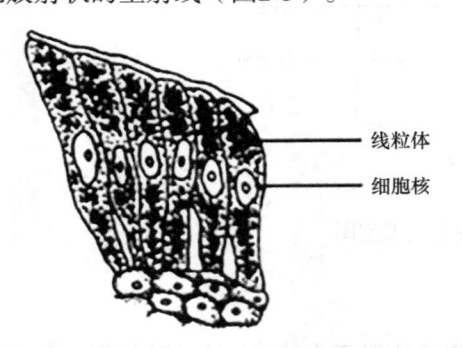

图2-4　小白鼠十二指肠上皮细胞（示线粒体） 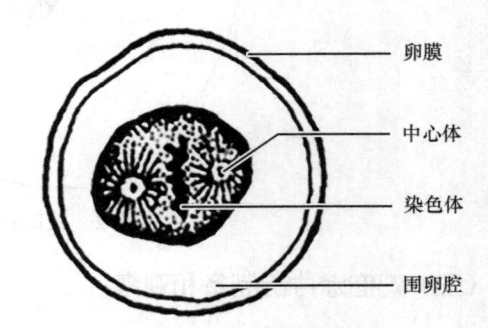　　图2-5　马蛔虫受精卵细胞（示中心体）

【注意事项】

1. 洋葱鳞叶表皮撕取时，应为单层细胞，在放置于盖玻片前，注意不要折叠鳞叶表皮。

2. 人口腔黏膜上皮细胞在低倍镜下观察时，细胞微小，容易错过，应仔细观察点状染色，区分细胞和沉渣。

3. 制作血涂片时，载玻片保持清洁、干燥、中性且无油腻，血膜边缘整齐，厚度适宜，细胞分布均匀。

4. 寻找高尔基复合体前，应区分出神经元胞体和神经纤维束，在神经元胞体内寻找高尔基复合体。

5. 观察中心体时，找分裂中期侧面观细胞。

【作业】

完成实验报告。

【思考题】

1. 涂片一般适用于哪些组织观察？

2. 查找资料，了解冰冻切片和石蜡切片在切片制作过程中有什么区别？

【临床相关知识扩展】

在低温条件下使组织快速冷却，变硬，进行切片的方法称为冰冻切片。因其制作过程快捷、简便，并且可以搭配多种染色方法，常常应用于手术中的快速病理诊断。如肿瘤患者在手术前未知是良性肿瘤或是恶性肿瘤，在手术中就可以通过冷冻切片迅速活检，确定肿瘤性质，帮助临床医生及时确定更优的手术方案。

涂片技术用于液基制片，在临床上运用广泛，如在宫颈癌筛查中，宫颈细胞学检查即为收集宫颈脱落细胞，制成涂片，在经过染色和相应的处理后，观察细胞形态，如果鳞状上皮异常多见，同时伴有HPV阳性，则提示需要进一步检测。

实验3　细 胞 计 数

【实验目的】

1. 了解血细胞计数板构造和计数原理。
2. 掌握使用血细胞计数板进行细胞计数的方法。

【实验原理】

在细胞生物学的实验中，往往需要进行活细胞的鉴定和细胞的计数，调整细胞的密度，是进行实验必不可少的一种基本技能。应用显微镜的成像原理，并借助血细胞计数板，可以计算单位体积的细胞或微小生物的数量。当待测细胞悬液中细胞均匀分布时，通过测定一定体积悬液中细胞的数目，即可换算出每毫升细胞悬液中细胞的细胞数目。

血细胞计数板可用于较大单细胞或微生物的计数。它是由一块长约7.5cm、宽3.5cm，比普通载玻片厚的特制厚玻璃制成，中部1/3处有四条槽，内侧两条槽间还有一条横槽相连，在中部构成两块长方形平台。此平台比整个载玻片平面低0.1mm。平台中部各有一个计数室，每个计数室分9大格。每格边长1mm，面积为1mm^2，深0.1mm，盖上盖玻片后体积为0.1mm^3。四角的四个大格分别被划分为16个中方格，一般用作白细胞、血小板和组织培养的细胞计数。中间的大方格被双划线划分为25个中方格，多用于红细胞和微生物的细胞计数（图3-1，图3-2）。

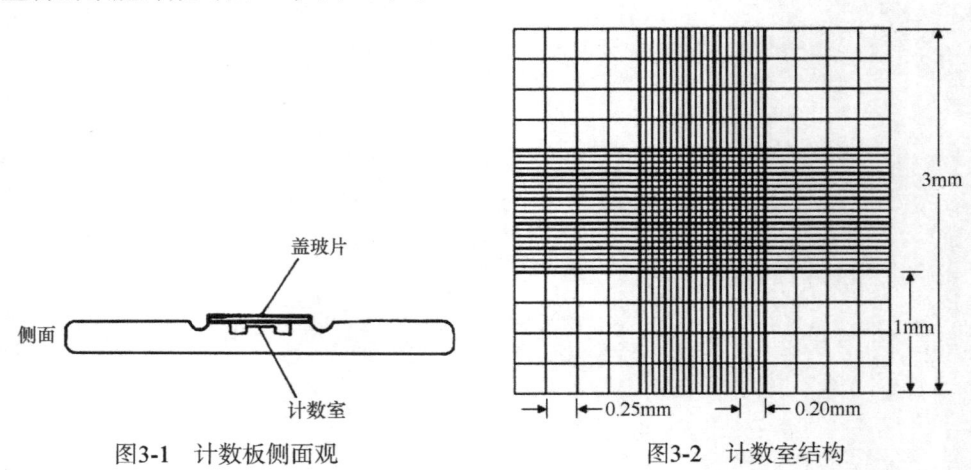

图3-1　计数板侧面观　　　　图3-2　计数室结构

计数室通常有两种规格：一种是16×25型，即大方格内分为16中格，每一中格又分为25小格；另一种是25×16型，即大方格内分为25中格，每一中格又分为16小格。但是不管计数室是哪一种构造，它们都有一个共同的特点，即每一大方格都是由16×25=25×16=400个小方格组成。

【实验仪器、材料、试剂】

1. 仪器　普通光学显微镜、血细胞计数板、吸管、棉球、盖玻片、小烧杯、滤纸等。

2. 材料　0.25%的红细胞悬液（鸡、鼠、羊）、酵母细胞悬液等。

3. 试剂　生理盐水、95%乙醇或无水乙醇、3.8%柠檬酸钠（抗凝剂）等。

【**实验方法与步骤**】

1. 制备血细胞悬液。

2. 熟悉血细胞计数板　在镜下找到并观察计数室形态。

3. 计数板准备　用酒精棉球清洁计数板和盖玻片，至镜检计数室内没有影响后期观察的纤维或杂点。

4. 取血细胞计数板，加盖玻片盖住两边的小槽。

5. 充液加样　用小滴管将混匀的一小滴稀释血液或酵母液滴在盖玻片边缘的玻片上，使稀释血液或酵母细胞借毛细管现象自动渗透入计数室中。如滴入过多，溢出并流入两侧槽内，使盖玻片浮起，体积改变，会影响计数结果，需用滤纸把多余的溶液吸出，以槽内没有溶液为宜。如滴入溶液过少，经多次充液，易产生气泡，应洗净计数板，干燥后重做。

6. 计数　充液后静置1~5分钟，待细胞下沉后，方可进行计数。在光镜物镜（10×）下计数四个大格内（各16个中方格）的细胞数。计数时为了防止重复和遗漏，应按一定的顺序。对于分布在刻线上的细胞，依照"计上不计下，计左不计右"的原则进行计数。

7. 按下式进行细胞浓度的计数：

$$\frac{4大格中细胞总数}{4} \times 10^4 \times 稀释倍数 = 细胞数/ml悬液$$

注：4大格中的每一大格体积为0.1mm³。1ml=10 000大格，因此，1大格细胞数×10⁴=细胞数/ml。

进行细胞计数时应力求准确，因此，在科学研究中，往往将计数板的两侧都滴加上细胞悬液，并同时滴加几块计数板（或反复滴加一块计数板几次），最后计算结果的平均值。

8. 清洗细胞计数板，擦干后放回盒内保存。

【**注意事项**】

1. 进行细胞计数时，要求悬液中细胞数目不低于10⁴个/ml，如果细胞数目很少要进行离心再悬浮于少量培养液中。

2. 要求细胞悬液中的细胞分散良好，否则影响计数准确性。如各中方格细胞数目相差20个以上，表示血细胞分布不均匀，要重新计数。

3. 取样计数前应充分混匀细胞悬液，尤其是多次取样计数时更要注意每次取样都要混匀，以求计数准确。

4. 计数细胞的原则是只数完整的细胞，若细胞聚集成团时，只按照一个细胞计算。如果细胞压在格线上时，则只计上线，不计下线，只计左线，不计右线。

5. 操作时，注意盖玻片下不能有气泡，也不能让悬液流入旁边槽中，否则要重新计数。

6. 防止液体滴入过多，否则溢出并流入两侧槽内，会使盖玻片浮起，体积改变，会影响计数结果。

7. 初学者易犯的错误：计数前未将待测悬液吹打均匀；滴入细胞悬液时盖玻片下出现气泡；滴入悬液时的量太多，致使细胞悬液流入旁边的槽中。

【作业】

计算细胞密度。

【思考题】

在科学研究和临床实践中，细胞计数有哪些应用价值？

【科研和临床相关知识扩展】

细胞计数是细胞培养一项基本功。当培养过程中需要了解细胞的生长情况时，除了直接观察细胞形态以外，绘制细胞生长曲线、计算细胞倍增时间是广泛采用的评价指标。尽管使用血细胞计数板手工计数细胞过程十分烦琐，对实验者、操作者的要求也比较严格，现在也已有很多自动化的细胞计数器/仪，但对于科学研究中遇到的各种细胞而言，手工计数仍然是最简便易行的方法而被广大实验室采用。

随着科技进步，临床检验工作逐步机器化，红细胞、白细胞、血小板、网织红细胞、嗜碱性点彩红细胞、脑脊液（胸腹水）有核细胞和精子等各类细胞的手工计数方法逐渐被各种仪器所取代。但是，当仪器出现故障问题时，细胞手工显微镜直接计数法就是最好的验证手段，故手工计数也是每个检验人员必须熟练掌握的基本技能。

〔附录〕培养细胞中活细胞的计数

用吸管将细胞悬液混匀，向另一试管中滴入9滴，然后加0.4%台盼蓝染液1滴，混匀后充液并计数。镜下观察：凡折光性强而不着色者为活细胞，染上蓝色者为死细胞，分别计数活细胞及死细胞数。按下式计算活细胞浓度：

活细胞数/ml=（4大格细胞总数－4大格染色细胞总数）÷4×10 000×稀释倍数

注意：0.4%台盼蓝染色标本要在15分钟内检查计数，否则时间延长，活细胞也将着色。

实验4 细胞的化学成分

【实验目的】

1. 了解细胞内化学成分组成。
2. 了解细胞的某些化学成分在细胞内的分布。
3. 学习简单显示细胞内某些化学成分的方法。

【实验原理】

（一）糖类的观察

糖类广泛存在于动植物中，可分为单糖、双糖、多糖和黏多糖等。单糖和多糖以溶解状态存在于活细胞中，亦称可溶性糖原。作为能量贮存形式存在的糖类主要是多糖，它又分为淀粉、纤维素和糖原，前二者主要存在于植物细胞中，糖原则存在于动物细胞中，又称动物淀粉，以肝脏和肌肉细胞含量最多。黏多糖指含氮多糖，主要分布于消化腺细胞。

1. 淀粉颗粒 可通过革兰氏碘液来指示。淀粉是一种植物多糖，由几百到几千个葡萄糖单体脱水缩合而成。淀粉遇碘液后，碘分子进入淀粉的螺旋圈内，形成淀粉碘络合物。当此络合物的链长小于6个葡萄糖基时，不会呈色；当链长平均长度为20个葡萄糖基时，呈红色；当大于60个葡萄糖基时，呈蓝色。

2. 糖原 糖原的存在位置可用过碘酸-希夫反应（PAS反应）来指示。过碘酸是一种氧化剂，它可将葡萄糖分子中α-3碳原子之间的连接键打开，使其上的羟基变为醛基，然后醛基与希夫试剂反应生成一种紫红色化合物。用苏木精复染，不含有糖原的部分会被染成蓝色。

3. 可溶性糖 可用费林（Fehling）试验检验。其原理是含有自由醛基（—CHO）或酮基（R—C═O—R）的单糖或多糖，在碱性溶液中可将二价铜离子（Cu^{2+}）还原成一价铜离子（Cu^+），生成砖红色的氧化亚铜沉淀。

（二）蛋白质的观察

1. 糊粉粒 蛋白质是构成原生质（protoplasm）的主要成分，它能够以贮藏物的形式存在于植物种子细胞中。某些植物种子胚乳细胞的液泡内能贮藏蛋白质，当细胞内水分脱失后会形成结晶体，称之为糊粉粒（aleurone grain），能与革兰氏碘液作用而呈黄色。

2. 碱性蛋白 蛋白质分子由于所带酸、碱性基团数目不同，分为酸性蛋白、碱性蛋白和中性蛋白。在同样的pH溶液中，不同的蛋白质表现出不同的酸碱性。在pH 7.2～7.4的生理状态下，酸性蛋白带负电荷多，而碱性蛋白带正电荷多。

血细胞涂片标本经三氯醋酸处理后，细胞内游离的核酸会被溶解，而碱性蛋白（组蛋白）与DNA结合，构成染色质，不被溶解，经清水冲洗后，玻片标本上仅余带正电荷的碱性蛋白，它们与带负电荷的固绿碱性染料（pH 8.2～8.5）有较大的亲合力，从而能被染成绿色，而细胞其余部分则不着色。

（三）脂肪的观察

除糖类、蛋白质外，脂肪也是生物体内重要的贮能物质。苏丹Ⅲ（苏丹红3号）与脂类物质有较大的亲合力，能溶解于脂肪细胞的脂肪滴中，并使之染成金黄色。

（四）核酸的观察

核酸有脱氧核糖核酸（DNA）和核糖核酸（RNA）两大类。DNA主要分布于细胞核内，RNA则主要位于细胞质和核仁中，可用不同染色法鉴别它们的存在。

1. 孚尔根（Feulgen）反应显示DNA 用盐酸水解组织中的DNA，糖苷键可被弱酸水解断开，暴露出醛基，再用希夫试剂与DNA的自由醛基反应，使其中的无色品红变成紫红色的醌基而呈紫红色。细胞中的其他物质，包括RNA在切片上均不能着色，经亮绿复染后呈绿色。

2. 甲基绿-派洛宁染色显示DNA和RNA 甲基绿和派洛宁均为碱性染料，当它们作为混合染料时，能分别对不同聚合程度的核酸染色。甲基绿易与聚合程度较高的DNA结合而呈现绿色，派洛宁则易与聚合程度较低的RNA结合而呈现红色，但解聚的DNA也能和派洛宁结合呈红色。

（五）酶的观察

酶是具有特殊催化效应的蛋白质，具有高度特异性，其催化作用只限于一种底物或一组相关物质。因此酶的存在可以靠它们对特异性底物的作用来证实。酶极为不稳定，加热、酸、碱等因素均可使其破坏，故酶活性的保存是显示酶的关键。

1. 唾液淀粉酶（salivary amylase） 高等动物唾液中主要存在α-淀粉酶，作用于淀粉分子内的α-1，4-糖苷键，使淀粉水解为葡萄糖、麦芽糖和糊精。淀粉遇碘呈蓝色，而其水解产物遇碘不变色，以此可证明唾液中α-淀粉酶的存在。

2. 过氧化物酶（peroxidase） 过氧化物酶能把胺类物质氧化为有色化合物。用联苯胺处理标本，联苯胺在含有此酶的部位被氧化为蓝色或棕色产物。

3. 过氧化氢酶（catalase） 细胞新陈代谢过程中会产生有害的过氧化氢，细胞内的过氧化氢酶能使过氧化氢分解，生成水并释放出氧气，对机体起保护作用。

4. 碱性磷酸酶（alkaline phosphatase）和酸性磷酸酶（acid phosphatase） 细胞内可水解磷酸酯键的酶主要是磷酸酶。根据其作用的最适pH可分为两类：在pH 9.4～9.6碱性条件下产生作用的称为碱性磷酸酶；在pH 5左右作用最强的称为酸性磷酸酶。

利用Gomori的钙-钴法可显示细胞内的**碱性磷酸酶**。其原理是：碱性磷酸酶在镁离子激活下，可催化β-甘油磷酸钠水解产生磷酸根离子，再与钙盐中的钙离子结合成无色的磷酸钙沉淀，当加入硝酸钴后则在原位形成无色磷酸钴，最后与硫化铵溶液中的硫离子结合形成黑色硫化钴，在具有碱性磷酸酶的位置上沉淀下来。因此，凡是有黑色硫化钴存在处即碱性磷酸酶所在部位，黑色的深浅可估计此酶活性的强弱。

Gomori的钙-铅法用于显示酸性磷酸酶，其原理与钙-钴法相似。适用于显示pH 5左右的酸性磷酸酶，以铅盐代替钴盐，最后在原位生成棕黑色的硫化铅沉淀。

【实验仪器、材料、试剂】

1. 仪器 普通光学显微镜、刀片、载玻片、盖玻片、酒精灯、火柴、吸管、吸水纸等。

2. 材料 小白鼠1只，马铃薯（生、熟）、苹果、花生、小麦种子、牛蛙血涂片、显示肝糖原的肝切片、显示碱性磷酸酶和酸性磷酸酶的家兔小肠切片、显示DNA和RNA的洋葱根尖甲基绿-派洛宁染色切片等。

3. 试剂 革兰氏碘液、费林试剂、苏丹Ⅲ、2%过氧化氢、5%三氯醋酸、0.5%硫酸铜、0.1%碱性固绿染液、HCl、生理盐水等。

【实验方法与步骤】

（一）糖类的观察

1. 淀粉颗粒 用刀片切取马铃薯块茎一小片（越薄则细胞层数越少，越利于观察），平展于滴有一滴清水的载玻片上，盖上盖玻片，制成临时制片。

低倍镜下观察，可见马铃薯细胞为六边形的薄壁细胞（parenchyma cell），其内充满大小不等的卵圆形的颗粒，呈透明状，即淀粉颗粒。转换高倍镜观察，可见颗粒具层纹结构。吸取革兰氏碘液一滴滴于盖玻片一侧，另一侧用吸水纸吸，产生牵引力，使碘液很快渗入细胞内。再次置于镜下观察，可见上述颗粒遇碘变成蓝色（图4-1，见封底二维码），而细胞的其他部分不变色，可证明此颗粒成分为淀粉。

2. 糖原 取经过碘酸-希夫反应处理的肝切片在显微镜下观察，可见肝细胞呈多边形，中间有1~2个染成蓝色的圆形细胞核，细胞质中存在许多紫红色的小颗粒，即为肝糖原。

3. 可溶性糖类 吸取费林试剂2滴于清洁载玻片的中央，用刀片切取一片新鲜苹果（越薄越好），平放于溶液中，将载玻片于酒精灯上轻微加热，盖上盖玻片，置于镜下观察，可见细胞内出现明显的砖红色颗粒，即为可溶性糖类（图4-2，见封底二维码）。

（二）蛋白质的观察

1. 糊粉粒 在清洁载玻片中央滴生理盐水一滴，在发芽小麦种子胚芽附近横切一薄片，置于生理盐水中，直接滴加革兰氏碘液一滴，盖上盖玻片。在高倍镜下观察，种子中部因含有淀粉而被染成蓝色，而种皮内有一层呈方形的细胞中可见染成黄色的颗粒，即蛋白质结晶体——糊粉粒。

2. 碱性蛋白 取牛蛙血涂片，室温晾干，放入70%乙醇中浸泡5分钟，晾干后放入60℃的5%三氯醋酸中浸泡30分钟，清水冲洗3分钟以上（注意：切片不可残留三氯醋酸，否则三氯醋酸中溶解的酸性蛋白将与碱性蛋白同样染色，无法区分）。用吸水纸吸干玻片上的水分，放入0.1%碱性固绿染液中染色15分钟，清水冲洗，盖上盖玻片，置于高倍镜下观察。可见椭圆形细胞内，细胞核除核仁外，均被染成绿色，此即碱性蛋白，细胞质无色。

(三) 脂肪的观察

在清洁载玻片中央滴生理盐水1滴，将花生种子切取一薄片，再加苏丹Ⅲ溶液一滴，盖上盖玻片，置低倍镜下观察，可见种子内有许多金黄色颗粒，即为脂肪滴。

(四) 核酸的观察

1. 孚尔根（Feulgen）反应显示DNA 取牛蛙血涂片浸于70%乙醇中固定5分钟，清水冲洗，室温下浸入1mol/L HCl（Ⅰ）中水解2～3分钟，换至60℃仍为1mol/L HCl（Ⅱ）中水解8分钟，再换至室温下1mol/L HCl（Ⅲ）继续水解2～3分钟，流水冲洗，最后将涂片插入希夫试剂染缸内，染色30分钟，流水冲洗，再用亮绿复染后流水冲洗镜检。可见细胞核内染色质被染成紫红色，即显示其含DNA，细胞质呈绿色（图4-3，见封底二维码）。

2. 甲基绿-派洛宁染色显示DNA和RNA 观察洋葱根尖甲基绿-派洛宁染色切片，可见细胞质和核仁呈红色，提示其中含有RNA；而细胞核除核仁外的其余部分均呈绿色，提示含有DNA。

(五) 酶的观察

酶是具有特殊催化效应的蛋白质，具有高度特异性，其催化作用只限于一种底物或一组相关物质。因此酶的存在可以靠它们对特异性底物的作用来证实。酶极为不稳定，加热、酸、碱等因素均可使其破坏，故酶活性的保存是显示酶的关键。

1. 唾液淀粉酶 获取唾液的方法：清水漱口后，用吸管取一滴食用醋滴于舌尖上，唾液很快开始分泌。把消毒棉球含于口中，待棉球湿透后取出，置于小烧杯内，加2ml蒸馏水稀释备用。

用刀片刮取煮熟马铃薯少许，分成两份，置于两张洁净载玻片上，一张加新鲜唾液数滴，另一张加同样滴数的蒸馏水作为对照。37℃放置20～25分钟后，各加革兰氏碘液一滴，观察颜色反应有何不同？将唾液煮沸后，替代新鲜唾液重复上述实验，结果将产生怎样变化？为什么？

2. 过氧化物酶 取小白鼠1只，颈椎脱位法快速处死，迅速剖开其后肢，暴露出股骨，剪断取骨髓制成骨髓涂片，室温下晾干，入0.5%硫酸铜溶液中浸泡30～60s，再放入联苯胺混合液中6～8分钟，流水冲洗晾干。置于镜下观察，细胞中蓝色颗粒即为过氧化物酶所在位置。

3. 过氧化氢酶 用刀片分别切取新鲜马铃薯和熟马铃薯块各一，大小适中，置于清洁载玻片两端，同时滴加新配制的2%的过氧化氢溶液2～3滴，会发现新鲜马铃薯块周围有大量气泡产生。

4. 碱性磷酸酶和酸性磷酸酶 分别取家兔小肠Gomori的钙-钴法和Gomori的钙-铅法染色切片，镜下观察，前者黑色沉淀代表碱性磷酸酶存在部位，后者棕黑色沉淀则为酸性磷酸酶存在部位。

【注意事项】

1. 糖原染色的程度取决于过碘酸处理的时间。因此，切片在过碘酸水溶液中处理时间不宜过长。

2. PAS反应后，由于过碘酸氧化加速苏木精的染色，其染色时间可适当减少，常用苏木精稀染液复染。

3. 碱性蛋白显示中，三氯醋酸作用后的载玻片一定用流水充分、彻底冲洗，以免干扰固绿的染色。

4. 核酸的观察中，派洛宁易溶于水，在用蒸馏水漂洗盖玻片时要严格控制时间，并注意观察颜色变化，防止过度脱色。

5. 酸性磷酸酶是可溶性酶，以冷固定为佳。

【作业】

1. 制作3张临时装片，完成对淀粉颗粒、可溶性糖类和过氧化氢酶的显示和观察实验。
2. 观察永久玻片：牛蛙血涂片显示DNA。

【思考题】

1. 在过氧化氢酶的观察实验中，哪种类型的马铃薯有气泡产生，为什么？
2. 列表归纳总结各实验的原理、材料、试剂和方法。

【临床相关知识扩展】

血糖的测定方法——葡萄糖氧化酶-过氧化物酶偶联法（GOD-POD法）

GOD催化葡萄糖氧化成葡萄糖酸，并产生过氧化氢，过氧化氢被偶联的POD催化释放出初生态的氧，后者将色原性氧受体4-氨基安替比林偶联酚的酚氧化，并与4-氨基安替比林结合生成红色醌类化合物。

实验5 细胞膜通透性的观察

【实验目的】

1. 了解细胞膜对物质通透性的一般规律。
2. 了解动物红细胞在多种溶液中的溶血情况。
3. 了解溶血发生机制与细胞膜通透性的关系。

【实验原理】

细胞膜是细胞与外环境之间的屏障,对不同的物质具有选择透过性。总的来说,细胞膜对物质的通透性与物质的分子量、脂溶性及带电荷性等有关。比如说水,作为生物不可或缺的小分子,能够通过小分子热运动从低渗一侧扩散至高渗一侧,或通过细胞膜上的水孔蛋白迅速进出细胞,以维持细胞内外渗透压的平衡。因此,如果将红细胞置于水中,由于胞内渗透压高于胞外,水分子会很快进入胞内,使红细胞膜肿胀、破裂,最后血红蛋白溢出,即发生溶血现象。

本实验将红细胞分别放于各种等渗溶液中,通过观察是否发生溶血现象,判断细胞膜对各种溶质的通透性。当溶质分子透过细胞膜进入细胞,会引起胞内渗透压的升高,水分子随即进入细胞,使细胞膨胀,当膨胀到一定程度时,细胞膜就会破裂,血红蛋白溢出。此时,光线更容易通过溶液,原来不透明的红细胞悬液会变成红色透明的血红蛋白溶液。反之,如果溶质不能透过细胞膜进入细胞,则不会引起细胞内外渗透压的改变,也不会引发溶血现象。

另外,由于红细胞膜对不同溶质的通透性不同,各种溶质进入细胞的速度也不同,这使得溶血现象的发生时间产生差异。因此,通过测量溶血时间,可以估计细胞膜对各种溶质的通透性强弱。

【实验仪器、材料、试剂】

1. 仪器 试管架,1.5ml离心管,移液管(1ml,5ml),洗耳球,胶头滴管,记号笔,解剖器材等。

2. 材料 市售抗凝绵羊血或小鼠。

3. 试剂

(1) 0.17mol/L 氯化钠:氯化钠4.967g,加蒸馏水溶至500ml。

(2) 0.32mol/L 葡萄糖:葡萄糖28.83g,加蒸馏水溶至500ml。或葡萄糖·H_2O 31.7g,加蒸馏水溶至500ml。

(3) 0.32mol/L 乙醇:无水乙醇9.3ml,加蒸馏水490.7ml。

(4) 0.17mol/L 乙酸铵:乙酸铵6.55g,加蒸馏水溶至500ml。

(5) 0.17mol/L 硝酸钠:硝酸钠7.224g,加蒸馏水溶至500ml。

（6）0.17mol/L氯化铵：氯化铵4.574g，加蒸馏水溶至500ml。
（7）0.12mol/L草酸铵：草酸铵8.527g，加蒸馏水溶至500ml。
（8）0.12mol/L硫酸钠：硫酸钠8.527g，加蒸馏水溶至500ml。
（9）3.8%柠檬酸钠（抗凝剂）：柠檬酸钠3.8g，加蒸馏水溶至100ml。
（10）哺乳动物生理盐水（0.9%）：氯化钠0.9g，加蒸馏水溶至100ml。
（11）临床用水合氯醛麻醉剂（选用）。
（12）碘酒、乙醇。

【实验方法与步骤】

本次实验在经典实验的设计上稍作改动，尝试将验证性实验变成探索性实验。建议实验准备老师提前遮盖试剂瓶标签，仅用编号标注。随后让学生通过试验结果，推测溶液的名称。具体操作步骤如下：

1. 等渗溶液的准备 实验老师按上述试剂浓度配制等渗溶液，并放入玻璃溶液瓶保存。实验前，将溶液瓶标签遮盖，并用1～9号随机编号。

2. 制备红细胞悬液

（1）动物血液的获取：使用市售抗凝绵羊血，或者取实验小鼠的动脉血。方法如下：取一只小鼠，称重，根据0.01ml/g的比例，配制10%水合氯醛麻醉剂。对小鼠注射部位依次进行碘酒消毒和两次乙醇消毒，随后对小鼠腹腔注射麻醉剂，待小鼠完全麻醉后，用止血钳固定小鼠，剪小鼠股动脉，取血，使血液滴入预先加入柠檬酸钠抗凝剂的试管，最后使用颈椎脱臼法处死小鼠。

（2）10%红细胞悬液的制备：在洁净试管中加入2.7ml哺乳动物生理盐水，使用1ml移液管吸取0.3ml抗凝动物原血注入试管，轻轻摇匀，完成3ml 10%红细胞悬液的制备。

3. 观察溶血现象

（1）标记试管：用记号笔在9支洁净试管上标记1～9号。

（2）分装试剂：使用5ml移液管分别从1～9号试剂瓶中吸取3ml溶液，放入对应的1～9号试管中备用。

（3）溶血试验：取一盛有分装溶液的试管，向溶液中加入0.3ml 10%红细胞悬液，轻轻转动手腕摇匀混合液，以最后一滴细胞悬液滴入该溶液时为始，开始计时。观察并记录该试管是否发生溶血现象，以及发生溶血的时间。如果发现溶液澄清透亮，则停止计时，这样的现象记为溶血。如果10分钟后，溶液依然浑浊，则记为不溶血。按照上述方法，分别完成其他分装试管溶液的溶血试验（图5-1，见封底二维码）。

4. 讨论红细胞膜对不同溶质的通透性，并根据实验结果推测1～9号溶液的名称，完成作业。

【注意事项】

1. 建议学生分小组实验，随后进行小组讨论。

2. 向学生强调实验室提供的动物血是抗凝原血，体积未知。

3. 建议学生首先进行试剂1（蒸馏水）和试剂2（氯化钠）的实验，让学生对溶血和不溶血现象有直观的认识。

4. 注意规范使用移液管；切忌振荡混匀溶液。

5. 与学生强调本次溶血试验的计时起点，以及判定"不溶血"现象的时间限制。

【作业】

根据红细胞膜通透性实验的观察结果，填写溶血现象和发生溶血所需的时间，并推测4~9号试剂瓶中分别是哪种试剂（表5-1）。

表5-1　红细胞膜通透性的观察结果

试剂瓶编号	试剂	溶血现象	溶血时间
1	蒸馏水	溶血	
2	氯化钠	不溶血	
3	葡萄糖		
4			
5			
6	硝酸钠		
7			
8			
9			

【思考题】

1. 水分子能透过人工半透膜吗？请推测一下，水分子透过人工半透膜的速度与其透过红细胞膜的速度谁快？为什么？

2. 在本实验中，葡萄糖溶液能引起溶血现象吗？为什么？如果给予足够长的时间，结果会如何？

3. 实验中的铵盐能够引起溶血现象吗？如果能，请问进入红细胞的溶质是什么？

4. 实验中的钠盐能够引起溶血现象吗？为什么？

【临床相关知识扩展】

溶血反应的临床表现

溶血（hemolysis）是指红细胞的细胞膜因物理因素、化学因素、生物因素等因素受损破裂，内部的原生质从细胞漏出令红细胞死亡的现象。溶血反应是红细胞膜被破坏，致使血红蛋白从红细胞流出的反应。该现象常见于输血反应及中毒，但临床表现轻重不一。轻者可能会出现与发热相似的反应，重者可能在输入血液后即刻出现严重反应，一般可将溶血反应的临床表现分为三个阶段。

开始阶段：受血者血清中的凝集素和供血者红细胞表面的凝集原，可出现凝集反应，使红细胞凝结成团，进而可以对部分小血管进行阻塞。此时受血者可能会出现头痛、面部潮红以及恶心、呕吐，还会伴随胸闷、四肢麻木感以及腰背部剧烈疼痛等症状。

中间阶段：凝集的红细胞出现溶解现象，导致大量血红蛋白释放至血浆内。受血者可出现黄疸和血红蛋白尿，尿液呈现为酱油色，同时伴有寒战、高热、呼吸困难和血压下降等情况。

最后阶段：大量血红蛋白从血浆进入肾小管，如果遇到酸性物质，可发生反应形成结晶，进而阻塞肾小管。另外，由于抗原与抗体之间会发生相互作用，可引起肾小管内皮出现缺血、缺氧，进而导致坏死脱落，加重肾小管阻塞情况，甚至可出现急性肾衰竭。主要表现为少尿或无尿、高钾血症、酸中毒，严重者可危及生命，导致死亡。

实验6　植物细胞骨架的显示与观察

【实验目的】

1. 掌握植物细胞骨架的光镜标本制作方法及其原理。
2. 观察细胞骨架在细胞中的分布，认识细胞骨架在生命活动中的重要性。

【实验仪器、材料、试剂】

1. 仪器　普通光学显微镜，载玻片，盖玻片，吸管，培养皿，青霉素小瓶，手术镊，手术剪，拭镜纸，吸水纸，培养箱等。

2. 材料　新鲜洋葱鳞叶。

3. 试剂　PBS（pH7.2）、M-缓冲液、1% TritonX-100、0.2%考马斯亮蓝R250染液、3% 戊二醛等。

【实验方法与步骤】

真核细胞中的细胞骨架可以通过电镜，间接免疫荧光技术等来显示，但由于设备要求高、操作比较复杂，难于普遍应用。1980年S. D. Pene曾用考马斯亮蓝染料染色培养的人皮肤成纤维细胞的细胞骨架获得成功，1982年陈梓采用植物细胞为材料也获得成功，实践证明这是一种简单的方法。

（一）实验原理

细胞骨架是指细胞质中纵横交错的纤维网络结构，按组成成分和形态结构的不同可分为微管、微丝和中间纤维。它们对细胞形态的维持，细胞的生长、运动、分裂、分化和物质运输等起重要作用。光学显微镜下细胞骨架的形态学观察多用1% TritonX-100处理细胞，可使细胞膜溶解，而细胞骨架系统的蛋白质被保存，再用考马斯亮蓝R250染色，使得细胞质中细胞骨架得以清晰显现。

当洋葱磷叶内表皮细胞用适当浓度的TritonX-100（聚乙二醇辛基醚，非离子去垢剂）处理后，能溶解质膜结构中及细胞内的许多蛋白质，而细胞骨架系统的蛋白质却不被破坏，经固定和考马斯亮蓝（非特异性蛋白质染料）染色后，细胞质背景着色弱，有利骨架的显示，可在光镜下观察到。

（二）操作步骤

1. 取材　撕取洋葱鳞叶内表皮，剪成约1cm^{2}大小，浸入装有pH7.2的磷酸缓冲液（PBS）的培养皿中处理5～10分钟。

2. 抽提　取出标本放入盛有1% TritonX-100的青霉素瓶中，盖紧瓶塞，置37℃恒温培养箱中处理20～30分钟，以抽提非骨架蛋白。

3. 冲洗　用吸管吸去1% TritonX-100溶液，用M-缓冲液洗涤3次，每次5分钟。

4. 固定　吸尽M-缓冲液,加少许3%戊二醛溶液固定15分钟。

5. 冲洗　吸尽固定液,用PBS液洗涤3次,每次5~10分钟。

6. 染色　吸尽PBS液,加1~2滴0.2%考马斯亮蓝R250染液,染色15分钟。

7. 制片　吸尽染液,用蒸馏水冲洗3次。取载玻片一张,在中央滴一滴蒸馏水,将标本取出,平展在水滴中,盖上盖玻片,制成临时装片。

（三）观察

高倍镜下,洋葱鳞叶表皮细胞中存在着一些被染成蓝色,粗细不等的纤维状结构,是构成细胞骨架的微丝束（图6-1）。

【作业】

描绘你所观察到的细胞骨架图像。

【思考题】

列举你所知道的动植物细胞中由微丝、微管和中间纤维组成的结构。

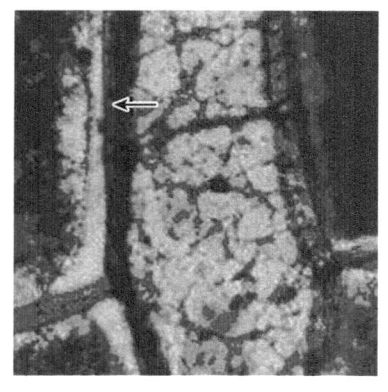

图6-1　洋葱磷叶表皮细胞骨架图（400×）

[附]试剂配制

（1）磷酸缓冲液（PBS）pH 7.2

氯化钠	8.0g
氯化锌	0.2g
磷酸二氢钾	0.2g
磷酸二氢钠	1.15g
蒸馏水	1000ml

（2）M-缓冲液

咪唑	3.40g
氯化钾	3.70g
氯化镁（$MgCl_2 \cdot 6H_2O$）	101.65mg
EGTA（乙二醇双醚四乙酸）	330.65mg
EDTA（乙二胺四乙酸）	29.22mg
巯基乙醇（1mol/L）	0.07ml
甘油（4mol/L）	292ml
蒸馏水加至	1000ml

（3）1% TritonX-100溶液

| TritonX-100 | 1ml |
| M-缓冲液 | 99ml |

（4）0.2%考马斯亮蓝R250染液

考马斯亮蓝R250　　　　　　　　　0.2g
甲醇　　　　　　　　　　　　　　46.5ml
冰醋酸　　　　　　　　　　　　　7ml
蒸馏水　　　　　　　　　　　　　46.5ml

（5）3%戊二醛溶液（固定液）

25%戊二醛　　　　　　　　　　　12ml
PBS（pH 7.2）　　　　　　　　　88ml

实验7 细胞的超微结构

【实验目的】

通过电镜照片、幻灯片的观察，了解细胞各超微结构的特点。

【实验仪器、材料、试剂】

动物和人体细胞的电镜照片。

【实验方法与步骤】

观察电镜照片。

1. 细胞膜（cell membrane） 亦称质膜（plasma membrane），是细胞与外环境发生一切联系从而维持细胞内环境稳定的重要膜相结构。观察人的红细胞膜（图7-1），呈三层结构，内外两侧层为致密的深色带，中间一层为疏松的浅色带，这三层结构称为单位膜（unit membrane）。

2. 线粒体（mitochondria） 是由两层单位膜围成的封闭囊状结构，是细胞氧化、储能和供能的中心。观察蝙蝠胰腺细胞的线粒体（图7-2），可见外膜、内膜、嵴、膜间腔、嵴间腔、基质等结构。

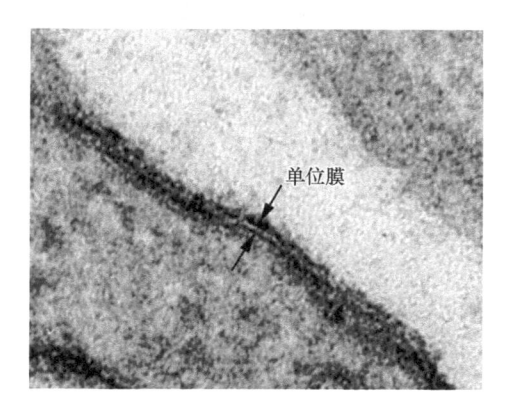

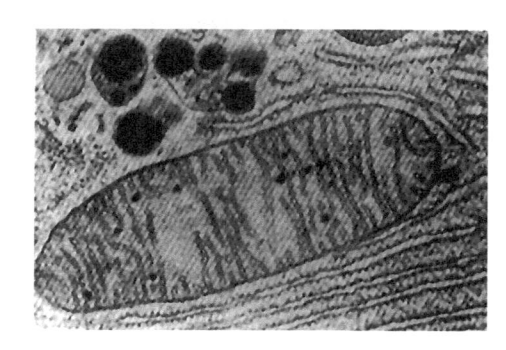

图7-1 人红细胞（示细胞膜）　　　　图7-2 蝙蝠胰腺细胞（示线粒体）

3. 内质网（endoplasmic reticulum，ER） 是由一层单位膜构成的管网状结构。糙面内质网（rough endoplasmic reticulum，RER）附着有核糖体，呈片层状的管网结构（图7-3）。滑面内质网（smooth endoplasmic reticulum，SER）无核糖体附着，呈小泡和短管状（图7-4）。

4. 高尔基复合体（Golgi complex） 是由一层单位膜围成的扁平囊泡状结构，由扁平囊、大囊泡和小囊泡组成（图7-5）。

5. 溶酶体（lysosome） 是由一层单位膜围成的囊泡状结构，内含多种酸性水解酶，其形态大小差异较大（图7-6）。

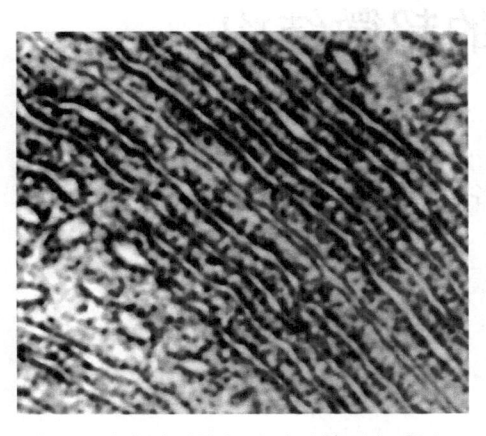

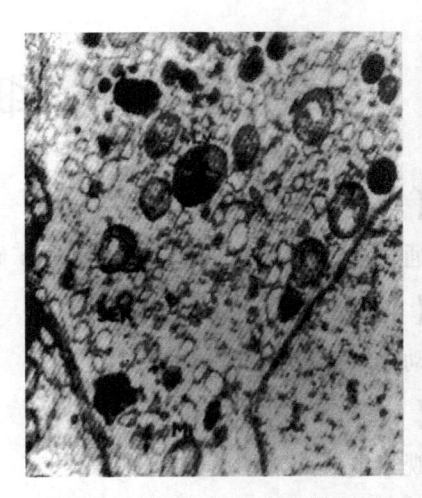

图7-3 小鼠胰腺泡细胞(示糙面内质网,58 000×)

图7-4 小鼠曲细精管上皮支持细胞(示滑面内质网,20 000×)

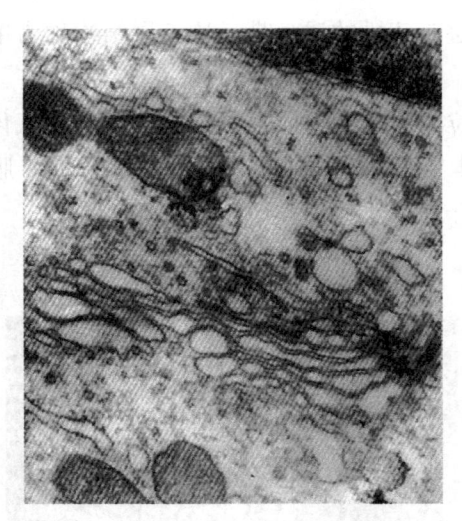

图7-5 小鼠肾小管上皮细胞(示高尔基复合体,14 600×)

图7-6 大鼠输精管上皮细胞(示溶酶体,93 000×)
S. 较小的溶酶体；L. 溶酶体

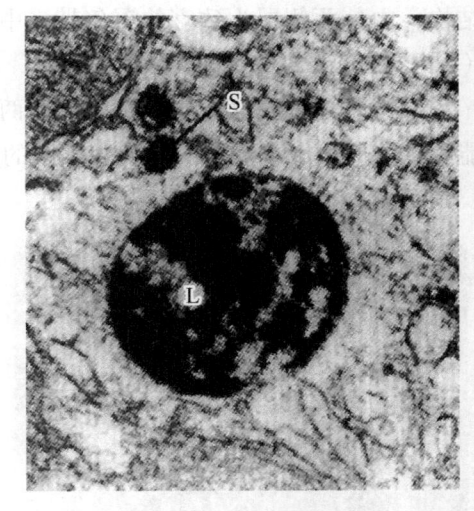

6. 微丝(microfilament) 是非膜相结构,为直径5～7nm的实心纤维,可在细胞质中散在分布,也可紧密排列成束或交织成网状,主要在维持细胞的结构和运动方面起重要作用(图7-7)。

7. 微管(microtubule) 是非膜相结构,为中空的管状结构,外直径约25nm(图7-7)。

8. 中间纤维(intermediate filament) 是非膜相结构,直径为9～10nm的纤维(图7-8)。

9. 中心粒(centriole) 是非膜相结构,由9组三联微管呈风车状排列(图7-9)。

9. 中心粒（centriole） 是非膜相结构，由9组三联微管呈风车状排列（图7-9）。

10. 核膜（nuclear membrane） 由两层单位膜构成。观察蝙蝠胰腺细胞，可见核膜、核孔、核周间隙等结构（图7-10）。

11. 核糖体（ribosome） 是非膜相结构，由rRNA和蛋白质组成，直径为15～25nm的致密颗粒。在细胞质中，有的核糖体附着在糙面内质网的囊膜表面，称为附着核糖体（图7-3）。有的游离于细胞质中，称为游离核糖体（图7-11）。

12. 核仁（nucleolus） 是非膜相结构。观察蝙蝠胰腺细胞的电镜照片，可见核内有一团无膜包绕的，稀疏的海绵状结构，即核仁（图7-10）。

13. 染色质（chromatin）和染色体（chromosome） 是非膜相结构。染色质是间期细胞核中被碱性染料着色的物质，根据形态和功能分为常染色质（euchromatin）和异染色质（heterochromatin）。在核膜内缘有许多着色较深、形态各异、大小不等的块状物，为异染色质。在异染色质之间着色较浅的部分，为常染色质。当细胞进入有丝分裂期时，染色质高度螺旋化折叠成染色体（图7-12）。

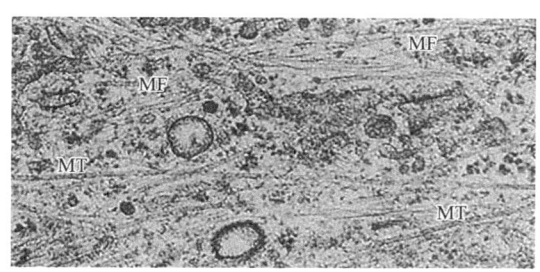

图7-7 大鼠成纤维细胞（60 000×）
MF. 微丝；MT. 微管

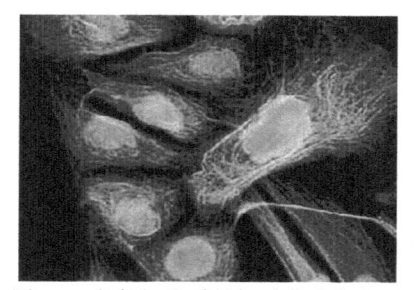

图7-8 鼠肾细胞质骨架（荧光染色示中间纤维）

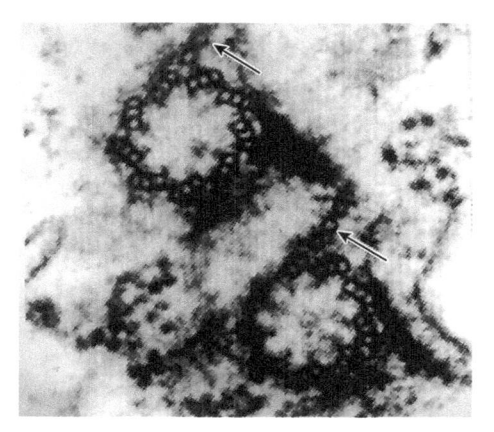

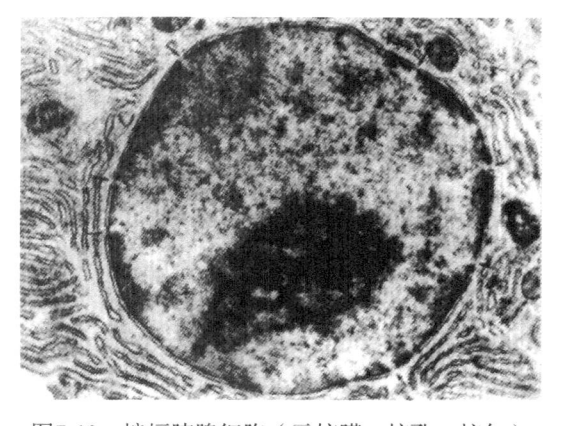

图7-9 衣滴虫的中心粒（494 000×）
箭头所指为亚微管

图7-10 蝙蝠胰腺细胞（示核膜、核孔、核仁）

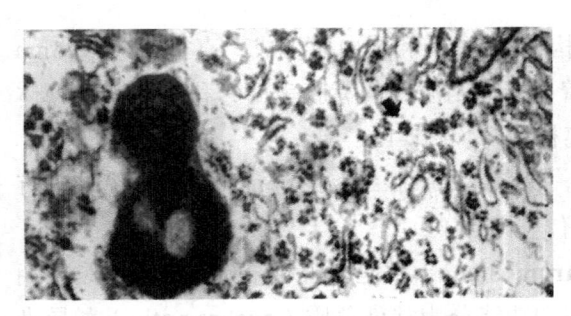

图7-11 猫三叉神经脊束核的神经细胞
（示游离核糖体，64 000×）

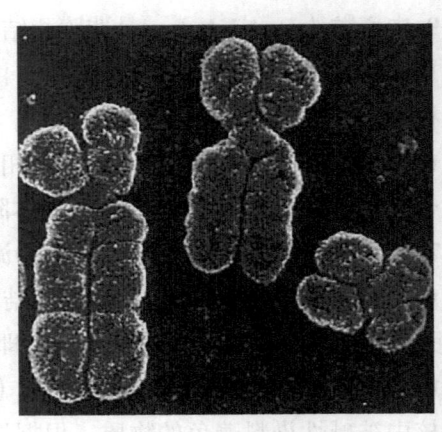

图7-12 人体染色体

【思考题】
试列表比较你所看见的各种细胞器的亚微结构，它们各有什么功能？

实验8　动植物细胞的有丝分裂

【实验目的】
1. 观察动物细胞、植物细胞有丝分裂基本过程，掌握分裂各期细胞的形态特征。
2. 了解植物细胞有丝分裂标本临时装片压片技术。

【实验原理】
有丝分裂（mitosis）是高等生物体细胞增殖的主要方式，包括核分裂和胞质分裂。根据细胞核染色体的动态改变可将分裂过程分为前期、中期、后期和末期。

植物根尖组织细胞分裂旺盛，取材方便，标本制作也较简便，是观察植物细胞有丝分裂的适宜材料。马蛔虫受精卵细胞分裂也很旺盛，染色体数目少，易于计数，可用于动物细胞有丝分裂的观察。

【实验仪器、材料、试剂】
1. 仪器　普通光学显微镜、烧杯、手术剪、手术镊、载玻片、盖玻片、吸水纸、培养皿等。

2. 材料　洋葱（*Allium cepa*，$2n=16$）或大蒜（*Allium sativum*，$2n=16$）根尖、洋葱根尖纵切片和马蛔虫（*Parascaris equorum*，$2n=6$）子宫切片。

3. 试剂　Carnoy固定液、70%乙醇、1mol/L盐酸、改良苯酚品红染液等。

【实验方法与步骤】

一、植物根尖临时标本制备

1. 取材　用水培养洋葱（或大蒜）使其生根，当根生长至1～2厘米长度时，选择粗壮、色白的根尖剪取游离端约0.5厘米长。剪取时间以上午11时为佳。

2. 固定　将剪下的根尖立即放入Carnoy固定液中固定2～3小时。如暂不制片，可将固定后的材料放入70%的乙醇溶液中，4℃冰箱保存。

3. 解离　取出固定好的根尖，放入1mol/L的盐酸溶液中解离10～15分钟，水洗3次。

4. 染色　将以上处理的根尖放在滴有改良苯酚品红染液的载玻片上，用镊子轻轻将根尖捣碎，染色后盖上盖玻片。

5. 压片　吸水纸放在盖玻片上，用拇指轻轻在吸水纸上对根尖部位用力压，或用铅笔橡皮头对准轻敲，使根尖细胞分散均匀。

6. 镜检　低倍镜下观察选出处于分裂期的典型细胞，再在高倍镜下观察。

二、标 本 观 察

（一）植物细胞有丝分裂的观察（洋葱根尖纵切片）

首先参看图8-1，了解根尖生长点（growing point）的位置，然后取洋葱根尖切片标

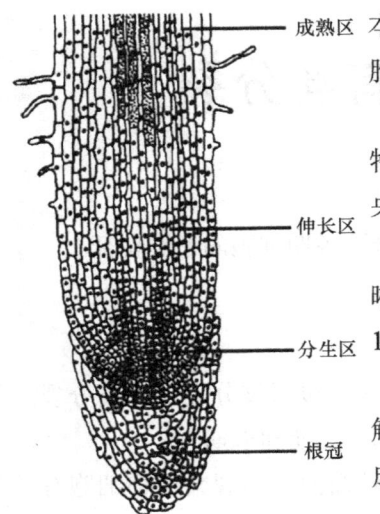

图8-1 洋葱根尖纵切面

先在低倍镜（10×）下寻找分生区的生长点。生长点的细胞分裂旺盛，形状一般呈正方形，排列紧密。

这一区域内可以初步观察处于不同分裂时期细胞的形态特征。找到生长点后，选择不同时期的典型细胞移至视野中央，转换高倍镜（40×）进一步仔细观察。

1. 间期（interphase） 细胞壁、细胞质和细胞核均清晰可辨。细胞核呈圆球形或卵圆形，着色较深，一般可见1~2个明显核仁，细胞核内染色质均匀分布。

2. 前期（prophase） 细胞核膨大，核膜和核仁逐渐崩解，核内染色质开始凝集缩短变粗成为细丝状染色丝，缠绕成团，首尾不可分。前期结束时，核膜、核仁完全消失。

3. 中期（metaphase） 染色体向细胞中央运动，并排列于赤道板上。此期染色体的凝集程度最大，最为粗短，形态也最清晰。在赤道板两极方向有许多丝状结构与染色体相连，形成纺锤体（spindle）。染色体着丝粒纵裂标志着中期结束。

4. 后期（anaphase） 纵裂后的染色单体彼此分离成为数目相等的两组，在纺锤丝的牵引下各自移向细胞两极。整个移动过程均属后期，染色体移动到两极不再移动是末期的开始。

5. 末期（telophase） 到达两极的染色体逐渐伸长变细，成为丝状染色体，丝状染色体进一步解螺旋恢复为间期染色质状态。纺锤体消失，核膜、核仁重新出现，重新形成两个子细胞核。同时细胞中央的成膜体逐渐融合为细胞板（cell plate），进而形成细胞壁，将细胞分隔为两部分，最后两个子细胞形成（图8-2）。

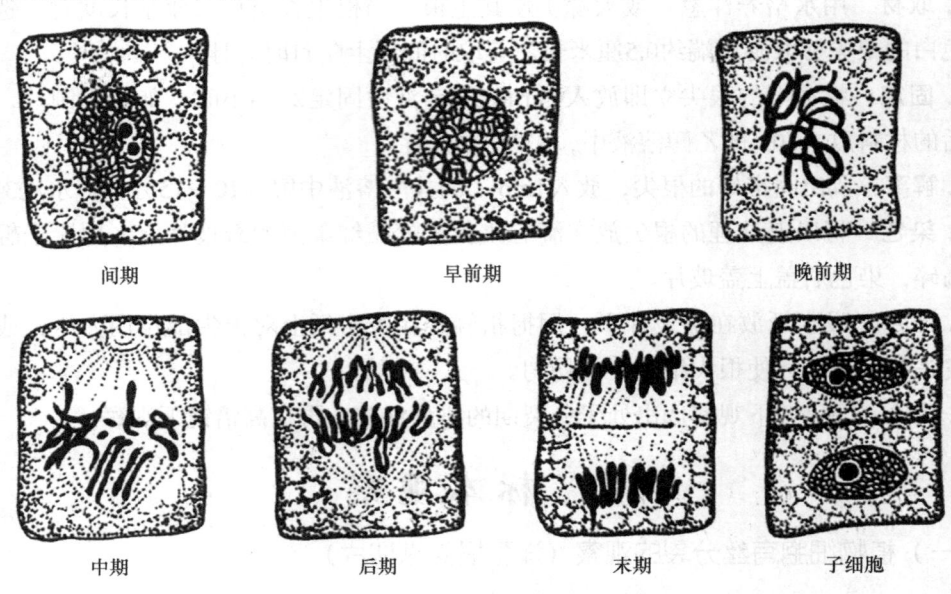

图8-2 洋葱根尖细胞有丝分裂

（二）动物细胞有丝分裂的观察（马蛔虫子宫切片）

取马蛔虫的子宫切片标本，先置于低倍镜下观察，可见马蛔虫子宫腔内有许多处在不同细胞时相的椭圆形受精卵（oosperm）细胞。每个卵细胞都包在一层较厚的卵膜之中，卵膜与卵细胞之间的空隙为围卵腔。由于制片过程中固定、脱水等原因使得细胞质收缩，围卵腔增大。细胞膜的外面可见有极体附着。寻找处于有丝分裂不同时期的细胞，转换高倍镜仔细观察形态特征变化，并与植物细胞进行比较。

1. 前期 受精卵细胞核膨大，核内染色质逐渐凝集缩短变粗，在核内出现集聚粒状染色体。核仁消失，最后核膜破裂。两个中心粒分别向细胞两极移动，纺锤体开始形成。

2. 中期 染色体聚集排列在细胞的中央形成赤道板。从侧面观观察：染色体呈分岔线状排列于细胞中央，两极各有一个中心体，中心体周围有放射状星射线，纺锤丝与染色体着丝粒相连形成纺锤体。从极面观观察：由于染色体整齐排列于赤道面上，有时可对染色体进行计数。

3. 后期 纺锤丝变短，染色体着丝粒纵裂，分为两组移向细胞两极。细胞中部的细胞膜开始凹陷，出现缢痕。

4. 末期 到达两极的染色体解螺旋恢复染色质状态，核膜、核仁重新出现，细胞膜缢痕逐渐加深，最后横缢，细胞完全分开形成两个子细胞（图8-3）。

【作业】

1. 绘图描述洋葱（或大蒜）根尖细胞有丝分裂的主要过程。
2. 绘图描述马蛔虫受精卵细胞有丝分裂的主要过程。

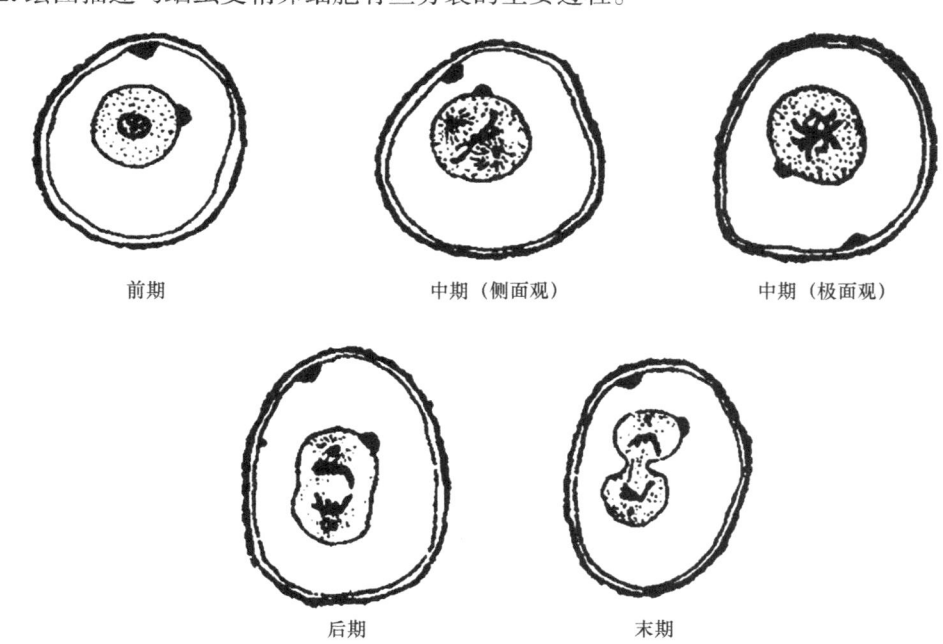

前期　　　　　中期（侧面观）　　　　　中期（极面观）

后期　　　　　末期

图8-3　马蛔虫受精卵细胞有丝分裂

【思考题】

1. 比较动物细胞、植物细胞有丝分裂的区别。
2. 简述根尖有丝分裂制片的主要实验技术，分析实验关键环节和影响因素。

[附] 试剂配制

1. Carnoy固定液 无水乙醇3份，冰醋酸1份混合而成。

2. 1mol/L HCl 36%～38%浓盐酸取83ml定容至1L。

3. 改良苯酚染液

（1）原液A：3g碱性品红溶于100ml 70%乙醇中。

（2）原液B：取A液10ml与5%的苯酚水溶液90ml混合。

（3）原液C：取B液55ml与6ml冰醋酸、6ml 38%的甲醛溶液混合。

（4）染液配制：取C液10～20ml加入80～90ml 45%醋酸、1.5g山梨醇充分溶解即可。

【实验报告】

绘洋葱根尖细胞或马蛔虫受精卵细胞有丝分裂各期图。

实验9　动植物生殖细胞的减数分裂

【实验目的】
1. 掌握动、植物生殖细胞减数分裂过程和各期特点。
2. 熟悉压片标本的制作技术。

【实验原理】
减数分裂是一种特殊的有丝分裂，只发生于配子的形成过程中，又称成熟分裂。在减数分裂过程中，染色体复制一次，细胞连续分裂两次，最后形成染色体数目减少一半的子细胞，从而保证了在有性生殖过程中生物体染色体数目的恒定，使物种在遗传上具有相对稳定性。研究减数分裂在细胞遗传学的理论和应用上都有重要意义。

制备动物细胞减数分裂标本的材料有多种。而利用蝗虫精巢制备减数分裂标本具有取材简易，制备程序简单，染色体数目较少便于观察等优点，故被广泛采用。蝗虫精巢是雄性蝗虫精子发生的器官，精巢由若干个棒状的精巢小管构成，精子就发生于精巢小管上皮，所以精巢小管中有处于不同发育时期的生殖细胞。通过对蝗虫精巢的固定制片，便可以在显微镜下直接观察减数分裂各期细胞的形态特点。

雌性蝗虫体细胞有24条染色体，性染色体为XX。而雄性蝗虫体细胞有23条染色体，性染色体为XO，即只有一条X染色体，减数分裂后可形成染色体数为11与12两种不同的精子。

【实验仪器、材料、试剂】
1. 仪器　普通光学显微镜、解剖镜、载玻片、盖玻片、手术镊、手术剪、手术刀、解剖针、培养针、培养皿、吸水纸、拭镜纸、注射器、酒精灯等。

2. 材料　短角斑腿蝗（或稻蝗、蚱蜢）的精巢固定标本或切片标本；玉米雄蕊切片标本。

3. 试剂　改良苯酚品红染液、醋酸洋红、Carnoy固定液、乙醇等。

【实验方法与步骤】

一、蝗虫精巢压片标本的制备和观察

（一）蝗虫精巢压片标本的制备

1. 蝗虫采集　夏秋季，当雄虫翅膀刚好盖住腹部一半时，是雄性蝗虫精子发生的高峰时期，最适合采集。

2. 取材　成熟雄性蝗虫，剪去翅膀、后肢，剪开腹背中线，消化管背侧的浅黄色结构即是精巢（每个精巢由许多精巢管组成），用镊子分离出来。

3. 固定　将取出的精巢立即放入Carnoy液中，固定24小时。其间可用解剖针小心分离精细管，加速固定，促进脂肪溶解。取出精巢，经95%乙醇、85%乙醇各洗2～3次，移入70%乙醇存放于4℃冰箱中备用。若需保存较长时间，可放在70%乙醇：甘油为1∶1的溶液中保存。

4. 染色 取1～2根精巢管置于载玻片上，滴加蒸馏水清洗并吸干，用解剖针截断精巢管，滴1～2滴改良苯酚品红染液，染色5～10分钟。

5. 压片 盖上盖玻片，将吸水纸覆于盖玻片上，用拇指垂直加压（加压时不能让盖玻片移动），使精细管破裂细胞平展开，吸去溢出的染液，即可在镜下观察。

（二）蝗虫精巢精母细胞减数分裂过程观察

良好的压片标本从精细管游离的顶端起依次为精原细胞、精母细胞、精细胞及精子等各发育阶段的区域。

减数分裂各期形态特点如下（图9-1，图9-2）：

1. 减数分裂Ⅰ（meiotic division Ⅰ） 为从初级精母细胞到次级精母细胞的分裂过程，包括前期Ⅰ、中期Ⅰ、后期Ⅰ和末期Ⅰ四个时期。

（1）前期Ⅰ（prophase Ⅰ）：时间最长，染色体变化复杂，又分为五个分期。

1）细线期（leptotene stage）：减数分裂开始，染色体呈细丝状，绕成一团，首尾不分。

2）偶线期（zygotene）：同源染色体开始两两配对称为联会（synapsis），配对先从一端或两端开始，沿染色体长轴相互靠拢，形如花束。配对形成二价体。雄性蝗虫形成11个二价体和一条X染色体，X染色体没有同源染色体配对，在第一次减数分裂中呈深染，形状粗短。

3）粗线期（pachytene）：染色体变粗短，每个二价体含有二个二分体，称为四分体。此时非姊妹染色单体间的遗传物质发生交换。

4）双线期（diplotene）：染色体进一步缩短变粗，并出现灯刷现象。同时同源染色体开始排斥分离，但在交叉点处仍相互粘连，形成"O"、"X"和"8"字形等交叉图形。

5）终变期（diakinesis）：染色体最粗短，灯刷现象仍存在，交叉点移向两端。二价体有明显的"O"、"X"字形等图形，最后核膜、核仁消失。

（2）中期Ⅰ（metaphase Ⅰ）：二价体排列在赤道板上，灯刷现象消失，纺锤体形成。

（3）后期Ⅰ（anaphase Ⅰ）：同源染色体受纺锤丝牵引分离，分别移向细胞两极。

（4）末期Ⅰ（telophase Ⅰ）：到达两极的染色体解旋成染色质，核膜、核仁重新出现，细胞中部内缢形成二个次级精母细胞。次级精母细胞只有初级精母细胞的一半大小。

经过一个短暂的、没有DNA复制的间期后，立即进入减数分裂Ⅱ。

2. 减数分裂Ⅱ（meiotic division Ⅱ） 类似于一般的有丝分裂，从细胞形态上看，可见细胞体明显变小，包括前期Ⅱ、中期Ⅱ、后期Ⅱ和末期Ⅱ四个时期。

（1）前期Ⅱ（prophase Ⅱ）：每个二分体明显缩短，核膜消失。这一时期短暂，不易看到。

（2）中期Ⅱ（metaphase Ⅱ）：各二分体排列在赤道板上，纺锤体形成。

（3）后期Ⅱ（anaphase Ⅱ）：每个二分体着丝粒分裂，形成两个单分体，并分别移向两极。

（4）末期Ⅱ（telophase Ⅱ）：到达两极的染色体解旋为染色质，核膜、核仁出现，形成两个精细胞。

精细胞经过变形，由圆形逐渐变为椭圆形、长梭形，最后形成丝状的精子。

细线期　　偶线期　　粗线期

双线期　　终变期　　中期Ⅰ

后期Ⅰ　　末期Ⅰ　　中期Ⅱ

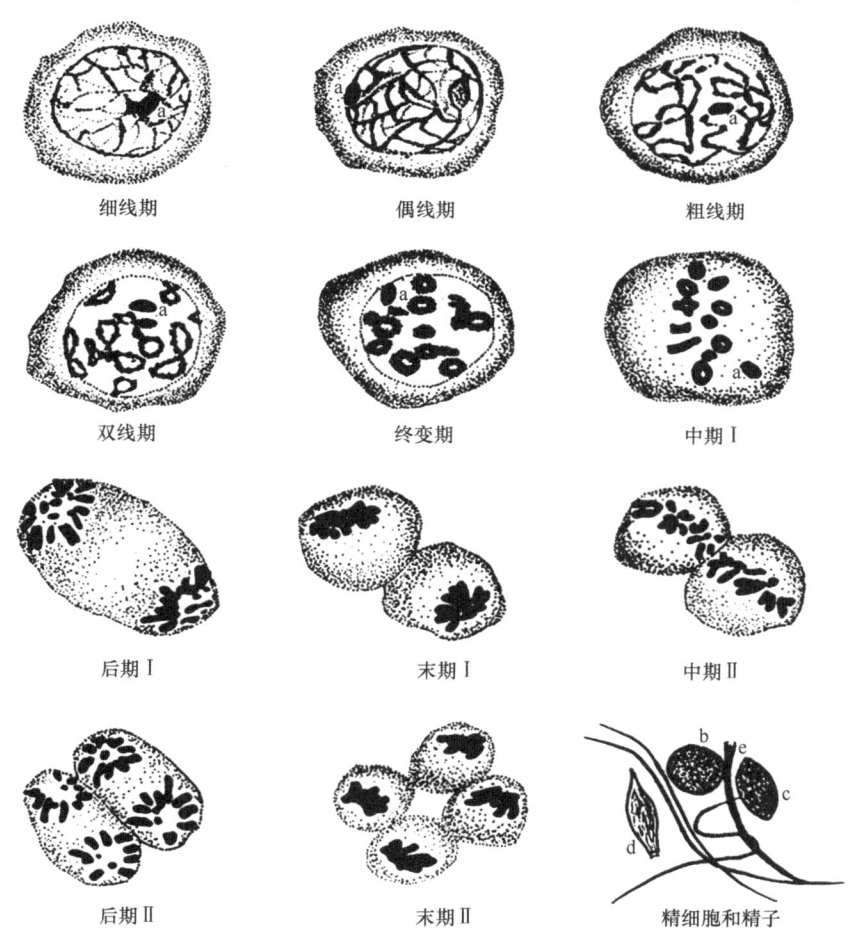

后期Ⅱ　　末期Ⅱ　　精细胞和精子

图9-1　蝗虫精母细胞减数分裂示意图

a. X染色体；b、c、d、e. 变形期不同阶段的精细胞

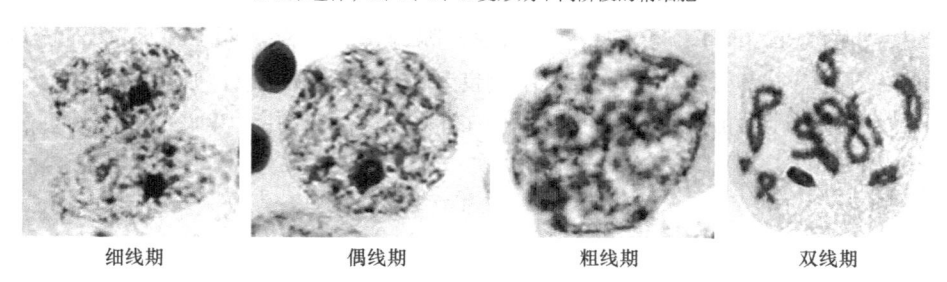

细线期　　偶线期　　粗线期　　双线期

终变期　　中期Ⅰ（侧面观）　　中期Ⅰ（极面观）　　后期Ⅰ

末期Ⅰ　　中期Ⅱ　　后期Ⅱ

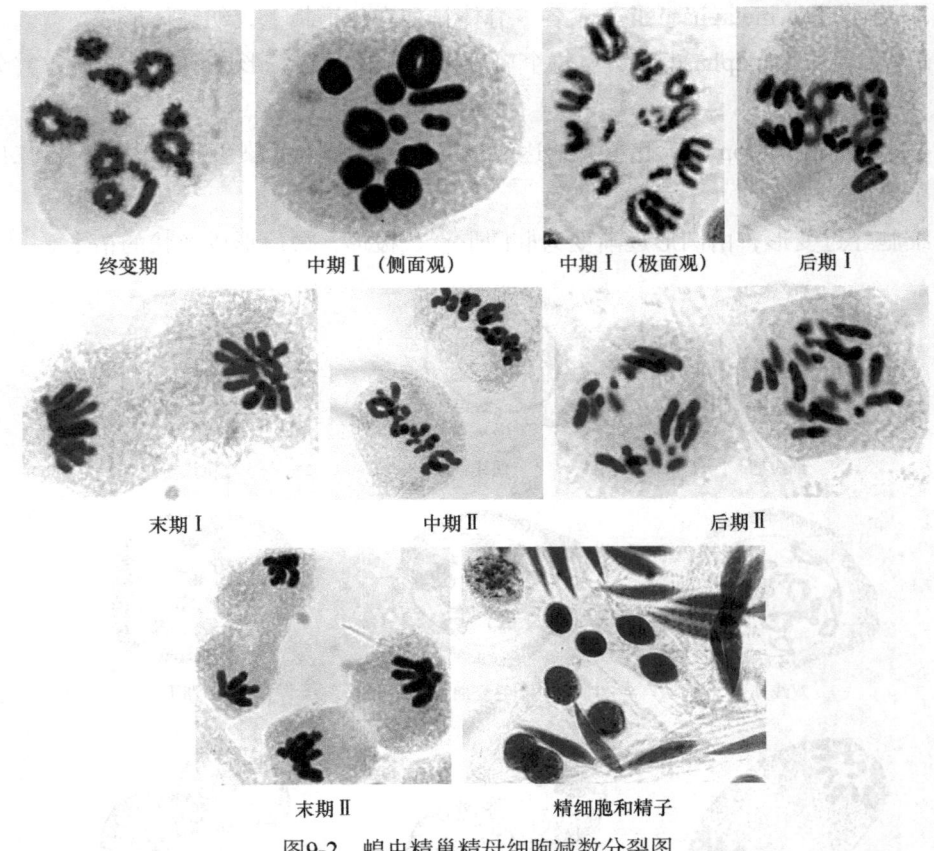

末期Ⅱ　　精细胞和精子

图9-2　蝗虫精巢精母细胞减数分裂图

二、玉米或蚕豆花粉母细胞减数分裂的观察

（一）标本采集和固定

玉米雄穗在尖端露出以前1周左右采集，蚕豆采集刚现蕾的花序，采集时间以上午为宜，于Carnoy液中固定（方法同蝗虫）。

（二）制片

1. 取固定好的中等大小的花蕾，剥开花蕾，取出花药，放于载玻片上。

2. 滴一滴醋酸洋红染液在花药上。

3. 用解剖针切断花药，挤出花粉母细胞，除去花药外壳，加上盖玻片后，在酒精灯上微微加热（切记：不可烧干）。若使用改良苯酚品红染液染色，则可不加热。

4. 用吸水纸盖在盖玻片上，用拇指适量压下，使材料分开，并吸干周围的染液。

（三）观察标本

玉米的二倍体细胞为20条染色体。在镜下观察减数分裂各期形态特点（图9-3和图9-4）。

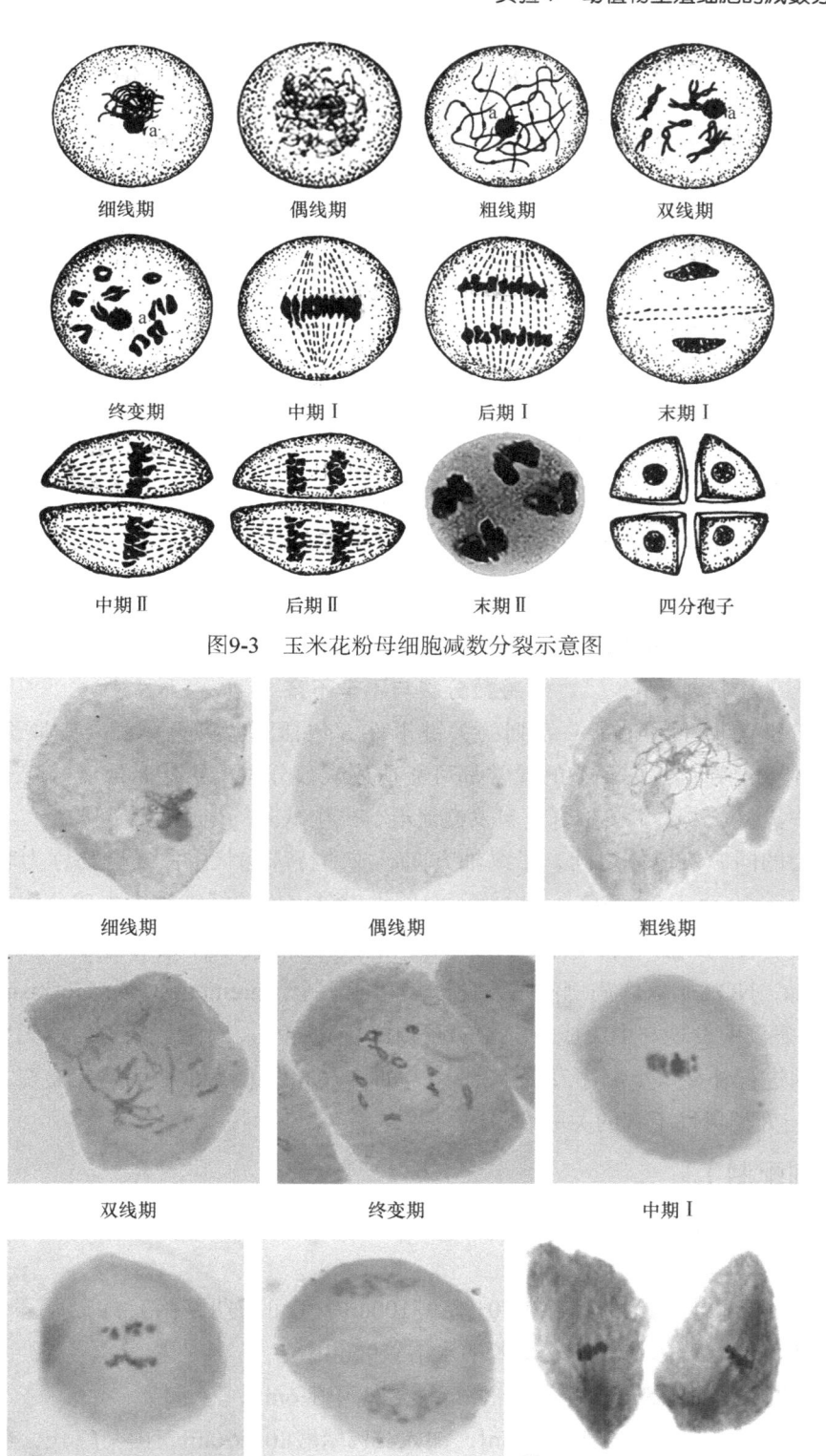

实验9 动植物生殖细胞的减数分裂 · 43 ·

细线期	偶线期	粗线期	双线期
终变期	中期Ⅰ	后期Ⅰ	末期Ⅰ
中期Ⅱ	后期Ⅱ	末期Ⅱ	四分孢子

图9-3 玉米花粉母细胞减数分裂示意图

细线期	偶线期	粗线期
双线期	终变期	中期Ⅰ
后期Ⅰ	末期Ⅰ	中期Ⅱ

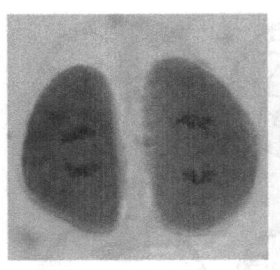

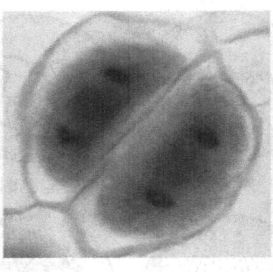

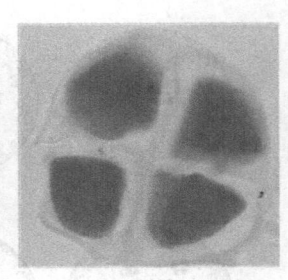

后期Ⅱ　　　　　　　　末期Ⅱ　　　　　　　四分孢子

图9-4　玉米花粉母细胞减数分裂图

【作业】

绘动物或植物生殖细胞的减数分裂图。

【思考题】

1. 比较减数分裂与有丝分裂的异同。

2. 减数分裂有何意义？为什么说它是遗传三大定律的细胞学基础？

【临床相关知识扩展】

减数分裂与不孕不育

减数分裂前期Ⅰ发生了一系列的关键事件，包括同源染色体配对、联会、同源重组、染色体重塑等，任一环节的异常都可能造成减数分裂出错甚至停滞，配子发生受到影响，进一步引发人类不孕不育、自发性流产、出生缺陷等生殖健康问题。

在联会的同源染色体之间，沿纵轴方向形成的特殊梯状蛋白复合物称为联会复合体（synaptonemal complex，SC），电镜下由侧生成分、横向纤维和中央成分构成。研究表明，联会复合体的组分异常与不孕不育高度相关。如非梗阻性无精子症（nonobstructive azoospermia，NOA）家族病例和早发性卵巢功能不全（premature ovarian insufficiency，POI）家族病例中发现与中央成分SYCE1蛋白的相关突变。对隐匿精子症和无精子症男性患者的基因进行外显子组测序发现了3个杂合的SYCP2（侧生成分）移码突变，从而揭示了SYCP2与人类男性不育的关联性。

【试剂配制】

1. Carnoy固定液　无水乙醇3份，冰醋酸1份混合而成。

2. 改良苯酚品红染液

（1）A液：碱性品红3g，溶于70%乙醇100ml中（可长期保存）。

（2）B液：取A液10ml加入5%苯酚水溶液90ml中。

（3）C液：取B液55ml加入冰醋酸6ml，38%甲醛6ml中。

（4）染液配制：取C液10~20ml，加入45%醋酸80~90ml，山梨醇1g，染液配好后两周即可使用。

3. 醋酸洋红染液　45%醋酸100ml加入胭脂红（carmine）1g，煮沸后立即停火，冷却过滤即成。也可再加入1%~2%的铁明矾水溶液5~10滴。

实验10　普通光学显微镜标本的制片技术

【实验目的】

了解普通光学显微镜标本制作技术的基本方法。

【实验原理】

自然状态下生物体的内部结构在普通光学显微镜下通常是无法观察清楚的，多数动植物材料都必须经过某种处理，将组织分离成单个细胞或薄片，光线才能通过细胞，因此产生了光学显微镜制片技术。

光学显微镜的制片技术方法可分为两大类：一类是非切片法，另一类是切片法。非切片法是用物理方法，使细胞彼此分离，如涂片法、压片法等。非切片法操作简单，能保持细胞完整，但是细胞之间的正常位置往往会变动，无法反映细胞之间的正常联系。切片法则是利用锐利的刀具将组织切成极薄的片层，材料经过一系列特殊的处理，如固定、脱水、包埋、切片、染色等，过程繁复，需要根据各种不同材料的性质、实验要求进行合理选择。

两种方法相比，切片法虽然工序烦琐、技术复杂、耗时长，但是最能保持细胞间的正常的相互关系，能较好和较长时间地保留细胞的原貌，所以仍然是光学显微镜的主要制片方法。

【实验仪器、材料、试剂】

1. 仪器　石蜡切片机、冰冻切片机、恒温箱、普通光学显微镜、酒精灯、包埋盒、蜡铲、载玻片、盖玻片、毛笔、单面刀片、镊子、吸水纸。

2. 材料　洋葱根或小鼠肝。

3. 试剂　乙醚、无水乙醇、甲醛、冰醋酸、苦味酸、重铬酸钾、乙醇、二甲苯、石蜡、甘油、鸡蛋、中性树胶、麝香草酚。

【实验方法与步骤】

一、非 切 片 法

（一）涂片法

涂片法指把易于分散的生物标本涂布在载玻片上的制片方法。此法的永久装片需经固定、染色，脱水等步骤，适用于细菌、血液、花粉母细胞和精子等细小而分散的材料。实验中常用的是血涂片和细胞涂片法。

1. 薄血膜涂片法

（1）采血：取血1小滴，置载玻片的一端1cm处或整片的3/4端。

（2）制备血涂片：左手持载玻片，右手持推片接近血滴，使血液沿推片边缘展开适当的宽度，使推片与载玻片呈30°～45°，匀速、平稳地向前移动推制成血涂片。

（3）干燥：将推好的血涂片在空中晃动，使其迅速干燥。天气寒冷或潮湿时可置于37℃恒温箱中保温促干，以免时间过长导致细胞变形、缩小。

2. 细胞涂片 指将采集的细胞均匀置于载玻片上，以便镜下检查。

涂片要求：①细胞涂布均匀，分布在载玻片一侧2/3范围内，其余1/3留作贴标签；②涂片时，勿用力挤压或摩擦，防止细胞由于挤压损伤或变形；③做好标记，刻写编码，防止错号。

（1）涂抹法：将新鲜标本直接涂在载玻片上，是细胞学标本最常用的方法。常用棉签棒、针头或吸管将标本均匀涂抹于载玻片上。应注意的是涂片动作应轻柔利索，沿一个方向，一次涂抹而成，不能来回转圈和往返涂抹。

（2）拉片法：常选小滴状标本，置于两张载玻片之间，稍加压力反向拉开，即成两张厚薄均匀的涂片。拉片法制片可适用于痰、胸腹水和穿刺细胞标本。

（3）推片法：同"血膜涂片法"，是血液科常用的涂片方法。常用于穿刺细胞和体液标本。应注意：因癌细胞体积较大，常位于细胞涂膜的尾部，因此推片时不要将尾部推出片外。

（4）印片法：取新鲜组织标本，切开后，用载玻片轻压切面，即可将细胞黏附于玻片上，称印片法。

（二）压片法

将天然的、易于分散的组织或经过处理后易于分散的组织，如动物的精母细胞、果蝇的唾液腺、植物的花粉母细胞和根尖细胞等放在载玻片上，再加盖玻片，用力压碎组织，使细胞或细胞内的结构铺展成一层的制片方法。

一般在盖玻片上盖一张吸水纸，用大拇指用力压片（不可使盖玻片移动），或者用铅笔橡皮头对准材料轻轻敲打，使细胞分散均匀，然后镜检。还可以采用十字交叉压片法。即将放有组织的载玻片置于下方，取另一张干净的载玻片，呈十字形交叉盖在放有材料的载玻片上。在载玻片上盖一张吸水纸，并用大拇指压片，使材料压成一薄层。然后将两载玻片分开，各滴加1滴染色液进行染色后盖片观察。

（三）整体封片法

整体封片法是用于单细胞、微小生物体或分散器官的整装制片方法。此法需要经过固定、染色、脱水、透明和封固多个步骤。整体封片法中常用冬青油、丁香油等作为透明剂代替二甲苯，避免标本脆裂。

二、切　片　法

（一）石蜡切片

光学显微镜切片制作技术最简单的切片法是徒手切片，但是由于组织块往往十分柔软，切削很困难，而且无法得到透光良好的、结构层次清晰的菲薄切片，因此必须先用某些特殊物质渗入组织块的内部起支持作用，并将整个组织块包住，然后再用精密的切片机制作切片，才能获得良好的效果。这种方法称为包埋法，包埋的物质称为包埋剂，最常用的包埋剂有石蜡，以石蜡为包埋剂的切片技术称为石蜡切片技术。

石蜡作为包埋剂，有其独特的优点，例如，石蜡能切出极薄的蜡片（2~10μm）；切片时能连成蜡带，便于制作连续切片；操作较容易，组织块还可以包埋在石蜡中长期保存。石蜡切片的主要过程包括取材、固定、脱水、透明、浸蜡、包埋、切片、贴片、染色、透明和封片等步骤。

1. 取材 材料的好坏直接影响到切片的质量，须注意以下几个方面：

（1）植物材料选择时须尽可能不损伤植物体或所需要的部分；动物材料取用时常对动物施以麻醉，常用的麻醉剂有氯仿和乙醚，或将动物杀死后迅速取出所需要的组织。

（2）取材必须新鲜，这一点对于从事细胞生物学研究尤为重要，应该尽可能割取生活着的组织块，并随即投入固定液。

（3）切取材料时刀要锐利，避免因挤压细胞使其受到损伤。

（4）切取的材料应该小而薄，便于固定剂迅速渗入内部。一般厚度不超过2mm，大小不超过5mm×5mm。

2. 固定 组织和细胞离开机体后，在一定时间内仍然延续着生命活动，会引起病理变化直至归于死亡。为了使标本能反映它生前的正常状态，必须尽早地用某些化学药品迅速地杀死组织和细胞，阻抑上述变化，并将结构成分转化为不溶性物质，防止某些结构的溶化和消失。这种处理就是固定。除了上述作用外，固定剂会使组织适当硬化以便于随后的处理，还会改变细胞内部的折射系数并使某些部分易于染色。

固定剂的作用对象主要是蛋白质，至于其他成分如脂肪和糖，在一般制作时不加考虑，如要观察这些物质，可用特殊的方法将其固定下来。

固定剂的作用表现在对材料体积的改变、硬化的程度、穿透的速度以及对染色的影响等方面。这些作用的好坏、大小，都依所固定的材料性质而定，同样一种固定液对某一材料来说是良好的，但对另外一些组织可能就不很适用。良好的固定剂必须具备的特征是穿透组织的速度快，能将细胞中的内含物凝固成不溶解物质，不使组织膨胀或收缩以保持原形，硬化组织的程度适中，增加细胞内含物的折光度，增加媒染和染色能力，具有保存剂作用。

固定剂有简单固定剂和混合固定剂的划分。

简单固定剂即单一的固定剂，常用的有乙醇、甲醛、冰醋酸、升汞、苦味酸、铬酸、重铬酸钾和锇酸。其中，苦味酸、升汞、铬酸既能凝固细胞清蛋白，又能凝固核蛋白；乙醇只能凝固清蛋白，而醋酸只能凝固核蛋白；甲醛、锇酸和重铬酸钾对这两种蛋白质都不凝固。

简单固定剂的局限性较大，如将其适当混合，制成复合固定剂可以取得更好的效果。常用的混合固定剂有：Bouin液（70份苦味酸饱和水溶液+25份4%甲醛+5份冰醋酸）、Zenker液（升汞5g+重铬酸钾2.5g+硫酸钠1.0g+5ml冰醋酸+100ml蒸馏水）、Carnoy固定液（3份无水乙醇+1份冰醋酸）等。固定剂的种类甚多，我们必须依据各种固定剂的性能及制片的不同要求来加以选择。

固定时，须注意以下几点：

（1）固定剂应有足够的量，一般为组织块体积的10～15倍。

（2）固定时间依材料大小、固定剂种类而异，可从1小时到几十小时，有时中间需要更新固定剂。

（3）一般固定剂都以新配制的为好，用过的不能再用。有些混合固定剂由甲、乙两液合并者，一定要在使用前才混合。

（4）固定完毕，根据所用固定剂的不同，用水或乙醇冲掉残留的固定剂，以免固定剂形成沉淀，影响后续的组织块染色。

3. 脱水 生物组织中含有大量的水分和石蜡不能相溶，致使在包埋时石蜡无法渗入组织内部，因此必须借助脱水剂清除水分，这就是脱水的作用。脱水剂有两类：一类是非石蜡溶剂，如乙醇、丙酮等，脱水后必须再经过透明介质，才能透蜡包埋；另一类是兼石蜡溶剂，如正丁醇，脱水后即可直接透蜡。

脱水剂最常用的是乙醇，经济、易获得。为了避免组织过度缩水，脱水步骤应浓度从低到高，以一定的浓度梯度来逐步、缓慢进行，一般从30%乙醇开始，经过50%、70%、80%、95%、100%至完全脱水；对于一些柔软的组织含水量大，可适当降低起步脱水试剂浓度。脱水时间依据组织的类型和大小而定，以45分钟至1小时常用，脱水过程中适度振动可加速组织的脱水过程。需要保存的材料脱水至70%乙醇时可停留其中，如需长期保存，可加入等量的甘油。

正丁醇可与水及乙醇混合，亦为石蜡溶剂，其优点是很少引起组织块的收缩与变脆。

4. 透明 组织块用非石蜡溶剂脱水后必须经过透明。透明剂既能与脱水剂融合又能与包埋剂融合，先通过透明剂替代脱水剂，然后由石蜡替代透明剂。

透明剂的种类很多，常用的有二甲苯、甲苯、苯、氯仿、香柏油和苯胺油等。

二甲苯作用较快，透明力强。若组织块脱水不足，浸蜡受限，组织包埋后就会出现空化；若组织块在透明剂中停留过久，组织易收缩变脆，可通过等体积的乙醇和二甲苯的混合，再进入纯二甲苯缓解。

透明时间由组织大小而定，常用30分钟至2小时，在纯二甲苯中应更换2次，总时间则以不超过3小时为宜。如组织块脱水彻底，经过透明剂后会显现透明状态；如组织块呈白色云雾状，说明脱水不足。

5. 浸蜡和包埋 浸蜡用的石蜡，熔点介于50～60℃，应根据材料本身的硬度、切片的厚薄和当时的气温条件来选用。一般动物材料最常用的石蜡熔点为52～56℃，植物材料的用54～58℃的石蜡；切片薄的用58～60℃的石蜡，切片厚的则用52～54℃的石蜡，通俗总结为"薄片用硬蜡，厚片用软蜡"；室温10～19℃时宜选用52～54℃的石蜡，冬季可用熔点46～48℃的石蜡，夏季可选56～58℃的石蜡。

浸蜡的关键是对温度的稳定控制，温度过低则石蜡凝固无法进行渗透，温度过高则使组织收缩过度，脆性过强，不能切成完整的片状。浸蜡须在恒温箱中进行，温度调节至高于石蜡熔点3℃，将经过透明的组织块依次用石蜡与二甲苯的等体积混合液、纯石蜡处理。纯石蜡应处理2~3次，目的是让透明剂替代充分。透蜡的时间仍然依材料性质和大小而定，一般每次需15~30分钟。

包埋是使浸透蜡的组织块包裹在石蜡中。操作方法：先准备好包埋盒，可以是自制的纸盒，也可用专用的包埋盒或立式玻璃染缸盖。以染缸盖为例，先用1~2滴甘油涂抹染缸盖的内面，然后将熔化好的包埋蜡倒入盖内，接着用预温的镊子迅速夹取组织块放在染缸盖合适的位置，静置待石蜡自然冷凝，沉入冷水中或轻轻旋转，即可获得包埋的石蜡块。一般来说，包埋用蜡的温度应略高于透蜡温度2℃，以保证组织块与周围石蜡完全融为一体。

6. 切片

（1）石蜡块的修整与固定：包埋后进行切片。包埋好的石蜡块装上切片机进行切片前还须进行修整和固定。

1）修整：俗称"修块"，是将包埋好的蜡块修整成组织大小，周边预留比材料多3~5mm的包埋蜡组织。然后根据实验目的确定材料切面，以切面向上修成梯形蜡块。

2）固定：一般轮式切片机上都附有可固着石蜡块的金属小盘，也可用同样大小的硬木替代作为蜡托。将组织切面朝上，用加热的蜡铲将包埋块粘贴于蜡托上，再用蜡铲溶解蜡屑，滴于蜡块四周，进一步稳定蜡块的固着。

（2）切片机和切片刀：切片机是用来作各种组织切片的一种专门设计的精密机械，常用的是轮式切片机。蜡块的夹持机械结构可设定切片的厚度（以μm为单位），厚度依据实验目的和组织块的特点进行设定。通过轮式的旋转，机械夹持结构上下、前后推进蜡块的切片进度，组织块上下运动一次，便在刀片上得到一张合乎厚度要求的切片。切片刀也有专属夹持机械结构，在切片过程中不可移动。

切片刀与切片的质量直接相关。旧式切片刀在使用前必须磨刀，方法是：将切片刀装上刀柄、刀背夹，滴少许液体石蜡在平滑的磨刀石上，将刀贴着磨刀石以"8"方向打磨，先用粗磨石，再用细磨石。打磨好的刀口在镜下检测呈"一"字形或均匀的锯齿状，以"一"字形为最佳。现在为了节约磨刀时间，多数轮式切片机已替换成一次性刀片的夹持机械结构。

（3）切片方法：切片前，将刀口置放大镜下观察，选择刀口平整无缺刻的部分来进行切片。将所要切的包埋块固定在标本台上，使包埋块切面与标本夹截面平行，并让包埋块稍露出一截。将刀台推至外缘后松开刀片夹的螺旋，上好刀片，使切片刀平面与组织切面间呈15°左右的夹角，包埋块上下边与刀口平行。在微动装置上调节切片要求的厚度，让刀口与组织切面稍稍接触，这时就可以开始切片了。

右手转动转轮，左手持毛笔在刀口稍下端接住切好的片子，并托住切下的蜡带，待蜡带形成一定长度后，右手停止转动，持另一支毛笔轻轻将蜡带挑起，平放于黑色蜡光纸上。切片速度不宜太快，摇动转轮用力均匀，防止切片机震动厉害引起切片厚薄不均匀，还应注意转动的方向，以防标本台后移而切不到片子。切片完毕，应及时清理切片机的相关部件残留的蜡屑。

7. 贴片 切好的切片必须贴附于载玻片上才能作进一步处理，但是切片常有细小的横纹，必须经展平后才能贴附，否则影响染色和观察。

贴片一般有捞片法和烫板法。

（1）捞片法：比较简单，首先将切片分割开，投入到48℃的温水浴中，这时切片都浮在水面上，由于表面张力的作用使切片自然展平，然后用涂有甘油蛋白溶液或5%明胶水溶液的载玻片倾斜着插入水面去捞取切片，使切片贴附在载玻片的合适位置，于室温下放置一昼夜后使其彻底干燥。

（2）烫板法：是将涂有粘片剂的载玻片上涂上水，把已分割好的切片贴上去，再置载玻片于35℃恒定的烫板上让切片细纹展开，倾斜或用吸水纸吸去水分，最后将载玻片再度放于烫板上晾干。

要注意，载玻片必须洁净，不能有油污；切片的光面应朝下，否则染色过程中切片容易脱落。

8. 染色 组织切片是无色透明的，必须进行染色后才能观察到各种微细结构。染色是一个复杂的过程，兼有物理和化学作用，需要依据不同的观察要求来选用。因染色剂往往是水溶液，因此切片必须经过脱蜡而再度入水，这种方法即为脱水、透明的逆过程。由于切片十分菲薄，处理的时间大大减少，一般每个步骤停留2～5分钟。

9. 透明 染色后的切片须再次经过脱水、透明。标本经二甲苯或冬青油透明后，折射率改变，透明度提高，使得染上色的部位更清晰地显示出来。

10. 封片 封片的目的是使制成的切片能够永久保存，封藏剂必须能与透明剂互溶，对染色无影响，折射率近似玻璃和具有黏性的物质。常用的封藏剂有加拿大树胶和中性树胶。

方法是：将载玻片从二甲苯中取出后，吸去多余的二甲苯，在标本上的二甲苯尚未挥发完之前，在标本区域滴加封片树胶，盖上盖玻片，避免产生气泡。贴上标签，37～45℃恒温箱中烤干封藏剂，石蜡切片制作完毕。

（二）冰冻切片

冰冻切片（frozen section）是一种在低温条件下使组织快速冷却到一定硬度，然后进行切片的方法。冷冻箱的中间为一台切片机，工作间的温度在0～30℃任意调节，并在箱面上的荧屏中显示出来。

1. 取材及包埋 新鲜组织标本常规取材。将适量OCT滴入铝合金组织标本台上并将组织置于其中心部位，然后放在冰冻切片操作室标本速冻台上，移动预冻后的组织冷冻锤（可不用）把组织压平压实，快速冷冻3～5分钟后，将组织标本台装到切片机的标本台夹头并锁紧。

2. 切片 将冰冻后的组织连同样本托固定到冷冻头上，设定切片厚度为6μm。点击样品快进按钮将样品移近刀口并调整切面，利用慢进按钮先粗切修出组织最完整切面，再细切1～2张，弃用。放下防卷板，用小毛笔带平切片，待组织切片完整拉下铺于刀架上，并快速用载玻片贴附组织，立即放入固定液中固定10～20秒。

【注意事项】

一、石蜡切片注意事项

石蜡切片步骤多、耗时长，制备的标本易于较长时间的保存。制备过程中的每一个步骤都是下一个步骤的实验基础，因此各环节的技术掌握十分重要，一步不慎往往导致前功尽弃，实验中应尽量减小每一个环节对实验结果的影响。

1. 浸蜡时要保持温度恒定，温度过低石蜡会凝固而无法渗透，温度过高会使组织收缩变脆。

2. 切片时速度不宜过快，应匀速转动切片机，防止出现蜡带不连续、卷曲及蜡带不直等现象。

3. 切出的蜡带背面平滑、正面粗糙，粘贴时应将蜡带背面接触载玻片，载玻片也应保持干净，这样贴片后比较牢固，后续操作中材料不易脱落。还可用赖氨酸玻片进行贴片，降低脱片率。

4. 切片结束后及时将切片机各部件擦净，刀片用蘸有二甲苯的擦镜纸沿同一方向擦拭。

二、冰冻切片注意事项

冰冻切片步骤少、耗时短，制备的标本不易保存。

1. 防卷板及切片刀和持刀架上的板块应保持干净，需经常用毛笔挑除切片残余和用柔软的纸张擦，避免残余的包埋剂粘于刀或板上，破坏甚至撕裂切片，使切片不能完整切出。

2. 放置组织冰冻前，应根据实验目的、组织的形状来放置，以期获得预期结果。

3. 切片时，如果发现冰冻过度情况，可将冰冻的组织连同支撑器取出来，在室温停留片刻，再行切片。

4. 用于附贴切片的载玻片，不能存放于冷冻室，建议冷藏后使用。避免载玻片与冰冻切片之间温差过大，贴片中产生的吸附力造成组织结构位移，影响实验结果的判断。

【作业】

在切片技术和非切片技术中，各任选一种，制备三张光镜观察标本，并进行观察。

【思考题】

1. 石蜡切片和冰冻切片各有何优缺点？

2. 为什么在切片制作中要使用固定剂？

3. 在石蜡切片和冰冻切片的技术基础上，还有哪些相关的拓展实验技术？

【临床相关知识扩展】

　　临床外科手术中俗称的"术中冰切"指的是组织快速冰冻切片，是用于手术中病理诊断的一种方法，病理医生在收到手术标本后15分钟之内做出诊断，马上电话告诉手术医生，以便迅速作出下一步治疗决策。

　　病理诊断的正确与否直接关系到手术台上处理患者的下一个步骤，如乳腺肿块切除后的冰冻报告是良性的纤维腺瘤，则可宣告手术结束；如冰冻报告是乳腺癌，就需要进一步扩大手术范围，切除整个乳房及腋窝淋巴结；肢体的恶性肿瘤如骨肉瘤，通常需截肢。

　　冰冻切片病理诊断对手术治疗有重大帮助和指导意义，诊断要力求正确、迅速和可靠。然而，快速冰冻切片要在如此之短的时间内做出诊断，难度相当高，取材有局限性，制作切片的质量也不如常规石蜡切片高。因此，冰冻切片的确诊率比常规切片低，有一定的延迟诊断率和误诊率，即使选择性应用，事后仍需用常规石蜡切片对照和存档。

实验11　荧光显微镜的结构和使用

【实验目的】

1. 熟悉荧光显微镜的主要构造和成像原理。

2. 了解荧光显微镜的操作流程。

【实验原理】

荧光显微镜（fluorescence microscope）是指利用荧光标记物在特定波长的激发下发光成像的显微镜，是观察特定分子分布的重要工具，主要用于细胞生物学、遗传学、免疫学等领域的研究和检验，具有灵敏度高、特异性强的特点。荧光基团是具有特殊性质的化合物，能在吸收较短波长光线（激发光）后，发射出能量减弱、波长较长的光线（发射光）。利用荧光基团可以发出特定波长光的特性，可将细胞内分子用荧光基团标记，再用荧光显微镜来观察荧光分子的光强及其在细胞内的定位。

【实验仪器、材料】

（一）仪器

荧光显微镜结构包括光源、滤色系统、光学系统和成像系统，是在复式显微镜基础上安装荧光装置，用来观察荧光信号。

1. 光源　多采用超高压汞灯，也有氙弧灯、高功率发光二极管和激光器。超高压汞灯由石英玻璃制作，内充汞，工作时在两极间放电，汞蒸发，产生高压，这一过程一般需要5~15分钟，电极间放电使汞分子不断解离和还原，发射光量子。超高压汞灯可发出紫外光和蓝紫光，足以激发各类荧光物质，因此荧光显微镜普遍采用汞灯光源。

2. 滤色系统　光源发出的多谱光线，需要经过滤色系统，才能匹配发光基团。滤色系统分为激发滤板和压制滤板：①激发滤板可使一定波长范围的激发光通过，如紫外光激发滤板使400nm以下的紫外光透过，同时阻止400nm以上的可见光通过；②压制滤板阻挡激发光通过，如紫外光压制滤板阻挡紫外光通过，允许可见光通过。

由汞灯发出多谱光线，经激发滤光片后，只有被激发滤板选择的光才可激发样品，荧光基团产生发射光和透过样品的一部分激发光，返回光路，压制滤板可以阻止激发光通过，防止非样品产生的荧光进入目镜视场，降低图像衬度。

此外，现在的荧光显微镜多采用落射光装置，还需加载干涉分光滤镜。干涉分光滤镜对向光源45°倾斜，光源来的激发光射到滤镜后，滤镜上镀膜对短波长的光反射，因此激发光可以改变光路垂直射向物镜，经物镜到达标本，物镜直接起到聚光器的作用。标本受到激发后，发出较长波长的发射光，发射光通过物镜，滤镜上镀膜对长波长的光是可透的。当标本的荧光处在可见光长波区时，可用目镜观察；当标本的荧光处超出可见光长波区时，需要用荧光成像系统。荧光基团的激发和荧光的检测是通过相同的光路

（即通过物镜）完成的，称之为落射荧光显微镜。不同的荧光基团对应的激发光和发射光不同，因此每次成像需要选择不同滤光片来匹配用于标记样品的荧光基团的光谱激发和发射特性。

3. 光学系统　包括物镜、目镜和聚光镜，和其他复式显微镜一致，用于放大微小物体，使其为人的肉眼所能看见。和普通光学显微镜不同的是，荧光显微镜一次只对单色荧光基团成像，多种荧光基团的多色图像，须由多幅单色图像组合而成。

4. 成像系统　一些荧光发射光超出可见光范围，人眼无法观测，这时需要荧光成像系统来捕捉光信号。荧光显微镜配置的照相机和拍照软件，可以调节曝光时长，以确保在背景荧光量和图像清晰度之间平衡。

（二）材料

由绿色荧光蛋白和Cy3标记蛋白的临时装片。

如用多种荧光基团进行显色时，应注意荧光基团发射光波波峰所在位置，尽量使用发射光波波峰容易区分的染料。

【实验方法和步骤】

1. 实验前准备　关闭房间内的灯，拉上窗帘，荧光观察需要处于暗室环境；除去荧光显微镜的防尘罩，超高压汞灯灯箱处通风良好、无遮盖；将汞灯的电源插头插入220V外接电源，打开汞灯电源开关，当外接电源电压表显示出电压稳定后，即可按下启动开关点燃汞灯。

2. 灯箱准备　拉开灯箱的拨杆，使荧光光路连通显微镜；等待超高压汞灯弧光达到稳定状态，注意荧光强度，荧光强度受汞灯使用寿命影响，如果汞灯使用年限较久，影响荧光强度，可转动汞灯灯箱上电压旋钮。

3. 灯泡的调中（视情况选做）　将标本置于载物台上，转动镜臂上的聚光镜旋钮，将聚光镜移出光路，转动滤色片组转换手轮，将激发滤色片组转入光路，将荧光物镜转入光路。在标本像调焦清晰后，推动聚光镜调焦推杆，使视场光阑成像清晰，转动视场光阑拨杆将视场光阑收小，调节视场光阑调中螺钉使视场光阑居中，将视场光阑开至"Zda"。转动聚光镜旋钮使聚光镜移入光路，调节灯箱上的聚光镜拨杆，使汞灯的弧光在视场内成像清晰。调整灯箱上的灯泡水平调节螺钉和垂直调节螺钉，使汞灯的弧光居中。调整反光镜水平调节螺钉和垂直调节螺钉，使光源的反射像与汞灯的弧光分开。当转动聚光镜旋钮把聚光镜移出光路时，视场照明应均匀。

4. 样本观察　将荧光染色样本置于载物台上，将低倍物镜转入光路，找到样本。转动滤光片转换拨轮，将荧光染色标本所需要的激发滤光片组转入光路。调节粗准焦螺旋，当看清荧光图像轮廓后，再用调细准焦螺旋，直至看到清晰的荧光图像。可通过转动灯箱旋钮，调节进入荧光量，获得较明亮的荧光图像。将高倍物镜转入光路，如需油镜观察时，标本和物镜间加上甘油，使甘油浸润，两者间没有气泡。

5. 样本拍摄 由于荧光图像较明场图像暗，样本荧光基团在高能量光照射下容易猝灭，与普通显微摄影相比，进行荧光显微摄影需要在图像亮度和曝光时间之间做出平衡。一般荧光显微镜成像系统有半自动或全自动显微摄影系统装置，可以在拍摄后自动关上光路。在拍摄前注意成像系统中荧光的强度，过强、过弱都会丢掉图像细节，过强还会导致荧光基团猝灭，影响下次拍摄。样本荧光显微镜所拍摄的荧光图像，一次只为一个光路，如有多色共染，需要设置好每个荧光拍摄通道，每个通道单独调节拍摄强度。拍摄中，成像系统会自动依次拍摄。拍摄后，成像系统会将所有拍摄通道单独成像，也会生成多通道合成图像。

6. 图像处理 荧光图像不仅记录了位置信息，还会记录荧光强度信息，可以通过成像系统自带软件分析荧光强度，两通道荧光的共定位信息，也可以通过 ImageJ 等软件来分析荧光位置和强度。如需要比较不同图像之间的荧光强度，应注意入射光量和拍摄曝光时间应该一致。

7. 实验结束 关闭成像系统、荧光电源、显微镜电源，待灯箱冷却至室温后，再用防尘罩盖好，并做好使用记录。

【注意事项】

（一）超高压汞灯

超高压汞灯操作不当时容易损伤，汞灯寿命也是制约荧光显微镜的一个重要因素。超高压汞灯使用时应注意以下内容：

1. 开启后不可立即关闭，以免水银蒸发不完全而损坏电极，一般需要等待15分钟。

2. 超高压汞灯工作时散发大量热能，工作环境温度不宜太高。

3. 灯熄灭后要等待灯箱完全冷却才能重新启动。

4. 超高压汞灯紫外线强烈，需要避免伤害眼睛，如调节汞灯时，应戴上护目镜。超高压汞灯压力很高，须置灯室中方可引燃，以免发生爆炸。

5. 在使用过程中，灯泡光效逐渐降低，在使用初期不需高电压即可引燃，使用一段时间后，则需要高压启动引燃。

6. 每次使用工作时间越短，灯泡寿命越短。因此，使用时尽量减少启动次数。

7. 每次使用工作时间过长，灯泡荧光强度下降，因此，使用时间一般控制在1～2小时。

（二）荧光拍摄

成像系统拍摄荧光图片的质量对后期分析有很大影响，所以荧光拍摄需要注意以下几方面。

1. 滤光片选择正确与否是荧光显微镜能否得到正确图像的关键，选择荧光染料时，就需要考虑到荧光显微镜配备的滤光片组合。

2. 样本染色后应立即观察，荧光会随时间逐渐褪色，并且样本染色后应该避光保存。

3. 因荧光会随时间逐渐褪色，故样本染色后应立即观察，且避光保存。拍摄时所用荧光量一般超出目镜观察时用到的荧光量，容易使荧光猝灭，所以应注意拍摄时长和拍摄次数。

4. 图像过曝或者荧光强度低都会损失图像细节，拍摄时应防止过曝，并且以最明亮的荧光和最低的背景为准。

（三）荧光显微镜

荧光显微镜应置于无尘、易散热暗室，每次开启关闭应记录时间和灯箱上显示的荧光寿命，一天内应控制荧光显微镜开启次数。

【作业】

请列出三种荧光试剂的名称，以及对应的入射光激发范围，发射光峰值，所用荧光滤镜的名称。（要求这三种荧光试剂用于同一样本时，三种荧光试剂可以被荧光显微镜区分开。）

【思考题】

荧光显微镜是复式显微镜加装荧光光路得到，那么在荧光显微镜的基础上再进行哪些改造得到可以更精准识别荧光，或者更快速拍摄的其他显微镜。请列出这些显微镜的名称，以及加载功能、使用场景。

【临床相关知识扩展】

荧光显微镜和经过改装以适应临床需求的其他靠荧光定位的显微镜，在临床检测、诊断、治疗上都有应用。比如对颅内恶性肿瘤患者治疗时，可以通过注射荧光素钠，在荧光显微镜的指导下，有效分辨肿瘤边界，进行肿瘤切除手术，保护正常脑组织。在检测疾病病理组织玻片时，用荧光检测和明视野显微镜检查相比，敏感性更高，如分别用荧光显微术和萋-尼氏染色技术检查痰标本中的抗酸杆菌。当标本中每100个视野至少10个菌时，两者的检出率相似；但当标本中每100个视野少于10个菌时，荧光显微术的检出率较高，所需的检查时间较短。

实验12　透射电子显微镜的结构和使用

【实验目的】

1. 熟悉透射电子显微镜的基本构造和成像原理。
2. 初步了解透射电子显微镜的操作流程。
3. 初步掌握样品的制样方法。

【实验原理】

（一）概述

透射电子显微镜（transmission electron microscope，TEM），是一种用透过样品的电子束使其成像的高精密度的电子光学仪器。用于观察超微结构，即小于0.2 μm、光学显微镜下无法看清的亚显微结构。其工作原理是以电子束作照明源，利用电子流的波动性，经电磁场的作用改变电子前进轨迹，产生偏转、聚焦，因此当电子束透过样品经电磁透镜的作用可放大成像。高速运动的电子流波长短，电镜分辨率高。一般光学显微镜放大倍数在数十倍到数百倍，特殊可到数千倍。透射电子显微镜的放大倍数在数千倍至一百万倍之间，有些甚至可达数百万倍或数千万倍。由阴极发射的电子经高压加速、聚光镜聚焦形成快速电子流，投射到样品上，与样品中各种原子的核外电子发生碰撞，形成电子散射。细胞质量、密度较大的部位，电子散射度强，成像较暗；质量、密度较小的部位电子散射弱，成像较亮，结果在荧光屏上形成与细胞结构相应的黑白图像。

（二）透射电镜主要结构

透射电子显微镜主要由电子光学系统、真空系统和供电系统三大部分组成（图12-1）。

1. 电子光学系统（简称镜筒）　是电镜的主体，对成像和像的质量起着决定性的作用，包括以下几个部分。

（1）电子枪，即电子发射源。电子枪由阴极、栅极、阳极组成，发出的电子束经高压加速，形成高速电子流投向聚光镜。

（2）聚光镜将高压电子束聚焦，投射到样品上。

（3）标本室承载样品，内设有气锁装置，在样品更换后数秒内即可恢复正常真空工作状态。

（4）物镜是短距透镜，放大率高，决定着电镜的分辨能力和成像的质量。

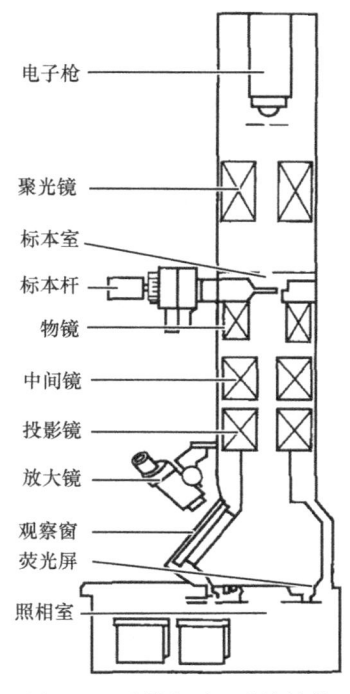

图12-1　透射电子显微镜结构

（5）中间镜结构类似物镜，经物镜放大的电子像由中间镜作二级放大。

（6）投影镜位于中间镜的下方，是将中间像放大后在荧光屏上成像。

此外还有荧光屏、观察室和照相装置。

2. 真空系统 包括机械泵、空气过滤器、油扩散泵及排气管道等部件，使镜筒内保持高度真空状态。真空度由真空表指示，一般要求达到10^{-4}Torr。透射电子显微镜利用高压电子束为照明源，要求电子束的通道上不能有游离气体存在，以避免与气体分子碰撞引起电离、放电、电子散射、灯丝氧化、污染样品等，影响观察效果或发生故障。

3. 供电系统 提供稳定的电源，包括高压系统电源、各透镜的电源及真空泵的电源等。供电系统的稳定度至关重要，直接影响成像的质量。

【实验仪器、材料、试剂】

1. 仪器

（1）透射电子显微镜：日本JEOL公司，EM1230型透射电子显微镜，点分辨率为0.2nm，放大率为50×~600 000×，加速电压为40~120 kV。

（2）超薄切片机：德国徕卡ultracut R型透射电子显微镜，超薄切片厚度为70 nm。

（3）离心管等。

2. 材料 ICR小鼠。

3. 试剂 1%锇酸、Spurr树脂试剂盒、醋酸双氧铀、柠檬酸铅、0.1mol/L磷酸缓冲液、2.5%戊二醛、100%丙酮、乙醇、环氧丙烷、0.1mol/L NaOH等。

【实验方法与步骤】

（一）实验方法

1. 小鼠卵巢取样 ICR小鼠处死后，取卵巢组织。

2. 样本包埋 经0.1 mol/L的磷酸缓冲液清洗3次后，再用1%锇酸于4℃下振荡固定3小时；然后用缓冲液清洗3次，乙醇逐级脱水，环氧丙烷置换，Spurr树脂浸透包埋；最后在70℃烘箱中聚合。

3. 切片染色观察 将不同材料的包埋块置于超薄切片机上进行切片，超薄切片厚度为70nm，经醋酸双氧铀和柠檬酸铅染色，透射电子显微镜下观察并拍照。

（二）实验流程

常规超薄切片术是指不需要特殊冷冻条件的常规包埋技术，包括取材、固定、脱水、渗透、包埋与固化、切片、染色等步骤。

1. 取材 组织块小于1mm^3，置于1.5ml离心管中。

2. 固定

（1）加入1ml 2.5%戊二醛，固定2小时。

（2）用0.1mol/L磷酸缓冲液漂洗，15分钟洗3次。

（3）1%锇酸固定液固定2小时，固定是利用化学试剂使细胞的细微结构和化学成分保持生前状态。

（4）用0.1mol/L磷酸缓冲液漂洗，15分钟洗3次。

3. 脱水

（1）50%乙醇，15～20分钟。

（2）70%乙醇，15～20分钟。

（3）90%乙醇，15～20分钟。

（4）90%乙醇，90%丙酮（1∶1）15～20分钟。

（5）90%乙醇+90%丙酮，15～20分钟。

以上步骤在4℃冰箱内进行。

（6）100%丙酮，15～20分钟3次，室温。用脱水剂把组织细胞里的游离水去除，使包埋剂能够均匀地渗入细胞内。

4. 包埋

（1）纯丙酮+包埋液（2∶1）室温3～4小时。

（2）纯丙酮+包埋液（1∶2）室温过夜。

（3）纯包埋液37° 2～3小时。

5. 固化 37°烘箱内，过夜；45°烘箱内，12小时；60°烘箱内，48小时。

6. 切片 超薄切片机切片70 nm。切片前，要将标本包埋块顶端修成近45°角的四边锥体，须使切片的标本露出，切面呈长宽约为0.4mm×0.6mm的长方形或梯形。然后把标本包埋块夹在标本夹中，固定在切片机臂的远端。玻璃切片刀，需用胶布围成水槽，加入适量蒸馏水，使切下的薄片漂在水面，用铜网收集。薄片的厚度可从薄片与水面反射光所产生的干涉色来判断：以银白色为（50～70nm）为佳；薄片大于100nm（紫红色）电子束的穿透较差，微细结构辨别不清；但小于40nm（暗灰色）图像反差低，难以观察。

7. 染色 3%醋酸双氧铀-柠檬酸铅双染色。在平皿中放一片蜡纸，并在其上滴一滴醋酸双氧铀染液，用弯头小镊子夹住铜网边缘，把贴有薄片的一面朝下，轻轻插入染液中，盖上平皿盖，室温下染色10～20分钟，双蒸水清洗2次；置入柠檬酸铅染液中染色15分钟，0.1mol/L NaOH染液漂洗1～2秒，双蒸水清洗2次，自然干燥后观察。

8. 拍照 透射电子显微镜观察，拍片，根据实验目的和要观察的细胞器放大至不同倍数（图12-2）。

【注意事项】

1. 生物制样复杂，在步骤繁多的制样过程中，样品容易产生收缩、膨胀、破碎以及内含物丢失等结构改变。

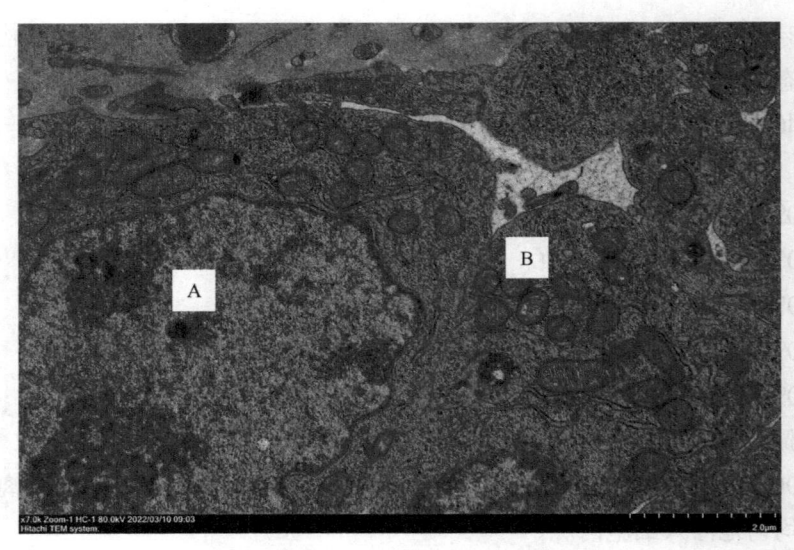

图12-2 小鼠卵巢颗粒细胞电子显微镜图
A. 细胞核；B. 线粒体

2. 锇酸（即四氧化锇，OsO_4）是一种强氧化剂，需冷冻、密封和避光保存，临用前需彻底化开，以免浓度欠佳。配制和储存不当会产生锇黑，使其失效，并对皮肤和黏膜有刺激作用，操作时最好使用通风橱，并戴防护手套。

3. 玻璃切片刀现用现做，通常一把刀切一个标本。

4. 醋酸双氧铀染液有微量放射性，能发荧光，需小心使用、避光保存。染色时应避免强光直射，避免污染皮肤和实验台面。

5. 透射电子显微镜在使用时要注意空气湿度，电压要稳定，气体要清洁干燥，防止小样品掉入，尤其是细颗粒、粉末，防止碰撞。

【作业】

1. 请列表比较透射电子显微镜与扫描电子显微镜的异同。
2. 试比较不同的固定剂对于细胞不同成分的固定效果。
3. 透射电子显微镜下观察线粒体和高尔基复合体结构特点，绘制线粒体和高尔基复合体图片。

【思考题】

1. 为什么透射电子显微镜需要真空环境？
2. 除了超薄切片技术之外，电子显微镜还有哪些制样技术？
3. 使用不同比例的纯丙酮与包埋剂的混合液浸透样品的目的是什么？

【临床相关知识扩展】

1. 肾小球疾病分型诊断

（1）肾活检内容：每例肾组织分三份：①一份行石蜡切片，光镜检查；②一份行冰冻切片，免疫荧光检查；③一份作TEM检查。

（2）分析方法：先将光镜和免疫荧光检查结果结合临床做出初步诊断，然后将电子显微镜检查结果结合前者做出最后诊断。

2. 急性髓系白血病分型诊断　方法：对793例急性髓系白血病（AML）患者采用6种检测方法进行诊断分型并比较临床诊断符合率。结果显示：电子显微镜AML分型效果与其他方法单独比较有明显优势。原因：电子显微镜通过观察细胞核结构，颗粒数量、形态和MPO（髓过氧化物酶）反应及线粒体状态，能从多个角度提高鉴别能力，比其他方法更特异和简洁。

3. 透射电子显微镜可以观察细胞器内部结构，目前可以检查线粒体状态，观察细胞自噬水平，是检测自噬的金标准。

实验13　细胞成分的分离和鉴定

【实验目的】

1. 了解差速离心法分离细胞器的原理。

2. 了解梯度离心法分离细胞成分的原理。

【实验原理】

（一）细胞核与线粒体的分级分离

通过差速离心分级分离细胞各组分。在给定的离心场中，球形颗粒的沉降速度取决于它的密度、半径和悬浮介质的黏度。在均匀悬浮介质中离心一段时间后，组织匀浆中的各种细胞器及其他内含物由于沉降速度不同而停留在高低不同的位置。依次增加离心力和离心时间，就能够使这些颗粒按其大小、轻重分批沉降在离心管底部，从而分批收集。细胞器中最先沉淀的是细胞核，其次是线粒体，其他更轻的细胞器和大分子可依次再分离。

悬浮介质通常用缓冲的蔗糖溶液，它属于等渗溶液，比较接近细胞质的分散相，在一定程度上能保持细胞器结构和酶的活性，有利于分离。此外，该方法中采用的$CaCl_2$有稳定核膜的作用。整个操作应注意使样品保持4℃，避免酶失活。线粒体的鉴定用詹纳斯绿B活性染色法。

（二）叶绿体的分离

梯度离心法是根据被分离样品的密度差异，在一定密度梯度的介质中加以离心力场，使得不同密度的颗粒悬浮停留在相应的介质梯度区。

植物细胞被细胞壁所包围，因此实验中必须破碎细胞壁的同时保持叶绿体的完整。从破碎细胞中释放出来的叶绿体等质体可经适当的梯度离心，将完整叶绿体和破碎叶绿体分开。

植物细胞的质体中储存的淀粉致密颗粒可能在离心过程中造成质体破裂，因此可在较低光照条件下预处理植物1～2天，以消除淀粉的积累作用。

用Percoll（聚乙烯吡咯烷酮包被的硅颗粒）梯度进行叶绿体的分级分离，与蔗糖相比，Percoll基本上不在梯度内产生渗透压，黏性也较蔗糖低，因而能缩短离心时间。成分中的聚乙二醇（PEG）可对破碎了的叶绿体及过氧化物酶体的条带密度造成影响，因而可以减小此类破碎细胞器对完整叶绿体的污染程度。PEG、Ficoll和BSA有利于维持叶绿体的生物活性。叶绿体经Percoll分级分离后比较稳定，可在冰上保持数小时。叶绿体得率可通过检测叶绿素含量来确定。

【实验仪器、材料、试剂】

1. 仪器　高速冷冻离心机、普通光学显微镜、天平、玻璃匀浆器、解剖剪刀、烧杯、量筒、离心管、大容量离心管及微量离心管、高速离心管、可见分光光度计、尼龙网、移液器、研钵（用于液氮）、石英砂、玻璃漏斗、尼龙布、载玻片、盖玻片等。

2. 材料　大鼠、新鲜菠菜或豌豆叶。

3. 试剂　0.9%生理盐水、0.25mol/L蔗糖、3mmol/L $CaCl_2$ 匀浆液、1%甲苯胺蓝溶液、0.02%詹纳斯绿B染液、匀浆悬浮缓冲液、50% PBF-Percoll梯度、1×SH、丙酮等。

【实验方法与步骤】

1. 细胞核的分离提取

（1）实验前大鼠空腹12小时，击头处死，迅速剖腹取肝，在冰浴的小烧杯中剪成小块（去除结缔组织），尽快置于冰冷的生理盐水中，反复洗涤，尽量除去血液，用滤纸吸去表面的液体。

（2）剪碎的肝组织移入玻璃匀浆管中，加入适量匀浆液，进行匀浆（注意保持冰浴状态），快速匀浆20～30次后，用蔗糖/$CaCl_2$预湿的尼龙布过滤于离心管中。

（3）将装有滤液的离心管以2500g，4℃离心15分钟，取上清液，移入高速离心管中，并保存于冰浴中，待分离线粒体用。

（4）收集的沉淀以少量蔗糖/$CaCl_2$溶液重新悬浮，以2500g离心15分钟，弃上清。

（5）洗涤过的沉淀以少量溶液重新悬浮，制备成细胞核悬液，滴一滴悬液于干净的载玻片上，制备成涂片，自然干燥。

（6）涂片用1%甲苯胺蓝染色，在光镜下观察。

2. 差速离心分离提取线粒体

（1）将装有上清液的高速离心管配平衡后，17 000g离心20分钟，弃上清，收集沉淀。

（2）加入0.25mol/L蔗糖及3mmol/L $CaCl_2$溶液1ml，用吸管吹打成悬液，17 000g，4℃离心20分钟，将上清液吸入另一试管中，沉淀加入0.1ml蔗糖/$CaCl_2$溶液制成悬液。

（3）取上清液和沉淀物悬液，分别滴一滴于干净载玻片上，各滴一滴0.02%詹纳斯绿B染液，染色20分钟，镜检（为利于线粒体的有氧呼吸，不必加盖玻片）。线粒体呈亮绿色。

3. 叶绿体的制备

（1）试剂的制备

1）匀浆悬浮缓冲液：2mmol/L EDTA（pH 8.0）、1mmol/L $MgCl_2$、1mmol/L $MnCl_2$、50mmol/L HEPES-KOH（pH 8.0）、0.33mol/L山梨醇、0.5g/L BSA（无脂肪酸）、5mmol/L抗坏血酸钠盐（使用前添加）。

2）50% PBF-Percoll梯度：2mmol/L EDTA（pH 8.0）、1mmol/L $MgCl_2$、1mmol/L $MnCl_2$、50mmol/L HEPES-KOH（pH 8.0）、0.33mol/L山梨醇、50% Percoll（V/V）、3% PEG 6000（m/V）、1% BSA（无脂肪酸）（m/V）、1% Ficoll（m/V）。

3）1×SH：50mmol/L HEPES-KOH（pH 8.0）、0.33mol/L山梨醇。

在每个50ml离心管中加入25ml的PBF-Percoll溶液，29 000g离心15分钟，即可形成梯度（制好的梯度可于4℃过夜存放）。

（2）材料的准备：菠菜或豌豆叶材料可直接购买，或用种子进行水萌发，光照培养。

（3）匀浆：取50～100g的叶组织，研钵中加液氨，迅速研磨几下（为增加研磨强度可添加少许石英砂），转入预冷的匀浆缓冲液匀浆，避免过度匀浆及产生泡沫。

（4）匀浆液用粗孔尼龙布过滤后，在大容量离心管或离心瓶中2600g，4℃离心5分钟，收集沉淀。

（5）用2ml匀浆缓冲液重悬沉淀（可使用软毛刷轻轻将管壁上的沉淀刷松），小心地加到做好的Percoll梯度上。10 500g，4℃离心10分钟（应见到两条绿色带，上方的条带为破碎的叶绿体，接近底部的为完整叶绿体带）。

（6）将叶绿体带吸出，用1×SH洗涤几次，每次2400g离心，收集沉淀。

（7）悬浮于1×SH。

（8）检测叶绿素含量：5μl叶绿体悬液与995μl的80%丙酮在微量离心管中混匀，13 000g，室温离心2分钟。取溶液在663nm及645nm处检测吸光值。

（9）计算：叶绿素含量（mg/ml）=（$8.02A_{663}+20.2A_{645}$）/5。

【注意事项】

（1）动物材料实验前可空腹过夜，以降低肝组织中的脂肪含量，便于实验操作。

（2）实验中必须注意保持细胞器的完整性，避免过于剧烈的机械操作。尤其是线粒体在保持了呼吸氧化功能时才能经活性染色法检测。

（3）由于核沉淀中可能依然存在大量因为粘连或缠绕而沉淀的线粒体，所以可酌情将步骤（4）中洗涤核沉淀后离心得到的上清，与步骤（3）的上清合并加以利用。

（4）由于线粒体用活性染色法进行检测，所以样品制备好后应尽快染色，不要放置过久。

（5）植物细胞由细胞壁包围，因此分离叶绿体时必须保证在破碎细胞壁的同时，磨匀浆程度不可过度。

（6）菠菜与豌豆的质体较小，而且都能在不积累淀粉和酶类物质的条件下生长。菠菜的叶绿体/湿重比率较高，而豌豆易于生长。对于那些叶绿体较大且形状不规则，或包埋在厚纤维组织中的细胞，可先酶解细胞壁，再破裂原生质体。

（7）使用的牛血清白蛋白（BSA）不能含有脂肪酸，以防止脂肪酸氧化造成膜溶解。

【作业】

1. 光镜下观察制备的细胞核与线粒体样本。
2. 用梯度离心法分离、纯化叶绿体，并计算叶绿素含量。

【思考题】

总结分离不同细胞器所需的沉降速度。

实验14　细胞器的活体染色

【实验目的】
1. 掌握线粒体和液泡系的超活性染色技术。
2. 观察动、植物细胞内线粒体和液泡系的形态、数量和分布。

【实验原理】
活体染色是指对活的有机体的细胞或组织着色但又无毒害的一种染色方法。它的目的是显示活细胞内的某些结构，而不影响细胞的生命活动和产生任何物理、化学变化以致引起细胞的死亡。活染技术可用来研究活状态下的细胞形态结构和生理、病理状态。

根据所用染色剂的性质和染色方法不同，通常把活体染色分为体内活染和体外活染两类。体内活染是以胶体状的染料溶液注入动、植物体内，染料的胶粒固定、堆积在细胞内某些特殊结构里，达到易于识别的目的。体外活染又称超活染色，它是由活的动物、植物分离出部分细胞或组织小块，以染料溶液浸染，染料被选择固定在活细胞的某种结构上而显色。

活体染色剂包括碱性染料和酸性染料两大类。染料和标本彼此便具有吸引作用。由于碱性染料具有溶解类脂质（如卵磷脂、胆固醇等）的特性，易于被细胞吸收，一般最适合作为活体染色剂。詹纳斯绿B（Janus green B）和中性红（neutral red）是活体染色剂中最重要的碱性染料。

1. 线粒体的超活染色　詹纳斯绿B是线粒体的专一性活体染色剂，毒性较小，具有脂溶性，能穿过细胞膜及线粒体膜进入线粒体，并通过其结构中带正电荷的染色基团结合到负电性的线粒体内膜和嵴膜上。线粒体是细胞内能量代谢的重要场所，内含多种与能量代谢有关的酶类。其中内膜和嵴膜上的细胞色素氧化酶可使结合的詹纳斯绿B始终保持氧化状态而呈蓝绿色（有色状态），而线粒体周围细胞质中的詹纳斯绿B被还原为无色的色基（无色状态）。

2. 液泡系超活染色　在动物细胞内，凡是由膜所包围的小泡和液泡除线粒体外都属于液泡系，包括高尔基复合体、溶酶体、微体、消化泡、自噬小体、残体、胞饮泡和吞噬泡，都是由一层单位膜包围而成。弱碱性染料中性红是液泡系特殊的专一性活体染色剂，只将液泡系染成红色，在细胞处于生活状态时，细胞质及核不被染色，中性红染色可能与液泡中含有特定蛋白有关。

【实验仪器、材料、试剂】
1. 仪器　普通光学显微镜、载玻片、盖玻片、镊子、消毒牙签、滤纸、擦镜纸、解剖盘、剪刀、镊子、穿刺针等。
2. 材料　洋葱鳞叶、人口腔黏膜上皮细胞、小鼠、牛蛙。

3. 试剂　0.02%詹纳斯绿B、1/3000中性红、Ringer溶液等。

【实验方法与步骤】

（一）线粒体的超活染色

1. 人口腔黏膜上皮细胞　在洁净的载玻片中央滴上2～3滴0.02%詹纳斯绿B染液，用消毒牙签刮取口腔黏膜上皮细胞，将刮取物混合于载玻片上的染液中，染色30分钟，滤纸吸干染料，滴2～3滴0.65% Ringer溶液，制片观察。

2. 小鼠肝细胞　用脊椎脱臼法处死小鼠，置于解剖盘中，剪开腹腔，取小鼠肝边缘较薄的肝组织块，放入表面皿内。用吸管吸取0.90% Ringer溶液，反复浸泡冲洗肝，洗去血液。在干净的凹面载玻片的凹穴中，滴加0.02%詹纳斯绿B染液，再将肝组织块移入染液。当组织块边缘被染成蓝绿色即可（一般需染20～30分钟）。吸去染液，滴加0.90% Ringer溶液，用眼科剪将组织块着色部分剪碎，使细胞或细胞群散出。然后，用吸管吸取分离出的细胞悬液，滴一滴于载玻片上，盖上盖玻片进行观察。

3. 洋葱鳞叶内表皮细胞　用镊子撕取一小块洋葱表皮置于洁净的载玻片上，0.02%詹纳斯绿B染色30分钟，滤纸吸干染料，滴2～3滴0.65% Ringer溶液，制片观察。

（二）液泡系的超活染色

1. 洋葱鳞叶内表皮细胞　用镊子撕取一小块洋葱表皮置于洁净的载玻片上，滴2～3滴中性红染液染色10分钟，用滤纸吸干染料，滴2～3滴0.65% Ringer溶液，制片观察。

2. 牛蛙胸骨剑突软骨细胞　用捣毁脊髓法处死牛蛙，置于解剖盘中，剪开胸腔，剪取胸骨剑突软骨最薄部分一小片，2～3mm^{2}放入载玻片中央。滴加1/3000中性红染液，染色5～10分钟，然后用吸管吸去染液，滴加0.65% Ringer溶液，盖上盖玻片，依次用低倍镜、高倍镜和油镜观察。

【注意事项】

活体染色的关键是注意保持标本的活体状态。小鼠肝细胞线粒体活体染色时，注意不可将取材的组织块完全淹没，要使组织块上半部分露在染液外，这样细胞内的线粒体酶系可充分氧化，易被染色。牛蛙胸骨剑突软骨细胞液泡系活体染色时，取材要迅速。

此外要控制好染色时间。詹纳斯绿B有微弱毒性，染色时间过长，有可能导致线粒体形成空泡。中性红在使用前要用滤纸过滤，以免染料沉淀的颗粒影响观察。天气寒冷时，可适当延长染色时间。

【作业】

1. 简述线粒体和液泡活体染色的原理。
2. 绘图示实验结果中线粒体和液泡形态和分布。

【思考题】

细胞器活体染色的生物学意义是什么？

【临床相关知识扩展】

细胞器的活体荧光标记技术是现代细胞生物学研究常用的重要实验技术。可以从细胞器乃至分子水平上研究活细胞中的各种生命活动，极大增强了人们认识细胞、研究细胞的能力，可用于分析细胞的信号转导、物质运输、能量代谢和膜电位的变化等。

目前已经开发出多种商业化的细胞器特异性荧光染料。

Golgi-Tracker Red是一种高尔基复合体红色荧光探针，可以用于活细胞高尔基复合体特异性荧光染色，但不适合用于固定细胞的标记。Golgi-Tracker Red为采用Molecular Probes公司的BODIPY TR进行荧光标记的C5 ceramide，最大激发光波长为589nm，最大发射光波长为617nm。BODIPY-FL-神经酰胺是一种脂质，能特异地标记高尔基复合体，其最大激发光波长是464nm，最大发射光波长为532nm。

DiO-C6（3）是一种短链碳酸化氰苷染料，可以标记包括内质网在内的多种膜性细胞器。但是，根据形态、结构特征，内质网很容易被识别。DiO-C6（3）的最大激发光波长为484nm，最大发射光波长为501nm。

罗丹明123是一种阳离子荧光染料。活体线粒体能够产生膜电位，可以吸引罗丹明123进入线粒体。因此，罗丹明123能够特异地标记线粒体。罗丹明123的最大激发光波长为504nm，最大发射光波长为534nm。

Hoechst 33258是一种可以穿透细胞膜的蓝色荧光染料，对细胞的毒性较低。这种染料会结合到DNA的A-T富集区域，所以也常用于普通的细胞核染色或常规的DNA染色。Hoechst 33258的最大激发光波长为346nm，最大发射光波长为460nm；Hoechst 33258和双链DNA结合后，最大激发光波长为352nm，最大发射光波长为461nm。

【试剂配制】

1. Ringer溶液 氯化钠8.5g（变温动物：6.5g），氯化钾0.42g，氯化钙0.25g，蒸馏水1000ml。0.65% Ringer溶液（氯化钠6.5g，氯化钾0.42g，氯化钙0.25g，蒸馏水1000ml）。0.9% Ringer溶液（氯化钠8.5g，氯化钾0.42g，氯化钙0.25g，蒸馏水1000ml）。

2. 0.02%詹纳斯绿B溶液 称取50mg詹纳斯绿B溶于5ml Ringer溶液中，可稍微加热使之溶解，滤纸过滤后即为1%原液。取1%原液1ml加入49ml Ringer溶液，即成0.02%工作液，混匀装入棕色瓶备用。最好现用现配，以充分保持它的氧化能力。

3. 1/3000中性红溶液 先配制1%浓度原液，称取0.5g中性红溶于50ml Ringer溶液，30~40℃略为加热，使之很快溶解，滤纸过滤后装入棕色瓶中，避光保存。临用前取已配制的1%原液1ml，加入29ml Ringer溶液混匀，装入棕色瓶备用。

实验15　人外周血淋巴细胞培养与染色体标本制备

【实验目的】

1. 掌握人体外周血淋巴细胞染色体制备的方法。
2. 掌握非显带染色体的核型分析。
3. 了解人体外周血淋巴细胞培养技术。

【实验原理】

在人类染色体研究当中，外周血是运用最多的材料。人体外周血淋巴细胞，通常都处于G_1期或G_0期，一般情况下可在血液中循环几年都不分裂。但在体外适宜培养条件下，经过植物凝集素（phyto hemagglutinin，PHA）的刺激，可转化为淋巴母细胞，重新获得增殖能力，并进行有丝分裂。然后在培养基中加入适量的纺锤体抑制剂秋水仙碱（colchicine），使分裂细胞停滞于分裂中期。用低渗溶液处理，使分裂细胞膨胀。细胞悬液滴片后，通过加热使已经膨胀的细胞爆裂，将染色体分散开来。最后使用Giemsa染色，即可获得中期染色体标本。人体的1ml外周血内一般含有（1~3）×10^6个淋巴细胞，足以用于染色体标本制备和分析。

【实验仪器、材料、试剂】

1. 仪器　超净工作台、恒温培养箱、恒温水浴箱、离心机、鼓风干燥机、冰箱、高压消毒锅、电子天平、普通光学显微镜、培养瓶、无菌注射器、刻度离心管、滴管、吸管、酒精灯、冰冻载玻片、pH试纸、压脉带、棉签等。

2. 材料　人体外周血。

3. 试剂　RPMI-1640培养基、小牛血清、PHA（5mg/ml）、秋水仙碱（20μg/ml）、肝素（500IU/ml）、固定液（甲醇：冰醋酸=3：1现用现配）、0.075mol/L KCl低渗液、Giemsa原液、pH 6.8磷酸缓冲液、青霉素、链霉素、5%$NaHCO_3$等。

【实验方法与步骤】

（一）取材与细胞培养

（1）取25ml培养瓶一个，在无菌条件下加入：RPMI-1640培养基4ml，小牛血清1ml，肝素（500IU/ml）0.03ml，PHA（5mg/ml）0.04ml，青霉素100IU/ml，链霉素100IU/ml，混匀。

（2）采血：常规消毒采样者肘部皮肤，抽取肘静脉血0.3~0.5ml，接种于上一步准备好的培养瓶中，水平轻轻摇匀，静置37℃恒温培养箱中培养6~9小时。培养期间，定期轻轻摇匀，使细胞充分接触培养基。

（3）秋水仙碱处理：终止培养前2～3小时，在培养液中加入秋水仙碱，使终浓度为0.01～0.02μg/ml，轻摇混匀后继续培养至72小时。

（二）染色体标本制备

（1）收获细胞：用吸管将培养物混匀，并移至15ml刻度离心管内，以1000r/min离心10分钟，用吸管小心吸掉上清液，留下沉淀物。

（2）低渗处理：将预温37℃的0.075mol/L KCl低渗液5ml加入离心管中，用吸管轻吹打混匀后，放入37℃恒温水浴箱中20～30分钟，促使白细胞膨胀，染色体分散，红细胞解体（操作时，要注意不要将细胞吸到吸管上部，也不要接触离心管的上部，否则会丢失很多细胞）。

（3）预固定：取出离心管，沿管壁缓缓加入0.5ml新配制的固定液（甲醇：冰醋酸=3：1），立即用吸管轻吹打混匀。以1000r/min离心10分钟，吸去上清液，留下沉淀物。

（4）固定：加入5ml新鲜固定液，吸管吹打混匀，在室温下固定30分钟，以1000r/min离心10分钟，弃去上清液，留下沉淀物（固定液要新鲜配制，否则会形成酯类，影响固定效果）。

（5）再固定：加入5ml新鲜固定液，混匀，在室温下固定20分钟，以1000r/min离心10分钟，弃去上清液。

（6）制备细胞悬液：根据离心管底部沉积的细胞多少，加入适量新鲜固定液（一般加1.5～2ml），用吸管轻吹打混匀，制成细胞悬液。

（7）滴片：取保存于冰盒中的冰冻载玻片一张（滴片时动作要快，以保证冰片的冰冷程度），用吸管吸取细胞悬液，距载玻片20～30cm的距离处滴2～3滴于载玻片上（注意不要重叠），立即用口吹气，使细胞在载玻片上散开，在酒精灯上过几次，晾干。

（8）染色：将玻片标本用Giemsa染液（原液：pH 6.8磷酸缓冲液=2：10）染色10～20分钟，自来水轻轻冲洗，晾干后即可镜检。

（三）非显带核型分析

1. 染色体的观察与计数 取上述制作好的染色体玻片标本，先用低倍镜观察，选择染色体分散良好，无重叠的分裂中期细胞，转到油镜下仔细观察（图15-1和图15-2）。观察染色体形态特征，区分中央着丝粒、亚中央着丝粒、近端着丝粒染色体，并对一个分裂象中的染色体进行计数（最好根据细胞中染色体自然分布的区域进行分区计数，然后再求总和，否则容易造成计数的重复或者遗漏）。判断所观察的分裂象是来自男性细胞还是女性细胞，写出其核型。

2. 分裂象图片的分析和核型剪贴 将提供的分裂象图片中的染色体剪下，按丹佛体制（表15-1）对染色体进行分组列号（先找A、B组，再找D、G组，然后找E、F组，最后剩下的为C组），贴出核型图，并正确标注。

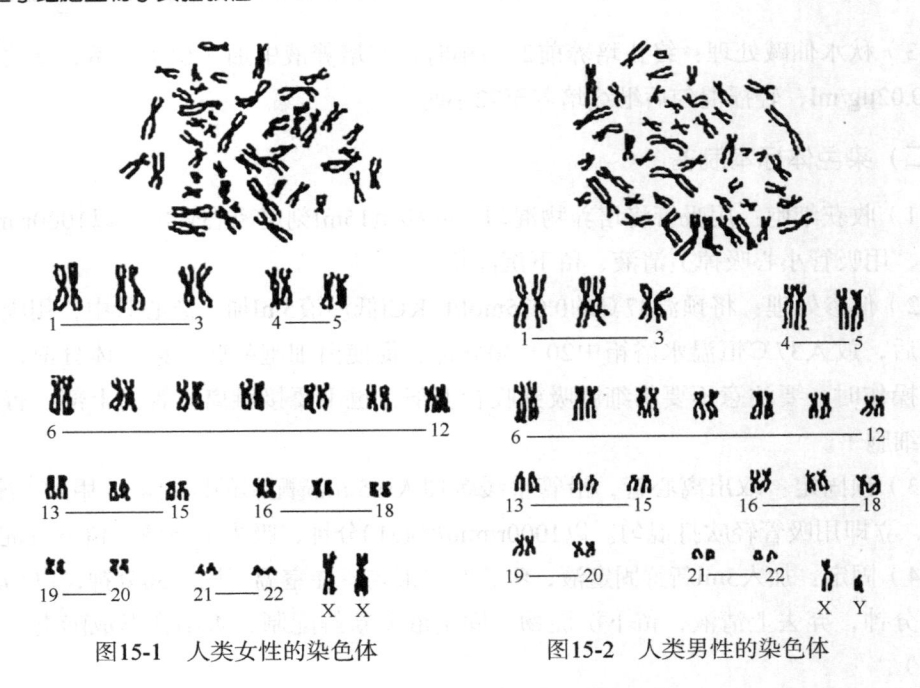

图15-1 人类女性的染色体   图15-2 人类男性的染色体

表15-1 人类染色体分组及形态特征

组号	染色体号	形态大小	着丝粒位置	鉴别要求
A	1～3	最大	中央、亚中、中央	要求明确区分各号
B	4～5	次大	亚中	要求不与其他组相混
C	6～12，X	中等	亚中	要求6、7、8、11、X不与9、10、12相混
D	13～15	中等	近端	要求不与其他组相混
E	16～18	较小	中央、亚中、亚中	要求明确区分各号
F	19～20	次小	中央	要求不与其他组相混
G	21～22，Y	最小	近端	要求21、22与Y区别

【注意事项】

1. PHA是体外淋巴细胞培养成败的关键问题，因此，要考虑它的质量和浓度。盐水提取物一般冰冻保存的时间不宜过长，以免影响效价。

2. PHA效价不好是细胞分裂象少的原因之一，因此，培养基中PHA的使用量要在试用后确定。浓度过高可能会导致红细胞凝集。

3. 秋水仙碱溶液的浓度及处理时间要准确掌握。如果处理时间太短，则标本中的分裂细胞就少，染色体细长；相反，如果处理时间过长，则标本中的分裂细胞虽多，但染色体会粗短，以致形态特征模糊，都不宜对染色体进行形态观察及计数。

4. 培养温度应严格控制在（37±0.5）℃。

5. 低渗步骤极为重要，关系到染色体分散的好坏。因此，低渗液浓度及低渗时间应掌握适当。低渗后混匀细胞一定要轻，否则引起细胞膜破裂，染色体散失。

6. 离心速度不宜过快，速度太快细胞团不易打散，反之，分裂象容易丢失。

7. 固定液应在临用时新鲜配制，固定一定要彻底、均匀。若打散不够，则细胞容易在玻片上集结。

8. 若吹打时用力过猛，细胞容易破碎，以致染色体数目不完整。

9. 培养液的pH应掌握在7.4±0.1左右，pH偏酸发育不良，pH偏碱细胞出现轻度固缩。

10. 凡是细胞培养过程中所涉及的一切溶液试剂及器材必须严格保证无菌。

11. 细胞培养操作过程应保持高度无菌概念，严防细菌和病毒污染，在外周血培养中，PHA对淋巴细胞的作用，个体差异较大。同样方法和条件，分裂象多少及分散情况会出现差异。因此，若首次失败，应充分考虑这些因素。

12. 在细胞培养过程中，每天至少要摇瓶一次，以利于细胞良好生长。

13. 如果染色体分散不好，可先将载玻片用45%冰醋酸浸湿，然后立即将细胞悬液滴在载玻片上，并快速在酒精灯上来回通过3～5次，这可在很大程度上改善染色体的分散情况。

【作业】

1. 完成实验报告。

2. 剪贴染色体核型图，做出核型分析报告。

【思考题】

1. 为什么要在培养基中加入PHA？

2. 秋水仙碱的作用是什么？

3. 染色体分散不好应采取什么措施？

【试剂配制】

1. Giemsa染液 Giemsa粉1g，甘油66ml，甲醇66ml。先将Giemsa粉溶于少量甘油中，用研钵研成匀浆，再将全部甘油倒入。56℃温箱中保温2小时后，取出加入甲醇混匀，即配成原液，于棕色瓶中密封保存备用。临用前用pH 6.8磷酸缓冲液稀释即成。

2. 磷酸缓冲液（pH 6.8）

（1）甲液：1/15mol/L KH_2PO_4 9.08g，加双蒸水至1000ml。

（2）乙液：1/15mol/L Na_2HPO_4 9.462g，加双蒸水至1000ml。

取甲液50ml，乙液50ml，混匀后调pH 6.8，冰箱中保存备用。

实验16 动物细胞培养

【实验目的】

1. 熟悉动物细胞原代培养和传代培养的一般方法和操作过程。
2. 掌握无菌操作技术。
3. 了解细胞培养过程中形态和生长状态的观察方法。

【实验原理】

1. 细胞原代培养　指将动物体内获取的细胞、组织或器官，经体外培养后，长出单层细胞，直至第一次传代为止。这种培养离体时间较短，使其保持原有体内细胞基本性质、生物性状，更接近于体内的状态，适用于生物化学与分子生物学、肿瘤学、蛋白质组学及与生物相关领域的临床和基础研究。

2. 细胞传代培养　基于原代培养的细胞，随着细胞的不断增殖分裂，细胞生长会出现接触性抑制现象、生长迟缓甚至停滞。此外，随着细胞数目的增多，往往面临营养物质匮乏和具有毒副作用代谢物的积累，不利于细胞生长。因此，需要将细胞从原培养皿或培养瓶取出，以一定比例转移到新的培养皿或培养瓶进行培养，这种培养过程即为传代培养。

3. 生长细胞的生长过程　包括游离期、贴壁期、潜伏期、对数生长期、停止期（平台期）。

（1）游离期：细胞接种后在培养液中呈悬浮状态，也称悬浮期。此时细胞质回缩，细胞体呈圆球形。时间为10分钟至4小时。

（2）贴壁期：细胞附着于底物上，游离期结束。细胞株平均在10分钟至4小时贴壁。底物为胶原、玻璃、塑料、其他细胞等。血清中有促使细胞贴壁的冷析球蛋白和胶原等糖蛋白（生长基质），这些带正电荷的糖蛋白的促贴壁因子先吸附于底物上，悬浮细胞再与吸附有促贴壁因子的底物附着。

（3）潜伏期：此时细胞有生长活动，而无细胞分裂。细胞株潜伏期一般为6~24小时。

（4）对数生长期：细胞数随时间变化成倍增长，活力最佳，最适合进行实验研究。

（5）停止期（平台期）：细胞长满瓶壁后，由于接触抑制、密度依赖性，细胞虽有活力但不再分裂。

4. 细胞培养分为贴壁生长和悬浮生长。 悬浮生长细胞可不进行消化直接传代，贴壁细胞需要通过细胞消化过程才能成为游离状。

细胞消化液：分离组织和分散细胞，常用的有胰蛋白酶和乙二胺四乙酸二钠（EDTA-2Na）两种溶液，单独或混合使用。

（1）胰蛋白酶溶液：使细胞间的蛋白质水解，细胞相互离散。消化细胞时，加入一些血清或含血清的培养液，能终止消化作用。

（2）EDTA-2Na溶液：是一种化学螯合剂，对细胞有一定的离散作用，且毒性小，价格低廉，使用方便，常用工作液浓度为0.02%。注意：使用EDTA处理细胞后，要用平衡盐液冲洗干净，因残留的EDTA会影响细胞生长。

【实验仪器、材料、试剂】

1. 仪器 解剖器材、倒置显微镜、低速离心机、恒温水浴锅、细胞计数板、移液器、培养皿、培养板、培养瓶、巴氏吸管、盖玻片、培养箱等。

2. 材料 新生乳鼠、HepG2细胞（人肝癌细胞）、HeLa细胞（人宫颈癌细胞）。

3. 试剂 DMEM高糖培养基、胎牛血清、青链霉素、胰蛋白酶细胞消化液、灭菌PBS缓冲液、乙醇等。

【实验方法与步骤】

一、原代培养

1. 动物处死 采用剪断颈动脉放血的方法将新生乳鼠处死，用75%乙醇浸泡2～3秒，随后，将其转移到灭菌器具中并置于超净工作台内。

2. 取材 使用75%乙醇将乳鼠腹部消毒，解剖剪将乳鼠胸腔打开，剪下乳鼠肝组织放入灭菌的培养皿中，巴氏吸管吸取PBS清洗3次。

3. 剪切 将上述肝组织转移到新的灭菌培养皿中，加入适量PBS缓冲液，解剖剪将其充分剪碎，移至新的灭菌离心管中，静置，直到组织碎片沉到管底，弃除PBS缓冲液。

4. 消化与分散 按照组织与胰蛋白酶消化液体积比1:（5～10）的量加入胰蛋白酶消化液。于37℃恒温水浴锅消化20～30分钟，其间适当摇晃离心管，待组织碎片充分消化后，加入培养基终止消化，并用巴氏吸管反复吹打，直到细胞分散成单层或细胞团为止。

5. 细胞计数 用细胞计数板计算细胞密度。

6. 细胞接种 以（3～5）×10^5个/ml的细胞密度接种于细胞培养皿或培养瓶中，做好标记，置于37℃，5% CO_2培养箱静置培养。

7. 观察 培养24小时后每日观察培养基颜色变化，倒置显微镜下观察细胞生长状态，是否存在霉菌、支原体污染等情况。若培养基浑浊表示存在污染，呈橘红色清澈表明培养基没有污染。正常情况下，细胞接种24小时后，几乎所有细胞处于贴壁状态，细胞由紧缩的圆形悬浮变为伸展梭形贴壁状态。培养72～96小时后，可见细胞增殖旺盛，数目较多，显微镜视野下细胞透明，界线清晰。此时，可按一定比例逐渐更换培养基，直到细胞完全适应新的培养基。此后，每72～96小时更换一次培养基，更换2～3次后，细胞生长成致密的单层细胞，便可进行传代培养（图16-1）。

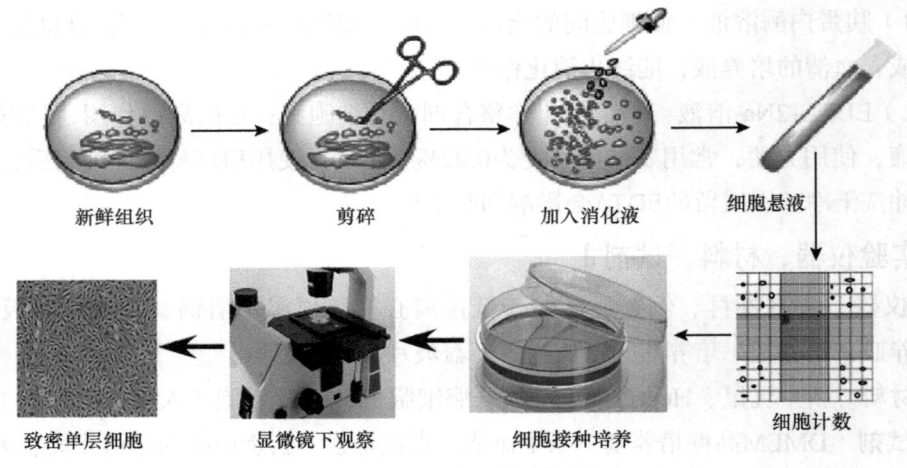

图16-1 原代培养示意图

二、传代培养

(一) 贴壁细胞

1. 准备 培养瓶或培养皿、巴氏吸管、灭菌枪头和移液器、细胞计数板、培养基、胰蛋白酶消化液等实验试剂和器材置于超净工作台。

2. 观察 培养箱中取出原代培养细胞、HepG2细胞或HeLa细胞,镜下观察,确保细胞生长状态良好、细胞密度合适,可进行传代培养。

3. 消化 巴氏吸管吸弃原培养基,加入适量灭菌PBS缓冲液,轻轻晃动,弃去液体,以去除细胞表面碎片和杂质。向培养瓶或培养皿中加入适量(能覆盖细胞表面即可)胰蛋白酶消化液,室温静置2～3分钟,观察细胞相互间不再成片相连,迅速弃除消化液,加入培养基,终止细胞消化。

4. 传代 在培养瓶或培养皿中加入2～3ml培养基,巴氏吸管反复吹打细胞,直到细胞完全脱落,再多次吹打细胞悬液,使细胞均匀分散在培养基中。此时,使用细胞计数板对细胞密度进行统计计算。使细胞浓度在(3～5)×10^5个/ml,将其分装到两个培养瓶或培养皿中,加入适量培养基(完全覆盖细胞即可,不宜加入过多培养基,一般T25细胞培养瓶加入4～5ml培养基),标明细胞类型、传代时间等信息。

5. 培养 将上述传代细胞置于37℃,5% CO_2培养箱培养。

6. 观察状态 每日观察培养基颜色变化判断细胞生长状态,一般传代后2～4小时细胞开始贴壁生长,12小时后完全贴壁(图16-2)。

(二) 悬浮细胞

少数细胞为体外悬浮生长细胞,如血液中的白细胞,其生长过程中不贴壁。传代培养和贴壁细胞有所不同。通过离心收集后直接进行传代,不需要胰蛋白酶的消化。

1. 离心传代 取出细胞于超净工作台内,用巴氏吸管直接轻轻反复吹打细胞,将细胞悬液转移到离心管,室温,1000r/min离心5～10分钟。轻轻吸去上清液,加入适量新鲜

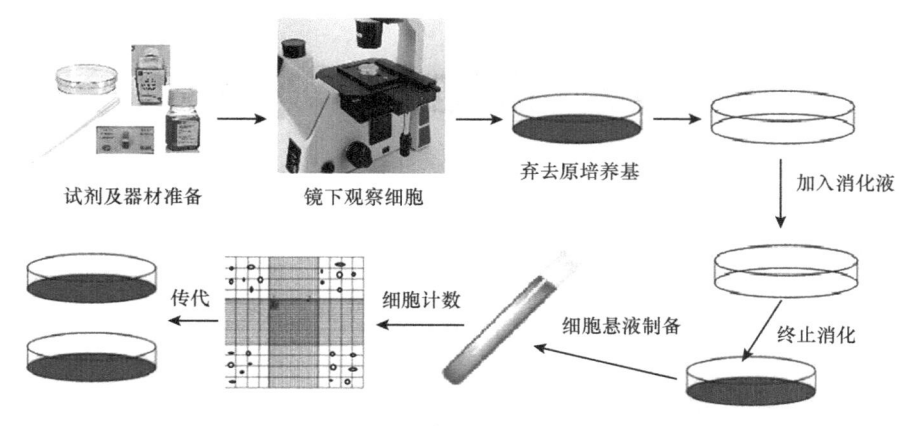

图16-2　传代培养示意图

培养基，再次吹打细胞，使之制备成均匀的细胞悬液。进行细胞计数、传代、培养和观察，这些操作与贴壁细胞传代相同。

2. 直接传代　将悬浮细胞缓慢沉到培养瓶或培养皿底部，弃去部分上清，巴氏吸管吹打制备细胞悬液。进行细胞计数、传代、培养和观察，这些操作与贴壁细胞传代相同。

【注意事项】

1. 去除消化液时，应确保消化液中没有细胞或仅有少数几个细胞，否则细胞会连同消化液一并被去除。

2. 吹打细胞制备细胞悬液时，切忌用力过猛，产生气泡过多，以免损伤细胞。

3. 细胞培养过程全程保持无菌操作，以免造成细胞甚至整个细胞培养箱或细胞培养室污染。

【思考题】

1. 原代细胞培养和传代细胞培养有何不同，二者有哪些区别和联系？

2. 贴壁细胞和悬浮细胞在传代培养中有何异同和联系，请加以阐述。

3. 细胞培养中如何避免污染？

实验17 细胞的冷冻保存

【实验目的】

1. 掌握细胞冻存技术的一般方法与步骤。
2. 掌握培养细胞的消化方法。

【实验原理】

传代培养的细胞，随着传代次数增加，在体外环境中生存时间增加，其各种生物学特性会逐渐发生变化，同时培养器皿、培养液等也被大量消耗，因此，有必要对细胞加以及时冻存。

冻存通常是指将细胞冷冻储存在-196℃的液氮中。如在不加任何保护剂的情况下，直接对细胞加以冻存，会导致细胞内、外的水分迅速形成冰晶，进而对细胞结构与功能造成一系列的损害，如机械损伤、蛋白质变性、电解质升高等，最后可引起细胞死亡。为了避免细胞内冰晶的形成，在冻存细胞时常向培养液中加入适量的二甲基亚砜（DMSO）或甘油，这是两种对细胞毒性很小的物质，因其相对分子质量较小而溶解度大，较易穿透进入细胞中，使细胞内冰点下降，并可提高细胞膜对水的通透性，配合以缓慢冷冻的方法，可使细胞内的水分逐步地渗透出细胞外，避免冰晶在细胞内大量形成。

细胞冻存可以使细胞暂时脱离生长状态并将细胞特性保存下来，在需要的时候再复苏细胞保存用于实验。而且适时适量的保存细胞可以防止因正在培养的细胞被污染或者其他意外事件使得细胞系或细胞株丢失，达到细胞保种的目的。

【实验仪器、材料、试剂】

1. 仪器 二氧化碳恒温培养箱、超净台、相差显微镜、普通光学显微镜、低温离心机、-80℃冰箱、液氮罐。

2. 材料 状态良好的人KGN颗粒细胞、无菌塑料冷冻保存管、血细胞计数板、盖玻片、细胞培养皿（直径90cm）。

3. 试剂 新鲜DMEM培养基、无菌PBS、无菌0.25%胰酶、二甲基亚砜（DMSO）、胎牛血清、0.4%台盼蓝染液等。

【实验方法与步骤】

（1）冷冻前24小时更换半量培养基或全量培养基，使细胞处于对数生长期，一般指细胞量为培养皿面积70%左右。

（2）配制冷冻保存溶液（使用前配制）：取15ml灭菌离心管，加入培养基和血清（占总体积20%），逐滴加入二甲基亚砜（DMSO）（总体积的20%），即制成双倍的冻存液，置于室温下待用。

（3）提前预冷离心机至4℃，取对数生长期细胞，灭菌PBS从培养皿侧壁轻轻打入清洗细胞2遍，去除表面的死细胞。加入1ml 0.25%胰酶消化为单细胞后，在相差显微镜下观察，待细胞开始变为球状，加入1.5ml含有10%胎牛血清的培养基终止（图17-1）。将细胞悬液收集在2个1.5ml离心管中，1000r/min，4℃离心5分钟收集细胞，每管加1ml含血清的培养基重悬细胞，取少量细胞悬浮液（约0.1ml）计数细胞浓度（1×10^6～5×10^6个/ml）。

（4）取1ml冻存液加入细胞悬液，轻轻晃动试管，制成细胞冻存悬液（DMSO最后浓度为5%～10%），混合均匀，每管1ml细胞分装于冻存管中，严密封口后，注明细胞名称、代数和日期。

（5）细胞冻存遵循冷存管置于：①4℃ 30分钟；②-20℃ 20分钟；③-80℃ 16～18小时（或过夜）；④液氮罐长期储存。

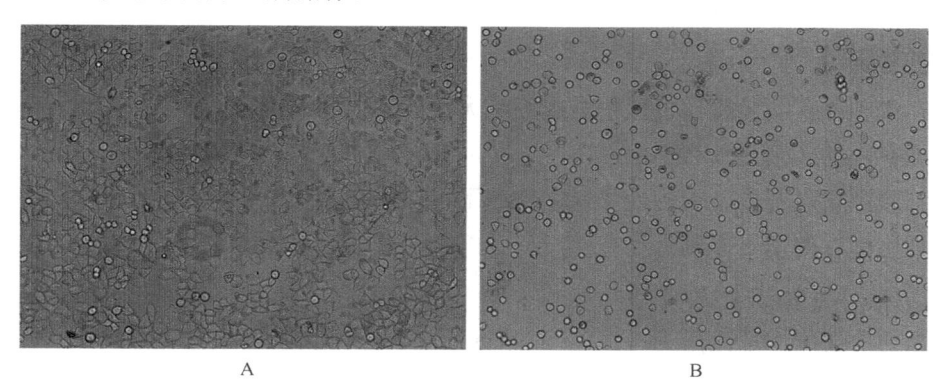

图17-1 人KGN颗粒细胞
A.处于指数生长期贴壁生长的人KGN颗粒细胞；B.消化后呈球形悬浮状态的人KGN颗粒细胞

【注意事项】

（1）冷冻过程要缓慢：4℃ 30分钟 → -20℃ 30分钟 → -80℃ 16～18小时（或过夜）→ 液氮长期保存。

（2）-20℃不可超过1小时，以防止细胞内冰晶过大，造成细胞大量死亡。细胞在液氮中可长期冻存无限时间，而不会影响细胞活力；在-70℃可保存数月。

（3）培养过程中要随时注意培养箱的温度，严格控制在（37±0.5）℃。对数期的细胞增殖能力强，冻存后生存率较高，因此冻存的细胞必须选择处在对数生长期者，活力大于90%，无微生物污染。

（4）为了保证冻存的质量及复苏后细胞的存活率，冻存时应掌握好消化时间，消化过度将对细胞造成损伤，破坏细胞表面蛋白。

（5）冻存管的瓶盖应封盖严密，以免复苏时细胞外溢；对一些冷冻耐受性较差的细胞，如胚胎细胞，冻存时应特别小心，可在冻存管外包裹一层棉花，以避免冻存过程中细胞受到损伤。

（6）将冻存管放入液氮容器或从中取出时，要做好防护工作，以免冻伤。

（7）在使用超净台时要确保实验操作所用仪器和耗材经过消毒并检测没有问题，在操作时要注意防止污染。

（8）在进行细胞操作时要注意及时更换移液管和移液枪枪头，一旦发现触及了非洁净或者无法确定的物品必须丢弃。实验完毕应及时收拾，保持实验室清洁整齐，最后用75%乙醇清洁台面。

（9）在细胞培养操作过程中，严禁说话。培养细胞的冻存和复苏的全部过程，必须在超净工作台中进行操作，否则容易发生污染，影响冻存质量，复苏后则细胞不易成活。冻存的细胞在复苏时必须尽快融化，使之迅速通过细胞最易受损伤的–5～0℃，以防止冰晶的损伤。同时因冻存液中的DMSO对细胞有毒性作用，所以操作必须迅速。

【作业】

实验前通过阅读相关资料或观看视频预习实验操作。

【思考题】

1. 在细胞冻存实验操作过程中造成细胞大量死亡的原因是什么？
2. 冻存液的作用是什么？
3. 细胞消化过程中，细胞处于什么状态下可以停止消化？
4. 细胞冻存的基本原则是什么？

【临床相关知识扩展】

1. 从法律和伦理的角度来看，冻存卵母细胞比冻存胚胎更加具有优势。从技术的角度来看，卵母细胞更加难以冻存。卵母细胞是生物体内最大的细胞，由于其体积较大导致渗水性低，即冻存时易在细胞内生成冰晶，对细胞造成严重伤害。卵母细胞常见的冷冻保护剂有甘油、DMSO、乙二醇、丙二醇等。

2. 二甲基亚砜（DMSO）属于非质子极性溶剂，为渗透型冷冻保护剂。通过其溶剂效应降低细胞内电解质的浓度，降低冰晶；常用于化学反应、PCR反应，以及在细胞、组织和器官的保存中用作玻璃化低温冷冻防护剂。它可以用于主培养、亚培养、重组异倍体、杂交瘤等系列细胞株，以及胚胎干细胞和造血干细胞的冷冻保藏。

实验18 动物细胞融合

【实验目的】

1. 了解聚乙二醇（PEG）诱导细胞融合的基本原理。
2. 初步掌握利用PEG诱导动物细胞融合的实验技术。
3. 通过实验操作，进行细胞融合，并测定融合率。

【实验原理】

细胞融合（cell fusion）又称体细胞杂交，即在自然条件下或用人工方法（生物、物理、化学方法）使两个或两个以上的细胞合并形成一个细胞的过程。广泛用于单克隆抗体的制备，膜蛋白的研究。两个或两个以上的细胞合并成为一个双核或多核细胞称为融合细胞。在通常情况下，两个细胞接触并不发生融合现象，因为各自存在完整的细胞膜，在特殊融合诱导物的作用下，两个细胞膜发生一定的变化，就可促进两个或多个细胞聚集，相接触的细胞膜之间融合，继之细胞质融合，形成一个大的融合细胞。细胞与组织不同，不排斥异类、异种细胞。不仅能产生同种细胞融合、种间细胞融合，而且也能诱导动植物细胞间产生融合。因此，人工诱导的细胞融合不仅能产生同种细胞融合，也能产生种间细胞的融合。

诱导细胞融合的主要方法有：①病毒诱导融合：最常用的是灭活的仙台病毒（HVJ），为RNA病毒；②化学融合剂诱导融合：最常用的是聚乙二醇（PEG），该操作方便，是人工诱导细胞融合的主要手段；③电场诱导的细胞融合，具有可控、高效、无毒等优点，目前已有较多应用。

PEG是乙二醇的多聚化合物，存在一系列不同分子质量的多聚体。PEG用于细胞融合至少有两方面的作用：①可促使细胞凝结；②破坏互相接触处的细胞膜的磷脂双分子层，从而使相互接触的细胞膜之间发生融合，进而细胞质沟通，形成一个大的双核或多核融合细胞。

【实验仪器、材料、试剂】

1. 仪器 普通光学显微镜、离心机、离心管、移液枪、载玻片、盖玻片等。

2. 材料 鸡红细胞。

3. 试剂 0.85%生理盐水、GKN缓冲液、50% PEG（NW 4000，GKN液稀释，pH 7.8）、0.2%亚甲基蓝染液等。

【实验方法与步骤】

1. 鸡翼下静脉消毒，以静脉采血针采血2～4ml于肝素钠抗凝采血管中，轻柔颠倒混匀。取抗凝全血与0.85%生理盐水以1∶4比例制备鸡红细胞储备液，4℃可保存7天。

2. 取鸡红细胞储备液400μl于离心管中，1500r/min离心1分钟，弃上清。加入1ml

GKN液，混匀后，1500r/min离心1分钟以洗涤去生理盐水，去上清。

3. 加入37℃预热的50% PEG液（pH 7.8）200μl，于37℃水浴中缓慢加入并吹打混匀，静置孵育5分钟。

4. 取50μl PEG诱导的鸡红细胞加入新的离心管中，加入GKN液950μl，37℃再孵育5分钟终止融合。

5. 1500r/min离心1分钟，弃上清。加入200μl GKN液重悬细胞。

6. 取少量细胞悬液于载玻片上，滴加0.2%亚甲基蓝染液，盖上盖玻片镜下观察。

7. 计算细胞融合率，随机选取镜下视野，对视野内发生融合的细胞核以及所有细胞核进行计数。

$$细胞融合率 = \frac{已融合的细胞核数}{总细胞核数} \times 100\% \qquad (18\text{-}1)$$

【注意事项】

1. 影响细胞融合的因素很多，其中对化学融合剂要求更严格。实验时最好选择分子量在4 000~6 000（视细胞种类不同来定，也可参考文献）；PEG的浓度以50%为好。

2. 细胞融合对温度很敏感，过高、过低的温度均不利于融合。实验最佳温度应控制在37~39℃。

3. pH也是影响细胞融合成功与否的关键因素之一，所配的试剂溶液pH应控制在7.5~7.8。

4. 观察的时候要注意辨别融合细胞与重叠的鸡血红细胞。

【作业】

1. 绘制观察到的细胞融合图。

2. 计算观察到的细胞融合率。

【思考题】

本实验中所用的PEG融合方法能否用于植物细胞？为什么？

【临床相关知识扩展】

单克隆抗体技术（monoclonal antibody technique）于1975年由英国科学家Milstein和Köhler所发明，并获得1984年诺贝尔生理学或医学奖。1984年德国人G. J. F. Kohler、阿根廷人C. Milstein和丹麦科学家N. K. Jerne由于发展了单克隆抗体技术，完善了极微量蛋白质的检测技术而分享了诺贝尔生理学或医学奖。

技术原理：B淋巴细胞能够产生抗体，但在体外不能进行无限分裂；而瘤细胞虽然可以在体外进行无限传代，但不能产生抗体。通过细胞融合技术将B淋巴细胞和瘤细胞融合形成杂交瘤细胞，既具有瘤细胞无限增殖的能力，又具有免疫B淋巴细胞合成分泌特异性抗体的能力。经HAT选择培养基的选择，只有融合成功的杂交瘤细胞才能继续生长，通过免疫学检测和单个细胞培养，最终获得既能产生单一抗体，又能不断增殖的杂交瘤细胞系。经过扩大培养，再接种于小鼠腹腔，即可在其腹水中得到高效价的单克隆抗体。

实验19　小鼠巨噬细胞吞噬的观察

【实验目的】
1. 掌握小鼠腹腔巨噬细胞的采集和制片方法。
2. 掌握小鼠腹腔注射的操作技能。
3. 了解巨噬细胞的吞噬过程及其在非特异免疫中的作用。

【实验原理】
　　白细胞是机体免疫系统的重要组成部分，分为粒细胞系、单核细胞系和淋巴细胞系三种，具有许多生理功能，如游走性、阿米巴运动、趋化性和吞噬异物等。在白细胞中，又以粒细胞、单核细胞的吞噬活动较强，故称此两类细胞为吞噬细胞。单核细胞最初来源于骨髓造血干细胞，在骨髓中形成后进入并游走于血液中。炎症期间，单核细胞通过毛细血管在炎症部位集聚，渗出血管并最终分化成为巨噬细胞。吞噬细胞主要靠吞噬作用来处理异物。

　　正常个体的巨噬细胞体积较大，直径为20～50μm，表面常伸出伪足而呈不规则形，形状多样化。在未受到异物刺激时，巨噬细胞常常处于静息状态，体积较小，细胞器也较不发达，并且几乎不运动，吞噬能力有限，主要吞噬衰老细胞和生理性凋亡细胞，寿命较长，更新率低。当遇到一些活化因子，如病原体、蛋白胨、小牛血清等刺激后，巨噬细胞从静息转向活化，细胞增大，代谢增强，溶酶体增多，细胞的变形运动增强，逐渐演变成为吞噬功能较强的活化巨噬细胞。巨噬细胞的活化是一个渐进的过程，向小鼠腹腔内注射无菌淀粉肉汤，排异反应使小鼠产生大量巨噬细胞，且巨噬细胞吞噬淀粉肉汤后不会对细胞造成伤害，反被"喂养"。连续多天的注射可以使小鼠腹腔内聚集大量巨噬细胞，该细胞内含有大量的溶酶体、吞噬体和残余体。吞噬台盼蓝淀粉肉汤的巨噬细胞可消化其中的淀粉和蛋白质，却无法消化台盼蓝，台盼蓝聚集在溶酶体中为蓝色颗粒，从而被观察到。

【实验仪器、材料、试剂】
1. 仪器　普通光学显微镜、1ml注射器、载玻片、盖玻片、解剖器材、滴管、吸水纸等。
2. 材料　小鼠（体重20g左右）。
3. 试剂
　　（1）6%淀粉肉汤：称取牛肉膏0.3g、蛋白胨1.0g、氯化钠0.5g和台盼蓝0.3g分别加入到100ml蒸馏水中溶解，再加入可溶性淀粉6g，混匀后煮沸灭菌，置4℃保存，使用前水浴溶解。
　　（2）1%鸡红细胞悬液：取鸡血1ml（肝素抗凝）加入到99ml鸡生理盐水中。

（3）鸡生理盐水：7.5g氯化钠加至1000ml蒸馏水中。

（4）小鼠生理盐水：9.0g氯化钠加至1000ml蒸馏水中。

【实验方法与步骤】

1. 实验前两天，每天向小鼠腹腔注射6%淀粉肉汤（含有台盼蓝，起标记作用）1ml以刺激腹腔产生较多的巨噬细胞。

腹腔注射时，右手持1ml注射器（配合4号针头），左手小指和无名指抓住小鼠的尾巴，另外三个手指抓住小鼠的颈部，使小鼠头部向下，使腹腔脏器自然倒向胸部，至45°角轻柔进针，防止刺伤大肠、小肠等器官（图19-1）。对于体重较轻的小鼠，针头可以在腹部皮下穿行一小段距离，最好是从腹部一侧进针，穿过腹中线后在腹部的另一侧进入腹腔。药物注射完后，缓缓拔出针头，并轻微旋转针头，防止漏液。

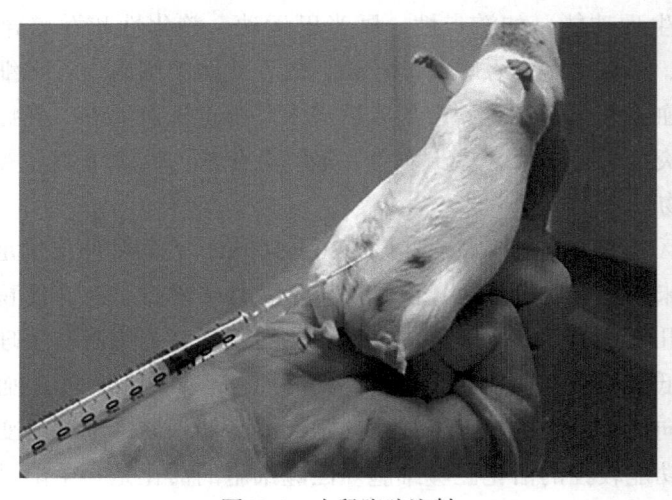

图19-1 小鼠腹腔注射

2. 实验时，每组取一只上述处理的小鼠，腹腔注射1%鸡红细胞悬液0.5～1ml，注射后轻揉小鼠腹部以使红细胞悬液分散均匀。

3. 30分钟后，用颈椎脱臼法处死小鼠，迅速剖开小鼠腹部，向腹腔部注射0.5～1ml小鼠生理盐水，用吸管使生理盐水与腹腔液混匀。

4. 将内脏推向一侧，用吸管抽取腹腔液，滴片，然后盖上盖玻片，制备临时装片。

5. 将普通光学显微镜视野稍稍调暗，镜检临时装片（图19-2）。

6. 结果 在高倍镜下可见有许多较大的圆形和形状不规则的巨噬细胞，因未染色细胞核不易见到，其细胞质中含有数量不等的蓝色圆形小颗粒（即吞入含台盼蓝的淀粉肉汤所形成）；还可见少量黄色椭圆形有明显细胞核的鸡红细胞。移动玻片标本，仔细观察视野中的巨噬细胞，可以观察到不同阶段巨噬细胞（图19-3）：有的鸡红细胞紧贴在巨噬细胞表面；有的鸡红细胞已部分被吞入；有的巨噬细胞内已吞入了一个或多个鸡红细胞形成吞噬泡；有的吞噬泡体积已缩小并呈圆形，说明吞噬泡已与溶酶体融合，泡内物质正被降解。

```
向小鼠腹腔注射淀粉肉汤（含台盼蓝）        1ml
                ↓ 24小时
再次注射前液                              1ml
                ↓ 24小时
向小白鼠腹腔注射1%鸡红细胞悬液           0.5~1ml
                ↓ 30分钟
处死小白鼠，剖开腹腔
                ↓
向腹腔内加入小鼠生理盐水0.5~1ml，混匀吸取腹腔液，滴片
                ↓
              镜检
```

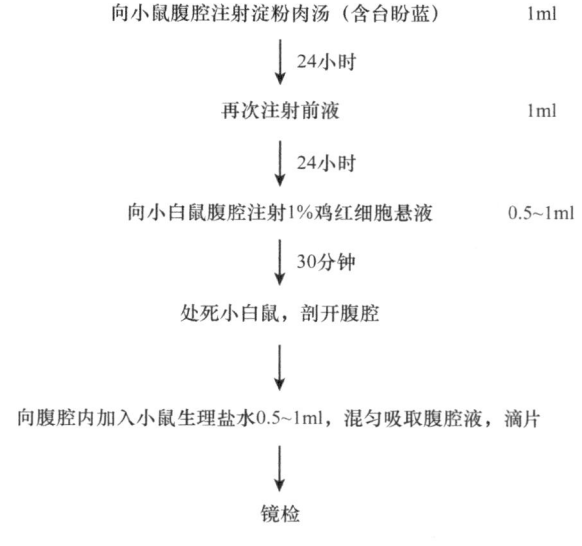

图19-2 操作流程

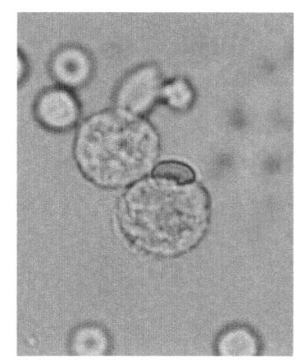

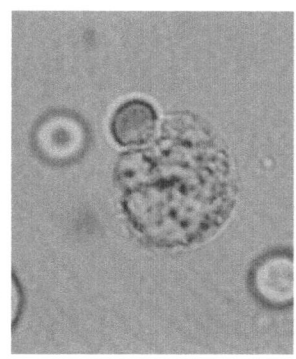

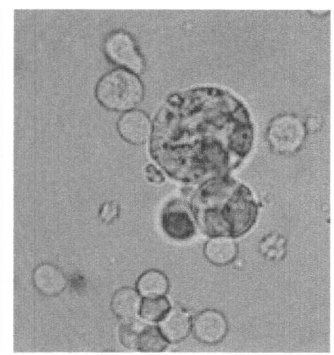

图19-3 巨噬细胞吞噬鸡红细胞（×400）

【注意事项】

腹腔注射是小鼠、大鼠等实验动物常用的给药方式之一，正确规范的注射是顺利进行动物药理、药效实验研究的必备前提，也是基础医学实验中的一项重要技能。操作中如果进针角度太小或进针深度太少，会使液体注入皮下；但如若进针太多，又可能会刺伤脏器。应避免注射部位出血，避免药物注射到皮下，最大限度减少对动物的刺激和损伤。

【作业】

绘图说明巨噬细胞吞噬鸡红细胞的过程。

【思考题】

1. 为什么在实验室前要在小鼠体内注入含有台盼蓝的淀粉肉汤？
2. 台盼蓝和淀粉肉汤的作用分别是什么？

【临床相关知识扩展】

巨噬细胞具有趋化性和游走性，还与机体的免疫功能密切相关。在免疫应答的起始阶段，巨噬细胞等能处理抗原和分泌白细胞介素-1，激活淋巴细胞并促进其分裂与分化；在免疫应答的效应阶段，巨噬细胞等又能集聚于病灶周围，受淋巴因子等的激活作用，成为破坏靶细胞和吞噬细菌的重要成分。因此，巨噬细胞是机体免疫应答的主要细胞之一。对实验动物巨噬细胞吞噬能力的测定，是其非特异免疫能力检测的一项重要指标，在病理、免疫、肿瘤学等研究领域广泛使用。

实验20　Annexin V-FITC/PI双染法检测细胞凋亡

【实验目的】
1. 熟悉Annexin V-FITC和PI双染法的原理及操作方法。
2. 了解细胞凋亡过程中磷脂酰丝氨酸的定位情况。

【实验原理】
细胞凋亡（apoptosis）是细胞受基因调控的主动性死亡方式，是生命体正常的生理过程。目前细胞凋亡的检测主要基于凋亡细胞的形态学变化和生物化学变化，如透射电子显微镜下的形态观察、经DAPI或Hoechst染色后荧光显微镜下的观察，原位末端标记法（TUNEL测定法），细胞色素c的定位检测，胱天蛋白酶（caspase）等相关凋亡信号分子的检测，以及基于细胞膜形态结构变化的Annexin V-FITC/PI双染法等。

正常细胞膜的磷脂呈不对称分布，其中磷脂酰丝氨酸（phosphatidylserine，PS）位于细胞膜的内表面。当细胞开始凋亡时，细胞膜内侧的磷脂酰丝氨酸会翻转到细胞膜外侧。此时，Annexin V（一种磷脂结合蛋白）可以跟暴露在细胞膜外侧的磷脂酰丝氨酸特异性结合。如果再用荧光蛋白FITC对Annexin V进行标记，就可以使结合了Annexin V-FITC的凋亡细胞在特定光波的激发下发出绿色荧光。而正常细胞的磷脂酰丝氨酸由于位于细胞膜的内表面，无法与Annexin V-FITC结合，则不会发绿光。

由于坏死（necrosis）细胞的磷脂酰丝氨酸也会从细胞膜的内表面翻转到细胞膜的外表面，所以Annexin V-FITC同时也会标记坏死细胞，即无法区分坏死细胞和凋亡早期细胞。但坏死细胞具有与凋亡早期细胞迥然不同的形态特征，比如：细胞膜破裂，内容物流出。此时使用核酸染料碘化丙啶（propidium iodide，PI）可以透过破损的细胞膜与坏死细胞的DNA结合。在特定激光激发下，PI发出红色荧光，从而显示出坏死细胞。值得注意的是，凋亡晚期细胞的细胞膜同样可能不再完整，所以PI染料也能够标记凋亡晚期细胞。反之，凋亡早期细胞和正常细胞由于细胞膜保持完整，PI无法进入细胞，则不会发红光。

因此，使用Annexin V-FITC/PI双染后的细胞，可在荧光显微镜下观察，通过红绿荧光标记可清楚地区分正常细胞、凋亡早期细胞、凋亡晚期细胞（或坏死细胞），还可以使用流式细胞仪进行定性、定量的分析。

【实验仪器、材料、试剂】
1. 仪器　荧光显微镜、超净工作台、CO_2培养箱、离心机、移液器、离心管、盖玻片、载玻片、流式细胞仪（选用）等。
2. 材料　传代培养鼠细胞瘤EL4或其他悬浮生长的细胞系。

3. 试剂

（1）Annexin V-FITC/PI试剂盒（100 assay）：包含Annexin V-FITC 500μl；PI 500μl；10×Binding Buffer 50ml。

（2）DEPC液：1 L水中加0.5ml DEPC（焦炭酸二乙酯），摇匀后置37℃水浴锅中过夜，灭菌后备用。

（3）VP-16凋亡诱导剂：在实验前使用DEPC液配制成0.1mol/L的VP-16溶液，室温保存。

（4）10×PBS缓冲液：80g 氯化钠，2g氯化钾，2g磷酸二氢钾；配制好后调pH至7.4，过滤后每1L溶液加0.5ml DEPC，摇匀后置37℃水浴锅中过夜，灭菌后备用。

【实验方法与步骤】

1. 诱导细胞凋亡 培养鼠细胞瘤EL4，待其生长状态良好时，加入凋亡诱导剂VP-16，处理24小时。

2. 收集细胞

（1）使用直接吹打法收集EL4细胞后，离心，2000r/min，5分钟。

（2）使用冷的PBS洗涤细胞后，离心，2000r/min，5分钟，弃上清液。重复该步骤一次。

（3）用ddH$_2$O稀释10×Binding Buffer为1×Binding Buffer。向离心管中加入500μl 1×Binding Buffer，悬浮细胞。

3. 双染法标记细胞 向离心管内加入5μl Annexin V-FITC，5μl PI染液，轻轻混匀后，避光放置，室温（18~24℃）孵育15分钟。尽快在荧光显微镜下观察。

4. 荧光显微观察 在盖玻片上滴加一滴双染后的细胞悬液，盖片。使用双色滤光片（FITC和罗丹明）进行观察。Annexin V-FITC荧光信号呈绿色，PI荧光信号呈红色。

5. 流式细胞仪检测（选用）

（1）流式细胞仪检测参数：激发波长Ex=488nm；发射波长Em=530nm。Annexin V-FITC的绿色荧光通过FITC通道（FL1）检测；PI红色荧光（流式Ex=488nm，Em≥630nm）通过FL2或FL3通道检测，建议使用FL3。

（2）荧光补偿调节：使用经凋亡诱导处理的正常细胞，作为对照进行荧光补偿调节去除光谱重叠和设定十字门的位置。

（3）流式细胞仪检测结果：图20-1（见封底二维码）是Annexin V-FITC/PI双染法检测细胞凋亡得到的一张散点图。图20-2（见封底二维码）中大致可以分为三大细胞群：左下象限的细胞标记情况为Annexin V-FITC−，PI−，代表的是正常细胞，占37.82%；右下象限的细胞标记情况为Annexin V-FITC+，PI−，代表的是凋亡早期细胞，占31.53%；右上象限的细胞标记表现为Annexin V-FITC+，PI+，代表的是坏死细胞或凋亡晚期细胞，占29.84%。

【注意事项】

1. PI和VP-16有毒性，吸入、摄入或经皮肤吸收均有伤害，使用时必须戴手套，在通风橱内进行加样操作。

2. 使用Annexin V-FITC/PI染色后，尽快在1小时内进行镜检或流式细胞术检测。

【作业】

留存荧光显微镜检结果，完成实验报告。

【思考题】

1. 细胞凋亡在有机体生长发育过程中有什么意义？请举例说明。

2. 你知道哪些检测细胞凋亡的方法？请举例说明这些方法的原理。

【临床相关知识扩展】

临床上，阿尔茨海默病（Alzheimer's disease）、帕金森病（Parkinson's disease）、肌萎缩侧索硬化症（amyotrophic lateral sclerosis，ALS）、脊髓性肌萎缩（spinal muscular atrophy，SMA）等神经系统疾病以逐渐丧失某些特异性神经元为其特征。细胞死亡是引起神经功能障碍的主要原因，但这些疾病相关细胞的死亡并不诱发炎性反应，提示这些细胞死亡属于细胞凋亡。

①遗传型ALS由编码铜-锌超氧化物歧化酶的基因突变所致，ALS患者细胞清除自由基的能力减弱，由自由基所引起的损伤细胞在体外可诱导正常细胞发生凋亡。②阿尔茨海默病与进行性β-淀粉样蛋白的积累有关。实验表明，β-淀粉样蛋白可诱导神经细胞发生凋亡。③SMA患者以进行性脊髓运动神经元的丧失为主要特征。该病相关的基因——神经元凋亡抑制蛋白（neuronal apoptosis inhibitory protein，NAP）与杆状病毒的IAP同源。*IAP*基因可抑制昆虫细胞的程序性死亡。因此推测SMA患者可能由于*NAP*基因发生突变，丧失抑制细胞凋亡的功能，而致使其运动神经元容易发生细胞凋亡。

第二部分 《医学细胞生物学》试题与参考答案

第一章 绪 论

一、教 学 要 求

掌握：1. 细胞生物学的概念。
2. 细胞学说的基本内容。
熟悉：1. 细胞生物学的主要研究内容。
2. 细胞生物学与医学的关系。
了解：细胞生物学的发展简史。

二、自 测 题

（一）选择题

1. 生命有机体形态和结构的基本单位是（　）
A. 组织　　　B. 器官　　　C. 系统
D. 细胞　　　E. 原子

2. 利用现代技术和手段从分子、亚细胞和整体水平等不同层次上研究细胞生命活动及其基本规律的科学称（　）
A. 细胞遗传学　　B. 细胞生理学
C. 细胞病理学　　D. 细胞形态学
E. 细胞生物学

3. Cell 一词首先是由（　）提出的。
A. Charles Darwin　　B. Gregor Mendel
C. Mendal　　D. Robert Hooke
E. Professor Golgi

4. 细胞学说建立于（　）
A. 十七世纪　　B. 十八世纪
C. 十九世纪　　D. 二十世纪
E. 二十一世纪

5. Schleiden 和 Schwann 的伟大贡献在于（　）
A. 提出细胞学说
B. 制造世界上第一台电子显微镜
C. 发现细胞
D. 提出 DNA 双螺旋结构模型
E. 发现核分裂现象

6. 细胞学说不包括的内容是（　）
A. 细胞是生命活动的基本结构单位和功能单位
B. 多细胞生物由单细胞生物发育而来
C. 细胞的增殖方式都是有丝分裂
D. 细胞只能来自细胞
E. 动物和植物都由细胞构成

7. 最早说明细胞的间接分裂过程并命名有丝分裂的学者是（　）
A. W. Flemming　　B. R. Remak
C. E. Strasburger　　D. K. Schneider
E. T. Boveri

8. 在 1944 年首次证实 DNA 是细胞遗传物质的学者是（　）
A. Feulgen　　B. Brachet
C. Casperson　　D. Avery
E. Crick

9. 研究细胞各种结构的化学组成、生理活性

和各种酶在细胞器中的定位的是（　　）

A. 细胞形态学　　　　B. 细胞化学

C. 细胞生理学　　　　D. 细胞遗传学

E. 细胞病理学

10. 根据遗传的染色体学说发展起来的一门边缘学科是（　　）

A. 细胞形态学　　　　B. 细胞化学

C. 细胞生理学　　　　D. 细胞遗传学

E. 细胞病理学

11. 最早提出"遗传的染色体理论"的学者是（　　）

A. Schleiden和Schwann　B. Boveri和Sutton

C. Watson 和Crick　　D. Meselson和Stahl

E. Jacob和Mono

12. 最早在动物细胞中发现有丝分裂的学者是（　　）

A. Strasburger　　　　B. Feulgen

C. Remark　　　　　D. Boveri

E. Flemming

13. 依据在细胞分裂中染色体的行为将有丝分裂分为4个时期的学者是（　　）

A. Van Beneden　　　B. Strasburger

C. Flemming　　　　D. Remark

E. Boveri

14. 下列哪位学者发表了生物"中心法则"（　　）

A. J. Watson　　　　B. M. Meselson

C. T. Schwann　　　D. F. Crick

E. M. Schleiden

15. 20世纪50年代，电子显微镜的应用使细胞的形态学研究深入到亚显微水平，可以观察到下列哪种结构（　　）

A. 细胞　　　　　　B. 内质网

C. 细胞核骨架　　　　D. DNA

E. 腺病毒

16. 不能用于机体水平的细胞结构与功能研究的模型动物是（　　）

A. 秀丽隐杆线虫　　　B. 爪蟾

C. 斑马鱼　　　　　D. 金丝猴

E. 果蝇

17. 使细胞生物学研究深入到亚细胞水平的技术是（　　）

A. 光学显微镜技术　　B. 电镜技术

C. 细胞培养技术　　　D. DNA重组技术

E. 体细胞克隆技术

18. M.Meselson和F.Stahl通过DNA复制研究证明（　　）

A. DNA复制是自我复制

B. DNA复制是半保留复制

C. DNA复制是不对称复制

D. DNA的复制方向是$5'\rightarrow 3'$

E. DNA复制需要DNA聚合酶

19. 细胞生物学发展历程中，实验细胞学阶段的主要特点是（　　）

A. 采用多种实验手段研究细胞代谢过程

B. 研制出第一台电子显微镜

C. 观察到活细胞

D. 研制出第一台光学显微镜

E. 对分离出的细胞器进行化学组分的分析

20. 下列不属于亚细胞水平的结构是（　　）

A. 高尔基复合体　　　B. 自噬体

C. 内质网　　　　　D. 细胞骨架

E. 精细胞

（二）填空题

1． 细胞是组成生物体的基本结构和_____单位。

2. 细胞生物学是从细胞的_____、_____、_____和_____等各级水平对细胞的各种生命活动开展研究的学科。

3． 细胞生物学的研究内容通常可分为

_____、_____、_____ 和_____四大部分。

4. 1665年，首次采用光学显微镜观察到细胞并将其命名为"cell"的学者是：英国科学家_____。

5. 1674年，第一个发现活细胞的学者是荷兰人_____。

6. 提出"细胞学说"的是德国植物学家_____和动物学家_____。

7. 19世纪自然科学的三大发现是：能量转化和守恒定律、进化论和_____。

（三）判断题（正确的打"√"；错误的打"×"）

1. 地球上所有生物的细胞都是从一个38亿年前的共同祖先细胞进化而来的。（　　）

2. 细胞工程是细胞生物学与发育生物学和遗传学的交叉领域。（　　）

3. 原生质理论认为：动物细胞内的"肉样质"和植物细胞中原生质具有不同的形态结构。（　　）

4. 人们在观察细胞有丝分裂过程的同时，发现了线粒体、高尔基复合体等细胞器。（　　）

5. 2012年的诺贝尔化学奖授予了从事幽门螺杆菌研究的科学家。（　　）

6. 疾病的发生通常源于细胞正常结构的损伤或功能紊乱。（　　）

7. 人体由200多种不同类型细胞、总数约达到10^{15}个细胞构成。（　　）

8. 胡克所发现的细胞是植物的活细胞。（　　）

9. 细胞的繁殖是新细胞在老细胞的核中产生，通过细胞崩解而形成。（　　）

10. 地球上所有生物体都是由细胞构成的。（　　）

（四）名词解释

细胞生物学 cell biology

（五）简答题

1. 如何认识细胞学说？
2. 简述细胞生物学的主要发展阶段。
3. 简述当前细胞生物学的主要研究领域。

三、参考答案

（一）选择题

1. D　2. E　3. D　4. C　5. A　6. C
7. A　8. D　9. B　10. D　11. B　12. E
13. B　14. D　15. B　16. D　17. B　18. B
19. A　20. E

（二）填空题

1. 功能
2. 整体层次、显微层次、亚显微层次、分子层次
3. 细胞起源和进化、细胞结构与功能、细胞重要生命活动、细胞工程
4. 胡克或Robert Hooke
5. 列文虎克或Leeuwenhoek
6. 施莱登或Schleiden、施旺或Schwann
7. 细胞学说

（三）判断题

1. √　2. √　3. ×　4. ×　5. ×　6. √
7. ×　8. ×　9. ×　10. ×

（四）名词解释

细胞生物学 cell biology：是运用物理、化学技术和分子生物学方法，从细胞的整体、显微、亚显微和分子等各级水平上研究细胞结

构、功能及生命活动规律的学科。

(五) 简答题

1. 如何认识细胞学说？

答：细胞学说建立于1838～1839年，由德国植物学家施莱登和动物学家施旺提出，直到1858年才逐渐完善。

它是有关生物有机体组成的学说，基本内容主要包括：①绝大多数生物都是由一个或多个细胞构成；②细胞是生物体的基本结构和功能单位；③新的细胞通过已存在的细胞繁殖产生，细胞只能来自细胞。

细胞学说从细胞水平提供了有机界统一的证据，证明动、植物有着细胞这一共同的结构基础，是十九世纪自然科学的三大发现之一。

2. 简述细胞生物学的主要发展阶段。

答：从细胞的发现到细胞生物学的建立，大约历经以下5个阶段：①细胞的发现；②细胞学说的创立；③经典细胞学阶段；④实验细胞学阶段；⑤细胞生物学的形成与发展。

3. 简述当前细胞生物学的主要研究领域。

答：细胞生物学的研究内容大致可归纳分为以下领域：①细胞的起源与进化；②生物膜与细胞器的研究；③细胞骨架体系；④细胞核、染色体与基因表达的研究；⑤细胞增殖及其调控；⑥细胞分化及其调控；⑦细胞衰老和细胞死亡；⑧细胞工程等。

第二章 细胞的概念与分子基础

一、教学要求

掌握：1. 原核细胞与真核细胞的异同。
2. 细胞的化学与分子组成。
3. 核酸、蛋白质的分子结构特点。

熟悉：1. 熟悉原核细胞和真核细胞的结构和功能特点。

2. 核酸、蛋白质分子的种类和生物学功能。

了解：1. 生命的分子起源、细胞的形成和进化。
2. 核酶和非编码调节性RNA。

二、自测题

（一）选择题

1. 下列哪项证据支持"原始生命的形成无需DNA和酶的存在"（　　）

A. RNA可编码遗传信息，并有催化作用

B. DNA和酶仅存在于高度进化的细胞中

C. 高等生物的细胞缺乏RNA

D. 生活环境中具备生命所需物质

E. 所有上述原因

2. 不同DNA分子结构会在下述方面不同，除了（　　）

A. 双螺旋的旋转方向

B. 核苷酸的排列顺序

C. 水饱和程度

D. 碱基与主链的结合位点

E. 各种碱基的含量

3. 细胞骨架系统的出现是真核细胞的特征性结构之一。细胞骨架主要由哪类物质组成（　　）

A. 糖类　　B. 脂类　　C. 蛋白质

D. 核酸　　E. 以上都是

4. 在非细胞原始生命演化为细胞生物的转变中，首先出现的是（　　）

A. 细胞膜　　B. 细胞核　　C. 核仁

D. 细胞器　　E. 内质网

5. 原核细胞的染色体是（　　）

A. 一条与RNA、组蛋白结合在一起的DNA

B. 一条与组蛋白结合在一起的DNA

C. 一条不与RNA、组蛋白结合在一起的裸露的DNA

D. 一条以上裸露的DNA

E. 一条以上与RNA、组蛋白结合在一起的DNA

6. 关于细胞中的无机盐，下列哪项有误（　　）

A. 在所有细胞中无机盐都以分子状态存在

B. 有的可与蛋白质结合形成结合蛋白

C. 有的游离在水中维持细胞的渗透压和pH

D. 有的可与脂类结合形成类脂

E. 有的参与酶和底物反应

7. 核酸由几十个甚至上百万个单核苷酸聚合而成。维持核酸的多核苷酸链的化学键主要是（　　）

A. 酯键　　　　　　B. 糖苷键

C. 磷酸二酯键　　　D. 肽键

E. 离子键

8. 蛋白质的空间构象决定蛋白质功能的多样性。下列哪种作用键不参与蛋白质构象的形

成（　　）

A. 肽键　　　　　B. 磷酸二酯键

C. 二硫键　　　　D. 氢键　　　E. 离子键

9. 原核细胞的遗传物质集中在细胞的一个或几个区域中，密度低，与周围的细胞质无明确的界线，称作（　　）

A. 核质　　　　　B. 拟核　　　C. 核液

D. 核仁　　　　　E. 细胞基质

10. 关于糖蛋白的描述，哪一项是正确的（　　）

A. 参与糖的分解代谢过程的酶

B. 具有一个脂肪酸侧链的糖基化了的蛋白质

C. 参与糖苷键形成的酶

D. 参与蛋白质糖基化的蛋白质

E. 具有（N-连接或O-连接）寡糖侧链的糖基化了的蛋白质

11. AMP与dCMP在化学组成上的区别是（　　）

A. 碱基不同

B. 戊糖不同

C. 磷酸、戊糖均不同

D. 碱基、戊糖不同

E. 碱基、磷酸、戊糖均不同

12. 关于蛋白质亚基的叙述，正确的是（　　）

A. 一条多肽链卷曲成螺旋结构

B. 两条以上多肽链卷曲成二级结构

C. 两条以上多肽链与辅基结合成蛋白质

D. 每个亚基都有各自的三级结构

E. 亚基之间以共价键连接

13. tRNA的结构特点不包括（　　）

A. 含甲基化核苷酸

B. 5′端具有特殊的帽子结构

C. 二级结构呈三叶草形

D. 有局部的双链结构

E. 含有二氢尿嘧啶环

14. 有关mRNA的正确表述是（　　）

A. 大多数真核生物mRNA的5′端具有多聚腺苷酸结构

B. 所有生物的mRNA分子中都有较多的稀有碱基

C. 原核生物mRNA的3′端是7-甲基鸟嘌呤

D. 大多数真核生物mRNA的5′端为$m^7G^{5'}PPP$结构

E. 原核生物mRNA的5′端也具有帽子结构

15. 古细菌多生活在极端的生态环境中，兼具部分原核细胞特征和真核细胞特征。下列不属于古细菌的是（　　）

A. 出芽酵母　　　B. 速生热球菌

C. 硫化叶菌　　　D. 盐杆菌　　　E. 甲烷菌

16. 细胞质溶胶呈均质半透明的液态，其主要成分是（　　）

A. 核酸　　　　　B. 盐离子　　　C. 多糖

D. 蛋白质　　　　E. 脂类

17. 细胞内有机小分子的分子量在100～1000范围内，是组成生物大分子的亚单位。下列关于有机小分子的叙述，哪项是错误的（　　）

A. 核苷酸是RNA和DNA的基本结构单位

B. 单糖、脂肪酸、氨基酸和DNA是组成生物大分子的主要有机小分子

C. 氨基酸的特点是同时携带羧基和氨基

D. 糖的化学组成为CHO，又称碳水化合物

E. 脂肪酸是细胞膜的重要组成成分

18. 地球上原始生命的诞生包括以下过程（　　）

A. 从无机小分子演变到原始有机小分子物质

B. 从有机小分子到形成生物大分子物质

C. 从生物大分子到组成多分子体系

D. 从多分子体系演变为原始生命

E. 以上都是

19. 在DNA分子中，若A+T=60%，则G的含量是（　　）

A. 0.4　　　　　B. 0.3　　　　　C. 0.6

D. 0.1　　　　　　E. 0.2

20. 下列关于生物膜结构和膜系统的描述，不正确的是（　　）

A. 内质网、溶酶体与细胞核膜等是生物膜系统的重要组成部分

B. 膜结构中的酶类和蛋白质在决定生物膜的功能中发挥重要作用

C. 生物膜系统的出现使细胞能够更加精确地进行物质交换和信息传递

D. 脂质和蛋白质是构成生物膜系统的主要成分

E. 生物膜系统在原核生物和真核生物中广泛存在

21. 由一条多肽链构成的蛋白质分子要具有生物活性，至少须具备（　　）

A. 一级结构　　　　B. 二级结构

C. 三级结构　　　　D. 四级结构

E. 以上都不是

22. 原核生物体内具有（　　）

A. 核糖体　　　　　B. 内质网

C. 溶酶体　　　D. 线粒体　　　E. 核膜

23. 与单细胞生物相比，高等多细胞生物的一个突出特点是（　　）

A. 细胞数量多　　　B. 细胞高度特化

C. 细胞寿命长　　　D. 细胞体积大

E. 细胞对环境的适应能力强

24. 维持蛋白质一级结构的主要化学键是（　　）

A. 氢键　　　　　　B. 离子键

C. 疏水键　　　D. 二硫键　　　E. 肽键

25. 原始细胞中的遗传物质是（　　）

A. DNA　　　　B. RNA　　　　C. 蛋白质

D. 磷脂　　　　　　E. 氨基酸

26. 细胞具有基本共性，下列描述正确的是（　　）

A. 所有的细胞表面均被生物膜所包裹

B. 所有细胞的增殖都以一分为二的方式进行分裂

C. 所有的细胞都含有DNA与RNA

D. 作为蛋白质合成的机器，核糖体都存在于细胞内

E. 以上均正确

27. 主要借助链间键的相互作用形成的蛋白质结构是（　　）

A. 一级结构　　　　B. 二级结构

C. 三级结构　　　　D. 四级结构

E. 短肽

28. 病毒的遗传信息贮存于（　　）

A. DNA或RNA中　　B. DNA中

C. RNA中　　　　　D. 染色体中

E. 蛋白质中

29. 关于细胞中糖类的错误叙述是（　　）

A. 也称碳水化合物

B. 主要由C、H、O三种元素构成

C. 可以单糖、双糖、低聚糖及多糖等不同形式存在

D. 葡萄糖是细胞的主要营养物质

E. 人体及动物细胞内的多糖主要以淀粉形式存在

30. 同真核细胞相比，原核细胞的最主要特征是（　　）

A. DNA裸露　　　　B. 有核糖体

C. DNA分子为环状　D. 没有细胞核

E. 有细胞骨架

31. 线粒体进化起源于（　　）

A. 藻类　　　　　　B. 蓝细菌

C. 古细菌　　　　　D. 厌氧菌

E. 酵母

32. 真核细胞起源的关键是（　　）

A. 细胞核的形成　　B. 细胞膜的形成

C. 蛋白质的出现　　D. 染色体的形成

E. 有丝分裂器的形成

33. 细胞起源的"内共生假说"的含义是（　　）

A. 厌氧细胞吞入需氧菌形成细胞器

B. 细胞内分裂产生细胞器

C. 细胞内囊泡出芽形成细胞器

D. 需氧菌吞入厌氧细胞

E. 细胞内区室化

34. 组成核苷酸的糖分子是（　　）

A. 葡萄糖　　　B. 半乳糖　　　C. 戊糖

D. 糖胺聚糖　　E. 蔗糖

35. 真核细胞具有的特征是（　　）

A. 遗传物质的转录和翻译同时同地进行

B. 环状DNA

C. 无有丝分裂器

D. 无细胞骨架

E. 基因中含有无功能的内含子

36. 原核细胞中不含有的成分是（　　）

A. 细胞膜　　　B. mRNA　　　C. 核糖体

D. 细胞骨架　　E. tRNA

37. 由糖类成分完成的细胞功能不包括（　　）

A. 构成细胞外结构物质

B. 作为细胞内第二信使参与信号转导

C. 提供能量

D. 储存能量

E. 介导细胞间的相互识别

38. 组成多肽链的成分是（　　）

A. 氨基酸残基　　B. 核苷酸　　C. 糖苷键

D. 磷酸二酯键　　E. 脂肪酸

39. 下列哪种分子属于生物大分子（　　）

A. 氨基酸　　　B. 过氧化氢酶

C. 无机盐　　　D. 葡萄糖　　　E. 核苷酸

40. 蛋白质的基本结构单位（　　），核酸的基本结构单位是（　　）

A. 核苷，核苷酸　　　B. 氨基酸，核小体

C. 氨基酸，核苷酸　　D. 核小体，核苷酸

E. 氨基酸，核苷

41. 与体内DNA复制无关的成分是（　　）

A. DNA聚合酶　　B. dNTP

C. 核糖核苷酸　　D. DNA模板

E. DNA连接酶

42. 真核细胞的细胞核（　　）

A. 是细胞遗传物质的储存场所

B. 是最大的细胞器

C. 是转录的场所

D. 是DNA复制的场所

E. 以上都是

43. 下列不属于原核生物的是（　　）

A. 大肠杆菌　　B. 肺炎球菌　　C. 支原体

D. 嗜热放线菌　E. 真菌

44. 组成蛋白质的氨基酸有（　　）

A. 300种　　　B. 20种　　　C. 8种

D. 12种　　　E. 16种

45. 结构呈三叶草形、柄末端含有CCA三个碱基的核酸分子是（　　）

A. DNA　　　B. mRNA　　　C. tRNA

D. rRNA　　　E. hnRNA

46. 肽键是以（　　）方式形成的。

A. 羟基与羧基之间脱水缩合

B. 氨基与氨基之间连接

C. 羧基与羧基之间连接

D. 氨基与羧基之间的脱水缩合

E. 氨基与糖基之间的连接

47. 细胞内的（　　）中含有RNA。

A. 细胞骨架　　　B. 有丝分裂器

C. 溶酶体　　　　D. 核糖体

E. 高尔基复合体

48. 构成蛋白质的基本单位是（　　）

A. 核苷酸　　　B. 脂肪酸

C. 氨基酸　　　D. 磷酸　　　E. 乳酸

49. 下列属于生物小分子的细胞成分是（　　）

A. 蛋白质　　　B. 酶　　　C. 核酸

D. 淀粉　　　　E. 核苷酸

50. 蛋白质的一级结构是（   ）

A. 氨基酸的种类和排列顺序

B. 肽键和二硫键

C. 蛋白质结构域

D. α-螺旋和β-折叠结构

E. 双螺旋结构

51. 人体的能量主要来源于（   ）

A. 氨基酸　　　B. 核苷酸　　　C. 脂肪酸

D. 胆固醇　　　E. 葡萄糖

52. 与脂类功能无关的选项是（   ）

A. 提供能量

B. 参与细胞信号转导

C. 作为细胞膜的主要成分

D. 参与细胞膜运输

E. 储存能量

53. 关于细胞中无机盐的错误叙述是（   ）

A. 在细胞中以离子状态存在

B. 可与蛋白质结合形成结合蛋白

C. 不能与脂类结合

D. 参与细胞渗透压的维持

E. 参与酶活性的维持

54. 关于蛋白质的错误叙述是（   ）

A. 为细胞中含量最多的有机分子

B. 由20种不同氨基酸组成

C. 参与细胞形态的维持

D. 参与细胞功能的行使

E. 蛋白质从二级结构开始即具有生物学活性

55. 关于蛋白质空间结构的错误叙述是（   ）

A. 所有蛋白质都有四级结构

B. 空间结构包括二级结构、三级结构和四级结构

C. 蛋白质的空间结构又称为构象

D. 空间结构是由多种化学键维持的

E. 空间结构是由一级结构决定的

56. 在DNA分子中不含下列哪种碱基（   ）

A. 嘌呤　　　　B. 鸟嘌呤

C. 胸腺嘧啶　　D. 胞嘧啶

E. 尿嘧啶

57. mRNA合成和DNA复制时，多核苷酸链延伸的方向是（   ）

A. 均为3′→5′　　　B. 3′→5′和5′→3′

C. 均为5′→3′　　　D. 5′→3′和3′→5′

E. 既有3′→5′，又有5′→3′

58. DNA的半保留复制（   ）

A. 只有其中一条单链可作为模板

B. 只用外显子作为复制模板

C. 只把遗传信息的一半传给下一代

D. 有一个复制起始点

E. 两条链均可以作为复制模板

59. 组成核糖体的核糖核酸为（   ）

A. mRNA　　　　　B. tRNA

C. rRNA　　　　　D. mRNA+rRNA

E. tRNA+rRNA

60. β-折叠属于蛋白质分子的哪级结构（   ）

A. 基本结构　　　　B. 一级结构

C. 二级结构　　　　D. 三级结构

E. 四级结构

61. 关于mRNA的错误叙述为（   ）

A. 携带有相应基因的遗传信息

B. 是DNA转录的直接产物

C. 在细胞质中发挥功能

D. 可指导蛋白质合成

E. 不同mRNA分子量可呈现明显差异

62. 关于蛋白质四级结构的错误叙述为（   ）

A. 是由几个具有三级结构的亚基聚合而成的空间结构

B. 构成四级结构的亚基之间以共价键相连

C. 并非所有的蛋白质都有四级结构

D. 四级结构一定包含有几条多肽链

E. 四级结构使某些结构较复杂的蛋白质具有生物学功能

63. 许多核苷酸是以（   ）聚合成了复杂的

大分子化合物——核酸。

A. 核苷键　　　　B. C3-酯键

C. C5-酯键　　　　D. 3′-5′磷酸二酯键

E. 氢键

64. 糖蛋白在细胞中的功能包括（　　）

A. 构成细胞抗原

B. 是细胞识别的重要物质

C. 信息传递

D. 构成血型特质

E. 以上都是

65. 可作为辅酶成分的物质是（　　）

A. 脂类　　　　B. 维生素和金属离子

C. 核酸　　　　D. 糖类

E. 蛋白质

66. 组成单核苷酸的化学物质是（　　）

A. 碱基、磷酸、戊糖

B. 碱基、核糖

C. 维生素、核糖、碱基

D. 碱基、脱氧核糖、磷酸

E. 碱基、核糖、磷酸

67. 具有酶活性的RNA分子称为（　　）

A. 小分子RNA　　B. 核酶　　C. hnRNA

D. 催化RNA　　　E. RNA酶

68. 细胞中的下列化合物中，哪项属于生物大分子（　　）

A. 无机盐　　　　B. 游离水

C. 过氧化氢酶　　D. 胆固醇　　E. 葡萄糖

69. 关于原核细胞遗传物质的错误叙述是（　　）

A. DNA分子呈环形结构

B. 遗传物质由单一DNA分子组成

C. DNA被组蛋白包裹

D. 遗传信息的转录和翻译同时进行

E. 控制细胞的代谢、生长和繁殖

70. DNA和RNA共有的嘧啶是（　　）

A. G　　　　B. C　　　　C. A

D. T　　　　E. U

71. 具有生物学功能的蛋白质最小结构单位是（　　）

A. 一级结构　　B. 二级结构

C. 三级结构　　D. 四级结构　　E. 短肽

72. 维系蛋白质一级结构的主要化学键是（　　）

A. 氢键　　　B. 离子键　　C. 肽键

D. 二硫键　　E. 疏水作用

73. 细菌胞质中独立于基因组DNA，能复制的环状结构称为（　　）

A. 基粒　　　　B. 质粒

C. 基质颗粒　　D. 中间体　　E. 拟核

74. 前体RNA又可称为（　　）

A. snRNA　　　B. miRNA

C. hnRNA　　　D. tRNA　　　E. mRNA

75. RNA分子中能作为转运氨基酸工具的是（　　）

A. miRNA　　　B. hnRNA

C. tRNA　　　　D. rRNA　　　E. mRNA

76. 目前已知的最简单的细胞是（　　）

A. 球菌　　　　B. 杆菌

C. 衣原体　　　D. 支原体　　E. 病毒

77. α-螺旋和β-折叠是蛋白质的（　　）结构。

A. 一级　　　B. 二级　　　C. 三级

D. 四级　　　E. 以上均不对

78. 一般来讲，tRNA柄部末端从5′→3′的三个碱基顺序是（　　）

A. CAA　　　B. AAC　　　C. CAC

D. CCA　　　E. ACC

79. 关于原核细胞的错误叙述是（　　）

A. 基因组中无内含子

B. 无真正的细胞核

C. DNA为环状分子

D. DNA与组蛋白装配形成染色质

E. 细胞中无内膜系统细胞器

80. 细胞的性状主要通过（　　）表现。
A. 蛋白质　　B. DNA　　C. 多糖
D. RNA　　E. 脂类分子

81. DNA在真核细胞内的分布是（　　）
A. 只存在于细胞核中
B. 只存在于细胞质中
C. 主要存在于细胞质中，也存在于细胞核中
D. 主要存在于细胞核中，也有少量存在于细胞质中
E. 以上都不是

82. 下列不属于有机小分子的是（　　）
A. 葡萄糖　　B. 组氨酸
C. DNA　　D. ATP　　E. 脂肪酸

83. 下列细胞器中原核生物和真核生物所共有的是（　　）
A. 内质网　　B. 线粒体
C. 溶酶体　　D. 核糖体　　E. 微管

84. 与胰岛素中氨基酸序列直接相关的RNA是（　　）
A. 28S rRNA　　B. 5S rRNA
C. 5.8S rRNA　　D. tRNA　　E. mRNA

85. 原核细胞不具有的特征是（　　）
A. 细胞大小平均为1～10μm
B. 有核膜、核仁、核基质等构造
C. 染色质不含组蛋白
D. 没有细胞内膜系统
E. 有拟核

86. 下列核苷酸哪种不是构成DNA的成分（　　）
A. TMP　　B. AMP　　C. LIMP
D. CMP　　E. GMP

87. 关于真核细胞，下列哪项叙述有误（　　）
A. 有真正的细胞核
B. 有多条DNA分子并与组蛋白构成染色质
C. 基因表达的转录和翻译过程同时进行
D. 膜性细胞器发达

E. 一个真核细胞通常只有一个细胞核，但肝细胞、肾小管和软骨细胞有双核，而破骨细胞的核有数百个以上

88. 原核细胞不能完成的生理、生化作用是（　　）
A. 细胞的生长和运动
B. 蛋白质合成
C. 糖酵解
D. 有丝分裂
E. 遗传物质复制

89. 生物大分子是通过小分子的（　　）形成的。
A. 氧化　　B. 还原　　C. 聚合
D. 分解　　E. 修饰

（二）填空题

1. 细胞的起源经历了在原始地球条件下，从_____形成_____，再形成_____，再形成_____，最后演变成为原始细胞。

2. 光镜下，一般将真核细胞分为三个部分：_____、_____、_____。

3. 电镜下，根据细胞各部结构的性质、彼此间相互联系及其来源，将细胞分为_____和_____两个部分。

4. 单位膜的总厚度大约为_____。

5. 病毒主要有一种核酸分子_____或_____与蛋白质构成；而类病毒仅有一条有感染性的_____构成；朊病毒仅由一个感染性的_____构成。

6. 生物进化是由其共同的祖先细胞分出3条进化路线，形成_____、_____和_____。

7. 一般将古细菌称为_____生物。

8. 许多细菌除了基因组DNA之外，还有一个

较小的环状DNA分子称为_____。

9. 根据线粒体和叶绿体起源的内共生学说，线粒体起源于_____；而叶绿体起源于_____。

10. 关于真核细胞如何从原核细胞进化而来，大体有两种假说：_____和_____，其中更具有说服力的是_____。

11. 组成原生质的化学元素包括_____元素和_____元素。其中含量最多的4种化学元素是_____、_____、_____和_____。

12. 细胞内的有机小分子主要有_____、_____、_____等；有机大分子物质主要有_____、_____、_____等。

13. 蛋白质的基本结构单位是_____；核酸的基本结构单位是_____。蛋白质一级结构的连接键是_____；核酸一级结构的连接键是_____。

14. 蛋白质的二级结构类型主要包括_____、_____、_____。

15. 根据核苷酸中所含戊糖的不同，将核酸分为_____和_____；前者主要分布在_____中，后者主要存在于_____中。

16. 单核苷酸是由_____、_____、_____三部分组成。

17. 组成DNA的碱基是_____、_____、_____、_____四种；而组成RNA的碱基是_____、_____、_____、_____。

18. 相对湿度为92%时得到的DNA纤维是_____；相对湿度为75%时得到的DNA纤维是_____；左手螺旋的DNA纤维是_____。

19. 按照结构和功能的不同，细胞中的RNA分子主要有_____、_____和_____三种。

20. tRNA由5个部分组成：①_____、②_____、③_____、④_____和⑤_____。

（三）判断题（正确的打"√"；错误的打"×"）

1. 原核细胞、古核细胞和真核细胞起源于各自的祖先。（   ）

2. 间体是原核细胞特有的结构。（   ）

3. 所有细胞都有DNA和RNA两种核酸。（   ）

4. 鸡胚细胞、大肠杆菌和SARS病毒都是细胞。（   ）

5. 古核细胞既具有原核细胞的某些特征，也具有真核细胞的某些特征。（   ）

6. 原核细胞中只含有一个DNA分子。（   ）

7. 病毒是能够独立表现生命特征的非细胞生命体。（   ）

8. 只有真核细胞才有线粒体，原核细胞没有。（   ）

9. 支原体、衣原体和立克次体均可以在培养基上生长。（   ）

10. 人们最早选择支原体进行人造细胞的研究探索。（   ）

11. 蛋白质的一级结构是指蛋白质中所含氨基酸数目、种类和排列顺序。（   ）

12. 所有的蛋白质都有三级结构。（   ）

13. 组成蛋白质四级结构的亚基必须要不同。（   ）

14. DNA和RNA的区别之一在于所含的戊糖不同。（   ）

15. 多核苷酸链中，连接相邻两个单核苷酸之间的化学键是3′，5′-磷酸二酯键。（   ）

16. 维持DNA双螺旋结构，主要靠核苷酸之间的3′，5′-磷酸二酯键。（　）
17. DNA双螺旋结构中，两条链的走向是同向平行的。（　）
18. 细胞中种类最多的RNA是mRNA，分子量最小的RNA是tRNA，含量最多的RNA是rRNA。（　）
19. 酶的本质是蛋白质。（　）
20. 具有特殊催化作用的小RNA称为核酶。（　）

（四）名词解释

1. 原核细胞 prokaryotic cell
2. 真核细胞 eukaryotic cell
3. 生物大分子 biological macromolecule

（五）简答题

1. 列表比较原核细胞和真核细胞的区别。
2. 电镜下的真核细胞结构分为哪两类，各包括哪些结构？
3. 如何理解膜相结构的区域化作用？
4. 简述蛋白质的一至四级结构。
5. 简述B-DNA的双螺旋结构的要点。
6. 列表比较DNA与RNA在组成、结构、分布和功能上的区别。
7. 列表比较mRNA、tRNA和rRNA的结构特点及其功能。
8. 比较蛋白质和核酸这两种生物大分子的区别。

三、参考答案

（一）选择题

1. A　2. D　3. C　4. A　5. C　6. A
7. C　8. B　9. B　10. E　11. D　12. D
13. B　14. D　15. A　16. D　17. B　18. E
19. E　20. E　21. C　22. A　23. E　24. C
25. B　26. E　27. B　28. A　29. E　30. D
31. C　32. A　33. A　34. C　35. E　36. D
37. A　38. A　39. B　40. C　41. C　42. E
43. E　44. B　45. C　46. B　47. D　48. C
49. E　50. A　51. C　52. E　53. C　54. E
55. A　56. E　57. C　58. E　59. C　60. C
61. B　62. B　63. D　64. E　65. B　66. A
67. C　68. C　69. C　70. E　71. C　72. C
73. B　74. C　75. C　76. D　77. B　78. D
79. D　80. A　81. D　82. C　83. D　84. E
85. B　86. C　87. C　88. D　89. C

（二）填空题

1. 无机小分子、有机小分子、生物大分子、多分子体系
2. 细胞膜、细胞质、细胞核
3. 膜相结构、非膜相结构
4. 7.5 nm
5. DNA、RNA、RNA、蛋白质
6. 原核生物、古核生物、真核生物
7. 古核
8. 质粒
9. 好氧细菌或古细菌、光合细菌或蓝细菌
10. 分化假说、内共生假说、内共生假说
11. 大量、微量、碳（C）、氢（H）、氧（O）、氮（N）
12. 单糖、脂肪酸、氨基酸、核苷酸、多糖、蛋白质、核酸
13. 氨基酸、核苷酸、肽键、3′,5′-磷酸二酯键
14. α-螺旋、β-折叠、π-螺旋
15. 核糖核酸（RNA）、脱氧核糖核酸（DNA）、细胞质、细胞核
16. 磷酸、戊糖、碱基
17. A、T、G、C、A、U、G、C
18. B-DNA、A-DNA、Z-DNA
19. 信使RNA（mRNA）、转运RNA

（tRNA）、核糖体RNA（rRNA）

20. 氨基酸结合臂、二氢尿嘧啶环或D环、反密码子环、额外环、T环或TΨCG环

（三）判断题

1. ×　2. √　3. ×　4. ×　5. √
6. ×　7. ×　8. √　9. ×　10. √
11. √　12. √　13. ×　14. √　15. √
16. ×　17. ×　18. √　19. ×　20. √

（四）名词解释

1. 原核细胞prokaryotic cell：原核细胞一般体积较小，其质膜外有一层坚固的细胞壁，厚度为10~25nm，与一般植物的细胞壁的组成不同。原核细胞内含有DNA区域，但无核膜包围，称拟核，其DNA为裸露的。有的还有一些质粒。原核细胞内除核糖体外，没有膜相结构的细胞器，也没有微管、中心粒等非膜相结构。

2. 真核细胞 eukaryotic cell：真核细胞有双层核膜，将细胞分隔为核与质两部分，在质膜与核膜之间的细胞质中，形成了复杂的内膜系统，构建成各种相对稳定、有独立生理功能的细胞器。

3. 生物大分子 biological macromolecule：分子质量巨大，结构复杂，功能多样的有机大分子常被称为生物大分子，包括蛋白质和核酸等。

（五）简答题

1. 列表比较原核细胞和真核细胞的区别。

特征	原核细胞	真核细胞
细胞大小	较小，1~10μm	较大，10~100μm
细胞核	无核膜、核仁（拟核）	有核膜、核仁
DNA	单个，裸露于细胞质中	多个，与组蛋白结合
细胞壁	不含纤维素，主要由肽聚糖组成	不含肽聚糖，主要由纤维素组成
线粒体	无	有
核糖体	70S（50S+30S）	80S（60S+40S）
内膜系统	无	有
细胞骨架	简单	有，复杂
转录与翻译	翻译转录同时进行	转录在核内，翻译在细胞质中进行
细胞分裂	无丝分裂	以有丝分裂为主

2. 电镜下的真核细胞结构分为哪两类，各包括哪些结构？

答：电镜下的真核细胞结构可分为膜相结构和非膜相结构两类。

7个膜相结构包括细胞膜、内质网、高尔基复合体、溶酶体、线粒体、过氧化物酶体（微体）、核膜；9个非膜相结构包括核糖体、中心体、微管、微丝、中间纤维、细胞质基质、核仁、染色质（染色体）、核基质。

3. 如何理解膜相结构的区域化作用？

答：细胞进行正常的代谢活动需许多酶参与。真核细胞内膜相结构的出现，不仅将核物质与细胞质分隔开，而且将细胞内行使特定功能的酶集中于一定的区域内，使之不与其他酶系统相混杂，保证各种不同的酶系统能有效地发挥其功能，这是真核细胞膜相结构特有的区域化作用。

4. 简述蛋白质的一至四级结构。

答：一级结构：以肽键为主键，二硫键为副键的多肽链中，氨基酸的排列顺序。二级结

构：肽链上相邻氨基酸残基间主要靠氢键维系的有规律、重复有序的空间结构，包括α-螺旋、β-折叠两种基本构象。三级结构：在二级结构基础上，进一步折叠盘曲形成的接近球形的空间结构。每条多肽链都有其独立的三级结构，称为亚基。四级结构：亚基的集结。

5. 简述B-DNA的双螺旋结构的要点。

答：要点归纳如下：

（1）由两条反向平行的多核苷酸链，围绕同一中心轴，以右手螺旋的方式盘绕成双螺旋。

（2）按碱基互补的原则（A-T，G-C），以氢键相连每一对碱基。

（3）磷酸和脱氧核糖位于双螺旋的外侧，形成DNA的骨架，碱基位于双螺旋的内侧。

（4）碱基对的排列方式具有多样性。

6. 列表比较DNA与RNA在组成、结构、分布和功能上的区别。

7. 列表比较mRNA、tRNA和rRNA的结构特点及其功能。

8. 比较蛋白质和核酸这两种生物大分子的区别。

		DNA	RNA
组成	戊糖	脱氧核糖	核糖
	碱基	A、T、G、C	A、U、G、C
结构		双链	单链为主，部分是假双链
分布		主要在细胞核内	主要在细胞质中
功能		储存遗传信息	传递和调控遗传信息

	结构	功能
mRNA	单链或假双链	作为合成蛋白质的模板
tRNA	假双链，二级结构呈三叶草形，空间结构呈倒L形	识别mRNA上的密码子，运输活化的氨基酸到核糖体上的mRNA的特定位点
rRNA	假双链	与蛋白质结合形成核糖体，进而成为蛋白质的合成场所

	蛋白质	核酸
结构单位	氨基酸	核苷酸
连接键	肽键	3′,5′-磷酸二酯键
一级结构	氨基酸的排列顺序	碱基的序列
空间结构	二、三、四级结构	双螺旋、超螺旋、染色体等
功能	生命活动中各种功能的直接执行者	遗传信息的储存、传递和表达、调控，决定蛋白质的一级结构

第三章 细胞生物学的研究方法

一、教　学　要　求

掌握：1. 细胞显微结构和亚微结构的观察技术。
　　　2. 细胞培养技术。
　　　3. 细胞融合技术。
熟悉：1. 细胞化学法。

　　　2. 离心技术。
了解：1. 免疫荧光镜检术；活细胞示踪技术；流式细胞术；单细胞技术。
　　　2. 核酸与蛋白质研究技术。

二、自　测　题

（一）选择题

1. 使用油镜观察标本时，需要滴加香柏油，这是为了（　　）介质的折射率，从而（　　）显微镜的分辨率数值。

A. 增加，增加　　　　B. 增加，降低
C. 降低，降低　　　　D. 降低，增加
E. 增加，不改变

2. 观察活细胞的细微结构时，最好使用（　　）

A. 光学显微镜　　　　B. 相差显微镜
C. 扫描电镜　　　　　D. 暗视野显微镜
E. 荧光显微镜

3. 物镜置于镜台下方，从下方观察标本的显微镜是（　　）

A. 激光扫描共聚焦显微镜
B. 偏光显微镜
C. 暗视野显微镜
D. 倒置显微镜
E. 光学显微镜

4. 人眼的分辨率为100μm，光学显微镜的分辨率可以达到0.2μm。借助于普通光学显微镜可以使人眼的分辨率提高（　　）

A. 100倍　　　B. 250倍　　　C. 500倍
D. 800倍　　　E. 1000倍

5. 用于生物样本观察的电子显微镜的实际最佳分辨率通常不超过（　　）

A. 2nm　　　　　　　B. 0.2nm
C. 0.1nm　　　　　　D. 0.002nm
E. 0.001nm

6. 在制备电子显微镜观察组织样本时常用的固定试剂是（　　）

A. 甲醇　　　　　　　B. 甲醛
C. 乙醇　　　　　　　D. 锇酸
E. 丙烯酰胺

7. 下列关于光学显微镜分辨率不正确的说法是（　　）

A. 显微镜所使用的光源对于分辨率有影响
B. 分辨率数值越小，则显微镜的分辨能力越强
C. 分辨率数值越小，则显微镜的分辨能力越弱
D. 分辨率是指显微镜所能分辨的相邻两点间的最短距离
E. 介质对光线的折射率对于分辨率有一定影响

8. 在液体系统中，对单个细胞进行高速定量分析和分类的技术是（　　）

A. 荧光细胞化学技术　　B. 流式细胞计量术
C. 免疫荧光镜检术　　　D. 放射自显影术
E. 电泳

9. 下列最不可能成为原代细胞培养对象的是（　　）

· 103 ·

A. 胚胎组织　　　　　B. 红细胞

C. 成年动物脑组织　　D. 皮肤组织

E. 活跃生长的恶性肿瘤组织

10. 为了解某一细胞培养物是否处于DNA合成时期，用添加有放射性胸苷的培养基培养细胞。下列哪种方法是探测该标记脱氧核苷酸是否存在于核DNA中的最佳方法（　　）

A. 放射自显影

B. 聚丙烯酰胺凝胶电泳

C. 琼脂糖凝胶电泳

D. 双向凝胶电泳

E. 电子显微镜

11. 在离体培养条件下，维持细胞生长与增殖的技术是（　　）

A. 细胞融合　　　　B. 细胞杂交

C. 细胞培养　　　　D. 原代培养

E. 细胞移植

12. 吖啶橙是一种灵敏的荧光化学染料。关于吖啶橙染色，下列说法不正确的是（　　）

A. 需使用荧光显微镜进行观察

B. 所观察细胞样品会呈现绿色和红色两种颜色

C. 吖啶橙是一种核酸染料，可结合DNA和RNA

D. 吖啶橙是一种蛋白染料，可结合酸性蛋白和碱性蛋白

E. 紫外线可以激发吖啶橙产生荧光

13. 能够用于细胞融合的生物性诱导因子主要是指（　　）

A. 仙台病毒　　　　B. 细菌

C. 支原体　　　　　D. 细胞外基质成分

E. 细胞因子

14. 细胞培养基中添加血清的作用不包括（　　）

A. 促进生长

B. 促进贴壁细胞黏附

C. 提供碳源

D. 具有一定的缓冲酸碱度作用

E. 细胞因子

15. 若要分离细胞内的各种细胞器，可以选择（　　）

A. 差速离心法　　　B. 凝胶电泳法

C. 层析法　　　　　D. SDS-PAGE

E. 2D电泳

16. 正常细胞培养中除培养基外常需加入血清，主要是因为血清中含有（　　）

A. 大量氨基酸　　　B. 生长因子

C. 维生素　　　　　D. 核酸　　E. 多糖

17. 基于差速离心从细胞匀浆中能分离得到的最小细胞器是（　　）

A. 线粒体　　　　　B. 细胞核

C. 过氧化物酶体　　D. 溶酶体

E. 核糖体

18. 在Feulgen反应中，细胞经稀盐酸处理后，与希夫试剂进行反应，结果细胞核呈现粉红至紫红色，这表明（　　）

A. 细胞核被非特异性染色

B. 细胞核内含有组蛋白

C. 细胞核内含有RNA

D. 细胞核内含有DNA

E. 细胞核内含有非组蛋白

19. 将细胞内各种组分由低速到高速逐级沉降分离的方法是（　　）

A. 自然分离　　　　B. 随机分离

C. 差速离心　　　　D. 自由离心

E. 密度梯度离心

20. 传代培养细胞不具有的特点是（　　）

A. 可贴壁生长

B. 在培养皿中可铺展为单层

C. 繁殖需生长因子

D. 可悬浮生长

E. 原组织的分化特性改变

（二）填空题

1. 普通光学显微镜利用_____为照明光源，主要由_____、_____和_____这3个部分组成。

2. 人眼在明视距离（25cm）时的分辨率约为_____；普通光学显微镜的分辨率约为_____；传统的电子显微镜分辨率约为_____。

3. 显微镜的分辨率可由公式_____计算。使用_____的光作为照明光源、选择折射率_____的介质可有效降低分辨率数值，从而提高显微镜的分辨能力。

4. 光学显微镜下所观察到的细胞结构称为_____；电子显微镜下所观察到的细胞结构则统称为_____。

5. 倒置显微镜和普通光学显微镜的不同主要在于_____。

6. 常用的能使DNA显色的细胞化学方法是_____（任选一种）。

7. 利用_____技术可使细胞在体外生存、生长和繁殖。

8. 细胞培养可分为_____、_____。

9. 对特定基因进行功能丧失或突变的操作主要有_____、_____两种方法。

10. 细胞生物学研究中常用的核酸杂交技术有_____、_____、_____和_____等。

（三）判断题（正确的打"√"；错误的打"×"）

1. 透射或扫描电镜不能用于观察活细胞，而相差或倒置显微镜可以。（　　）

2. 密度梯度离心常用蔗糖、氯化铯、多聚蔗糖为介质。（　　）

3. 欲提高显微镜的分辨率，可通过缩短波长，或给标本染色。（　　）

4. 可利用金属沉淀法显示碱性磷酸酶。（　　）

5. 体外培养的细胞，一般保持体内原有的细胞形态。（　　）

6. 相差显微镜可以研究细胞核、线粒体的活体动态。（　　）

（四）名词解释

1. 分辨率 resolution
2. 细胞培养 cell culture
3. 细胞融合 cell fusion
4. 原代培养 primary culture
5. 传代培养 secondary culture
6. 细胞系 cell line
7. 细胞株 cell strain

（五）简答题

细胞生物学研究的常用技术有哪些？

三、参 考 答 案

（一）选择题

1. B　2. B　3. D　4. C　5. A　6. D
7. C　8. B　9. B　10. A　11. C　12. D
13. A　14. C　15. A　16. B　17. A　18. D
19. C　20. E

（二）填空题

1. 可见光、机械部分、照明部分、光学部分

2. 0.2mm（毫米）、0.2 μm（微米）、0.2 nm（纳米）

3. $R = 0.61\lambda/N.A$（$N.A = n \cdot \sin\theta/2$）、短波

长、高

4. 显微结构、亚显微结构或超微结构

5. 物镜和照明系统的位置颠倒

6. 福尔根（Feulgen）反应或甲基绿-派洛宁染色

7. 细胞培养

8. 原代培养、传代培养

9. 基因敲除、RNA干扰

10. Southern杂交、Northern杂交、原位杂交、荧光原位杂交FISH

（三）判断题

1. √ 2. √ 3. × 4. √ 5. × 6. ×

（四）名词解释

1. 分辨率 resolution：能区分相邻两点的最小距离的能力。

2. 细胞培养 cell culture：离体状态下，模拟机体内的条件，维持细胞生长与增殖的技术。

3. 细胞融合 cell fusion：亦称细胞杂交，指自发或通过人工培养和介导，两个或多个细胞合并成一个细胞的过程。

4. 原代培养 primary culture：指直接从生物体内获取细胞进行的培养。

5. 传代培养 secondary culture：指将原代细胞分散后，重新接种到新的培养基中再进行培养的过程。

6. 细胞系 cell line：指能传代的细胞，其中传代次数有限的体外培养细胞称为有限细胞系；在培养条件下能无限制的传代培养下去的细胞称为无限细胞系。

7. 细胞株 cell strain：指来源于一个克隆，具有相同性质或特征的培养细胞群体。

（五）简答题

细胞生物学研究的常用技术有哪些？

（1）显微镜技术：用于观察形态学水平的细胞显微或超微（亚微）结构。

（2）X-衍射技术：研究蛋白质和核酸等生物大分子结构。

（3）离心技术：分离细胞和细胞器。

（4）细胞培养：用于培养能在体外长期生长的机体细胞。

（5）细胞融合和杂交技术：用于培养具有新性状的细胞。

（6）流式细胞术：对单个细胞进行快速定量分析与分选。

（7）核酸分子杂交：可探测基因的结构、缺失和表达等状况。

（8）层析和电泳：分离、纯化细胞中大分子物质。

（9）细胞化学：用于检测细胞组分等。

（10）放射自显影：利用放射性同位素对细胞中DNA、RNA或蛋白质进行定位。

（11）免疫荧光技术、免疫电镜技术：研究特异蛋白抗原在细胞中的分布。

第四章　细胞膜与物质的穿膜运输

一、教学要求

掌握：1. 细胞膜的化学组成及各组分的分子结构特点及其功能。

2. 液态镶嵌模型和脂筏模型的结构特点及与膜功能的关系。

3. 细胞膜的特性及其生物学意义。

4. 细胞膜物质转运的多种方式及生物学意义。

（1）穿膜运输的类型。

（2）钠钾泵的工作过程。

（3）受体介导的低密度脂蛋白内吞过程。

（4）主动运输与被动运输的区别。

5. 细胞识别的概念和基本类型。

了解：1. 细胞膜分子结构模型的类型和要点。

2. 影响膜流动性的因素。

3. 膜转运系统异常与疾病。

4. 细胞识别在医学中的应用。

二、自测题

（一）选择题

1. 脂筏中含量较多的膜组分（　　）

A. 胆固醇和鞘脂　　B. 磷脂酰乙醇胺

C. 脑磷脂　　　　　D. 神经节苷脂

E. 卵磷脂

2. 细胞膜性结构在电镜下都呈现出较为一致的三层结构，即内外两层电子致密层，中间夹一层疏松层，称为（　　）

A. 生物膜　　　　　B. 质膜

C. 单位膜　　　　　D. 板块模型

E. 片层结构模型

3. 生物膜的主要作用是（　　）

A. 区域化作用　　　B. 合成蛋白质

C. 运输物质　　　　D. 合成脂类

E. 储存糖蛋白和糖脂

4. 细胞膜的主要化学成分是（　　）

A. 蛋白质、糖类和水

B. 蛋白质、糖类和金属离子

C. 金属离子、糖类和脂肪

D. 蛋白质、糖类和脂类

E. 糖蛋白、糖脂

5. 细胞膜的骨架主要由哪种化学成分构成（　　）

A. 膜内在蛋白　　　B. 膜外基质

C. 糖类　　　　　　D. 脂类

E. 膜周边蛋白

6. 膜内脂质和蛋白质所占的重量比例（　　）

A. 根据膜种类的变化而变化

B. 总是相等的

C. 总是膜脂比膜蛋白高

D. 总是膜蛋白比膜脂高

E. 总在变化

7. 磷脂分子在细胞膜中的排列规律是（　　）

A. 极性头朝向膜的内、外两侧，疏水尾朝向膜的中央

B. 极性头朝向膜的外侧，疏水尾朝向膜的内侧

C. 极性头朝向膜的内侧，疏水尾朝向膜的外侧

D. 极性头朝向膜的中央，疏水尾朝向膜的内、外两侧

· 107 ·

E. 极性头朝向膜的外侧，疏水尾朝向膜的内、外两侧

8. 膜脂的基本成分是（　　）

A. 胆固醇　　　B. 脑苷脂　　　C. 糖脂

D. 磷脂　　　　E. 神经节苷脂

9. 细菌的质膜中不会含有（　　）

A. 胆固醇　　　B. 脑磷脂

C. 鞘磷脂　　　D. 磷脂酰丝氨酸

E. 卵磷脂

10. 对于构成生物膜的磷脂，下列哪些说法错误（　　）

A. 磷脂占膜脂的基本成分50%以上，分为甘油磷脂和鞘磷脂两类

B. 具有一个极性头和一个非极性的尾

C. 脂肪酸链碳原子为偶数，多数碳链由14~24个碳原子组成

D. 饱和脂肪酸及不饱和脂肪酸皆有

E. 两个脂肪酸分子与一个甘油分子通过共价键相连

11. 正常细胞膜上磷脂酰丝氨酸的分布特点是（　　）

A. 主要在脂双层的外层

B. 主要在脂双层的内层

C. 在脂双层内外两层分布大致一致

D. 在所有细胞的细胞膜中分布相似

E. 在脂筏富集

12. 下列关于膜的甘油磷脂的说法中哪一项是不正确的（　　）

A. 包括磷脂酰胆碱，磷脂酰乙醇胺和胆固醇

B. 是两亲性的

C. 两个脂肪酸分子与一个甘油分子相连，一个极性头部基团通过磷酸与甘油相连

D. 同时具有饱和脂肪酸和不饱和脂肪酸

E. 可能带有负电荷

13. 关于脂肪酸链的饱和程度对膜流动性的影响，哪一项是正确的（　　）

A. 含饱和键越多，脂质分子相互间的结合力越弱

B. 含不饱和键越多，脂质分子相互间的结合越紧密

C. 含不饱和键越多，脂质分子相互间的结合力越强

D. 含饱和键越多，脂质分子相互间的排列越疏松

E. 含不饱和键越多，脂质分子相互间的排列越疏松

14. 跨膜蛋白属于（　　）

A. 整合蛋白　　　B. 外周蛋白

C. 脂锚定蛋白　　D. 运输蛋白

E. 膜外基质

15. 糖蛋白是一种十分重要的复合糖类，下列说法不正确的是（　　）

A. 它是由氨基酸和糖组成

B. 可能被细胞分泌

C. 具有细胞识别作用

D. 存在于膜外基质

E. 只存在于细胞质中

16. 关于膜蛋白，下列说法正确的是（　　）

A. 与膜脂都为共价结合

B. 膜蛋白很难分离，均需要用去垢剂

C. 外周蛋白即可通过非共价键与膜脂结合，也可与膜整合蛋白结合

D. 膜蛋白的运动方式与膜脂相同

E. 与细胞识别作用无关

17. 细胞质膜的膜周边蛋白主要靠（　　）与膜蛋白质或脂分子结合。

A. 糖苷键　　　B. 共价键

C. 离子键　　　D. 疏水键

E. 金属离子

18. 膜蛋白在膜上的存在方式不包括（　　）

A. 单次或多次穿膜跨膜蛋白

B. 膜蛋白共价结合在其他膜蛋白上

C. 膜蛋白共价结合在膜的胞质单层内的烃链上

D. 膜蛋白通过一寡糖链与之共价结合

E. 膜蛋白通过离子键在其他膜蛋白上

19. 承担细胞膜物质运输功能的主要物质是（　　）

A. 磷脂　　　B. 糖类　　　C. 蛋白质

D. 类固醇　　E. 糖脂

20. 制备具有活性跨膜蛋白最常采用下列哪种试剂（　　）

A. 氯化钠　　B. SDS　　C. NP40

D. TritonX-100　　E. Tween-20

21. 关于细胞膜中糖类的描述不正确的是（　　）

A. 含量占质膜重量的2%～10%

B. 主要以糖蛋白和糖脂的形式存在

C. 为膜不对称性标志之一

D. 与细胞免疫、细胞识别及细胞癌变有密切关系

E. 低聚糖侧链从生物膜的胞质面伸出

22. 生物膜结构和功能的特殊性主要取决于（　　）

A. 膜脂的种类

B. 膜蛋白的组成和种类

C. 膜糖类的组成和种类

D. 膜中脂类与蛋白质的比例

E. 膜糖类与蛋白质的比例

23. Gorter和Grendel最早证明膜是由一个脂质双分子层组成的证据是（　　）

A. 从血红细胞提取脂质，测定表面积，再与细胞表面积比较

B. 对红细胞质膜显微镜检测

C. 测量膜蛋白移动的速率

D. 电镜下膜形态

E. 膜中脂类与蛋白质的比例

24. 目前细胞生物学界广泛认同的细胞膜结构模型是（　　）

A. 片层结构模型　　B. 液态镶嵌模型

C. 晶格镶嵌模型　　D. 单位膜模型

E. 板块镶嵌模型

25. 红细胞膜脂中含量最多的是（　　）

A. 胆固醇　　B. 脑磷脂　　C. 糖脂

D. 心磷脂　　E. 磷脂

26. 细胞膜的液态镶嵌模型认为（　　）

A. 类脂双分子层夹着一层蛋白质

B. 类脂双分子层镶嵌着蛋白质

C. 两层蛋白质分子夹着一层类脂分子

D. 类脂分子与蛋白质分子间隔排列

E. 一层蛋白质分子和一层类脂分子

27. 在电子显微镜下，单位膜所呈现出的结构是（　　）

A. 一层深色带

B. 一层浅色带

C. 一层深色带和一层浅色带

D. 二层深色带中间夹一层浅色带

E. 一层电子致密带

28. 生物膜的流动性主要取决于（　　）

A. 膜蛋白　　B. 膜糖类　　C. 膜脂

D. 金属离子　　E. 膜外周蛋白

29. 以下因素中，对细胞膜的流动性有调节作用的是（　　）

A. 细胞被　　B. 胆固醇

C. 膜通透性　　D. 腺苷酸环化酶

E. Ca^{2+}

30. 影响细胞膜流动性的主要因素不包括（　　）

A. 胆固醇含量

B. 膜蛋白含量

C. 温度

D. 脂肪酸链的长短和不饱和度

E. 糖类组分

31. 下列情况可以促进动脉硬化和衰老发生的是（　　）

A. 饱和脂肪酸含量降低

B. 胆固醇含量升高

C. 不饱和脂肪酸含量升高

D. 卵磷脂/鞘磷脂的比值升高

E. 长链脂肪酸含量减少

32. 在生理条件下，胆固醇对膜脂流动性的影响在于（　　）

A. 增加膜脂的有序性，降低膜脂的流动性

B. 降低膜脂分子的有序性

C. 降低脂双层的力学稳定性

D. 增加膜脂的流动性

E. 改变膜脂的不对称性

33. 膜脂最基本的热运动方式是（　　）

A. 沿膜平面的侧向扩散运动

B. 脂分子围绕轴心的自旋运动

C. 膜脂分子之间的翻转运动

D. 脂分子尾部的摆动

E. 脂分子随膜蛋白运动

34. 膜脂分子的运动方式少见的类型是（　　）

A. 侧向运动　　　　B. 旋转运动

C. 翻转运动　　　　D. 伸缩运动

E. 尾部摆动

35. 膜蛋白分子的运动形式包括（　　）

A. 侧向运动和翻转运动

B. 侧向运动和伸缩运动

C. 侧向运动和旋转运动

D. 侧向运动和左右摆动

E. 旋转运动和翻转运动

36. 影响膜脂流动性的重要因素是磷脂分子脂肪酸链的不饱和程度。不饱和性越高，流动性越（　　），其原因是（　　）

A. 小，双键多、折曲小

B. 大，双键多、折曲多

C. 小，分子排列疏松

D. 大，分子排列紧密

E. 小，分子相互作用加强

37. 下列哪个因素可使细胞膜流动性增加（　　）

A. 降低温度

B. 增加不饱和脂肪酸的含量

C. 增加鞘磷脂的含量

D. 增加脂肪酸链的长度

E. 增加胆固醇的含量

38. 有关膜的不对称性下列哪项说法错误（　　）

A. 无论是膜内在蛋白还是膜外在蛋白，在质膜上都呈不对称分布

B. 膜蛋白的不对称性是指每种膜蛋白分子在细胞膜上都有明确的方向性

C. 膜蛋白和糖类在细胞内外层是不对称分布的，但膜脂是对称分布的

D. 膜蛋白的不对称性是生物膜完成复杂的各种生理功能的保证

E. 膜都具有不对称性

39. 用冰冻断裂法和冰冻蚀刻法，发现电镜下其表面几乎没有孔或泵，该膜最有可能是（　　）

A. 内质网膜　　　　B. 髓鞘细胞膜

C. 核膜　　　　　　D. 线粒体内膜

E. 溶酶体膜

40. 关于卵磷脂和鞘磷脂，符合事实的是（　　）

A. 卵磷脂/鞘磷脂比值升高，膜的流动性增大

B. 在37℃时，膜的脂类分子中只有卵磷脂能呈现流动状态

C. 卵磷脂的黏度大

D. 鞘磷脂的不饱和程度

E. 卵磷脂和鞘磷脂都分布在质膜内侧

41. 以简单扩散形式通过细胞膜的物质是（　　）

A. 甘油　　　　　　B. 葡萄糖

C. 氨基酸　　　　　D. 核苷酸　　　E. Na^+

42. 下列运输方式中不需要能量的是（　　）

A. H^+-K^+ ATP酶　　B. 电压门控K^+通道

C. Na^+-K^+泵　　D. 主动运输

E. 膜泡运输

43. O_2或CO_2通过细胞膜的运输方式是（　　）

A. 离子通道扩散　　B. 易化扩散

C. 主动扩散　　D. 被动扩散

E. 简单扩散

44. 不能通过简单扩散进出细胞膜的物质是（　　）

A. O_2　　B. N_2

C. Na^+、K^+　　D. 甘油　　E. 乙醇

45. 下列各组分中，可以通过自由扩散通过细胞质膜的一组物质是（　　）

A. H_2O、CO_2、Na^+

B. 甘油、O_2、苯

C. 葡萄糖、N_2、CO_2

D. 蔗糖、苯、Cl^-

E. 乙醇、氨基酸、CO_2

46. 能借助离子通道通过脂双层膜的物质是（　　）

A. H_2O　　B. Na^+　　C. 乙醇

D. CO_2　　E. 葡萄糖

47. 有跨膜蛋白参与的非耗能的物质运输过程是（　　）

A. 主动运输　　B. 协同运输

C. 简单扩散　　D. 受体介导的胞吞作用

E. 离子通道扩散

48. 葡萄糖、氨基酸和核苷酸在不消耗代谢能的情况下进出细胞的方式为（　　）

A. 简单扩散　　B. 离子通道扩散

C. 易化扩散　　D. 主动运输

E. 受体介导的胞吞作用

49. 不消耗代谢能，但需载体蛋白协助才能通过细胞膜的物质是（　　）

A. CO_2　　B. H_2O

C. 核苷酸　　D. 甘油　　E. Na^+

50．由钠钾泵所进行的物质转运方式是（　　）

A. 简单扩散　　B. 膜泡运输

C. 离子通道扩散　　D. 主动运输

E. 易化扩散

51. 主动运输与胞吞作用的共同点是（　　）

A. 消耗代谢能

B. 逆浓度梯度运输

C. 需载体帮助

D. 有细胞膜形态和结构的改变

E. 对被转运物质进行共价修饰

52. 载体蛋白介导的跨膜运输的特点是（　　）

A. 运输速率与时间呈线性关系

B. 需要消耗能量

C. 对被转运物质不进行共价修饰

D. 顺浓度梯度扩散

E. 逆浓度梯度运输

53. 肠腔中葡萄糖浓度低时，肠上皮细胞吸收葡萄糖的方式是（　　）

A. 简单扩散

B. 易化扩散

C. 受体介导的胞吞作用

D. 通道蛋白运输

E. 主动运输

54. 低密度脂蛋白（LDL）进入细胞的方式是（　　）

A. 协同运输　　B. 易化扩散

C. 主动运输　　D. 受体介导的胞吞作用

E. 通道蛋白运输

55. 细胞摄入微生物或细胞碎片进行消化的过程称为（　　）

A. 吞噬作用　　B. 受体介导的胞吞作用

C. 胞吐作用　　D. 胞饮作用

E. 通道扩散

56. 细胞对大分子物质及颗粒物质的运输方式

为（　　）

A. 简单扩散

B. 易化扩散

C. 离子通道扩散

D. 膜泡运输（小泡运输）

E. 协同运输

57. 胞吞作用和胞吐作用都属于（　　）

A. 简单扩散　　　B. 膜泡运输（小泡运输）

C. 离子通道扩散　D. 主动运输

E. 胞饮作用

58. 受体介导的胞吞作用要经过（　　）

A. 受体识别—有被小窝—无被小泡—有被小泡

B. 受体识别—有被小泡—有被小窝—无被小泡

C. 受体识别—无被小泡—有被小窝—有被小泡

D. 受体识别—有被小窝—有被小泡—无被小泡

E. 受体识别—有被小泡—无被小泡—包被小窝

59. 以下物质跨膜转运过程不耗能的是（　　）

A. 胞饮作用　　　B. 吞噬作用

C. 胞吞作用　　　D. 离子通道扩散

E. 协同运输

60. 下列物质转运特异性没其他强的是（　　）

A. 吞噬作用

B. 离子通道扩散

C. 受体介导的胞吞作用

D. 易化扩散

E. 胞饮作用

61. 细胞膜主动运输时，一般物质转运的方向是（　　）

A. 与所转运的物质大小相关

B. 与所转运的物质性质有关

C. 逆浓度梯度

D. 顺浓度梯度

E. 与膜脂相关

62. 在下列关于钠钾泵的叙述中，错误的是（　　）

A. 它实质上是Na$^+$-K$^+$泵

B. 它具有载体和酶的两重作用

C. 它由大小两个亚基组成

D. 它需要cAMP来激活

E. 它位于细胞质膜上

63. 下面关于主动运输的正确描述有（　　）

A. 脂溶性物质的运输途径

B. O_2和CO_2通过细胞膜的运输方式

C. 氨基酸顺浓度梯度方向的跨膜转运

D. 葡萄糖逆浓度梯度的跨膜转运

E. 提高细胞质中Ca^{2+}的浓度

64. 影响物质在膜上简单扩散的因素有（　　）

A. 在油/水分配系数（脂溶性强）高的，易扩散

B. 电离度大的，易扩散

C. 水合度（亲水性强）大的，易扩散

D. 水、氨基酸、Ca^{2+}、Mg^{2+}等小分子，易扩散

E. 亲脂性强的，不易扩散

65. 肌细胞的钙泵，其作用主要是（　　）

A. 降低细胞质中Ca^{2+}的浓度

B. 提高细胞质中Ca^{2+}的浓度

C. 提高内质网中Ca^{2+}的浓度

D. 降低线粒体中Ca^{2+}的浓度

E. 降低溶酶体中Ca^{2+}的浓度

66. 细胞识别的主要部位在（　　）

A. 细胞外被　　　B. 细胞质

C. 细胞核　　　　D. 细胞器

E. 溶酶体

67. 在下列细胞结构中存在Ca^{2+}-ATPase的是（　　）

A. 线粒体膜　　　B. 内质网膜

C. 核膜外膜　　　D. 核膜内膜

E. 溶酶体

68. 下列蛋白质中，不属于膜内在蛋白的是（　　）

A. G蛋白偶联受体　B. Na$^+$-K$^+$泵

C. 血型糖蛋白　　D. 血影蛋白

E. Ca^{2+}-ATPase

69. 细胞中K⁺、Na⁺在细胞膜两侧分布的情况一般是（　　）

A. 外K⁺高、内Na⁺高

B. 与细胞的生理状态有关

C. 内外一样高

D. 与细胞类型有关

E. 外Na⁺高、内K⁺高

70. 细胞外基质糖蛋白来源于（　　）

A. 受调分泌　　　　B. 远端分泌

C. 连续性分泌　　　D. 细胞质合成

E. 细胞外合成

B型题

A. 简单扩散　　　　B. 离子通道扩散

C. 易化扩散　　　　D. 主动运输

71. 氧气通过肺泡细胞和毛细血管壁细胞的膜主要依靠（　　）

72. 氨基酸和葡萄糖在不消耗生物能的情况下进入细胞要依靠（　　）

73. 葡萄糖在消耗生物能的情况下进入红细胞要依靠（　　）

74. K⁺进入神经细胞内主要依靠（　　）

A. 胞饮作用　　　　B. 吞噬作用

C. 胞吐作用　　　　D. 受体介导的胞吞作用

75. 吞噬细胞吞噬胶粒为（　　）

76. 肥大细胞分泌组胺为（　　）

77. 细胞对胆固醇的吸收为（　　）

78. 肾小管细胞的重吸收为（　　）

（二）填空题

1. 细胞膜主要由_____、_____、_____三种组分构成，其中完成细胞膜特定功能的主要成分为_____。

2. 膜脂主要包括_____、_____和_____三种类型。

3. 膜蛋白是膜功能的主要体现者。根据膜蛋白与脂分子的结合方式，可分为_____、_____和_____。

4. 胆固醇是动物细胞膜脂的重要成分，它对于调节膜的_____，增强膜的_____，以及降低水溶性物质的_____都有重要作用。

5. 生物膜在透射电镜下为"两暗夹一明"的三层结构，内外两层为电子密度高的"暗"层，中间夹着电子密度低的"明"层，又称为_____。

6. 关于细胞质膜的第一个结构模型是_____年提出的，主要特点是：①脂是_____；②蛋白质是_____的。

7. 1925年，Gorter和Grendel依据_____提出膜的双分子层结构设想。

8. 液态镶嵌模型的主要特点是：_____，不足之处是_____。

9. 生物膜的两个显著特性，即_____和_____。

10. 就溶解性来说，质膜上的外周蛋白是_____，而整合蛋白是_____。

11. 膜脂的功能有三种：①_____；②_____；③_____。

12. 构成膜的脂肪酸的链越长，相变温度_____，流动性_____。

13. 决定红细胞ABO血型的物质是糖脂，它由脂肪酸和寡糖链组成。A型血糖脂上的寡糖链较O型多一个_____，B型较O型仅多一个_____。

14. 组成生物膜的磷脂分子主要有三个特征：①_____；②_____；③_____。

15. 液态镶嵌模型认为质膜的双分子层具有液晶态的特性，它既具有_____，又具有_____。

16. 脂筏模型认为脂筏是指膜脂双层内含有特殊脂质的_____，并载有特殊的蛋白质。

17. 根据物质进出细胞的形式，细胞膜的物质转运可分为_____和_____两种方式。

18. 被动运输的三种主要类型是①_____，②_____和③_____。

19. 细胞排除大分子物质的过程称为_____，细胞摄入大分子物质的过程称为_____，摄入液体和小溶质分子进行消化的过程称为_____，摄入固态大分子进行消化的过程称为_____。

20. Na^+-K^+泵每水解一个_____可将3个_____排出细胞外，将2个_____摄入细胞内。

21. Na^+进出细胞有三种方式：①_____，②_____和③_____。

22. 离子通道扩散与易化扩散不同的是，它_____且扩散速度远比易化扩散要_____。

23. 影响物质通过质膜的主要因素有：①_____，②_____和③_____。

24. 细胞识别实质上是_____。

25. 细胞与细胞间的识别主要有4种类型：①_____，②_____，③_____和④_____。

（三）判断题（正确的打"√"；错误的打"×"）

1. 在脂双分子层中，脂分子的亲水头部都朝向两个表面，故脂分子是对称性分布的。（　）

2. 脂质体是根据磷脂分子可在水相中形成稳定的脂双层膜的趋势而制备的人工膜。（　）

3. 外周（外在）膜蛋白为水不溶性蛋白，形成跨膜螺旋，与膜结合紧密，需用去垢剂使膜崩解后才可分离。（　）

4. 细胞膜的内外表面都覆盖有一层糖类物质。（　）

5. 糖蛋白和糖脂上的糖基既可位于质膜的内表面，也可位于质膜的外表面。（　）

6. 哺乳动物成熟的红细胞没有细胞核和内膜体系，所以红细胞的质膜是最简单最易操作的生物膜。（　）

7. 血影是红细胞经低渗处理后，质膜破裂，释放出血红蛋白和其他胞内可溶性蛋白后剩下的结构，是研究质膜的结构及其与膜骨架关系的理想材料。（　）

8. 因为细胞膜具有流动性，所以它属于液体物质。（　）

9. 在相变温度以下，胆固醇可以增加膜的流动性；在相变温度以上，胆固醇可以限制膜的流动性。（　）

10. 细胞质膜上的膜蛋白是可以运动的，运动方式与膜脂相同。（　）

11. 在生物膜的脂质双分子层中含不饱和脂肪酸越多，相变温度越低，流动性也越大。（　）

12. 膜的流动性不仅是膜的基本特征之一，同时也是细胞进行生命活动的必要条件。（　）

13. 人鼠细胞融合实验不仅直接证明了膜蛋白的流动性，同时也间接证明了膜脂的流动性。（　）

14. 膜脂分子的运动是膜流动性的主要原因。（　）

15. O_2、CO_2、乙醇等物质出入细胞的方式属于简单扩散。（　）

16. 物质逆浓度梯度运输时需要消耗代谢能，而膜泡运输是不消耗代谢能的。（　）

17. 利用Na^+-K^+泵进行的物质运输属于被动运输。（　）

18. 细胞对大分子物质及颗粒物质的运输方式

称为穿膜运输。（　　）

19. 葡萄糖、氨基酸、核苷酸等物质在不消耗代谢能的情况下出入细胞的方式属于易化扩散。（　　）

20. Na$^+$-K$^+$泵是真核细胞质膜中普遍存在的一种主动运输方式。（　　）

21. 被动运输不需要ATP及载体蛋白，而主动运输则需要ATP及载体蛋白。（　　）

22. 一般认为：物质的脂溶性越强越容易通过细胞膜；除脂溶性外，物质分子越小越容易通过细胞膜。（　　）

23. 易化扩散不消耗能量，但是要在通道蛋白、载体蛋白、离子泵的协助下完成。（　　）

24. 乙醇被胃黏膜吸收是主动运输的过程。（　　）

（四）名词解释

1. 生物膜 biological membrane
2. 单位膜 unit membrane
3. 细胞膜 cell membrane
4. 脂质体 liposome
5. 膜整合蛋白 integral protein
6. 膜外周蛋白 peripheral protein
7. 细胞外被 cell coat
8. 脂筏模型 lipid rafts model
9. 侧向扩散 lateral diffusion
10. 主动运输 active transport
11. 被动运输 passive transport
12. 简单扩散 simple diffusion
13. 离子通道扩散 ionic channel diffusion
14. 易化扩散 facilitated diffusion
15. 胞饮作用 pinocytosis
16. 吞噬作用 phagocytosis
17. 受体介导的胞吞作用 receptor mediated endocytosis
18. 胞吐作用 exocytosis
19. 胞吞作用 endocytosis
20. 细胞识别 cell recognition

（五）简答题

1. 生物膜的基本结构特征是什么？与它的生理功能有什么联系？
2. 试比较单位膜模型与液态镶嵌模型。
3. 细胞膜的特性是什么？试述它们产生的原因和生物学意义。
4. 影响细胞膜流动性的主要因素有哪些？
5. 以细胞摄取胆固醇为例，说明受体介导的入胞作用。
6. 以Na$^+$-K$^+$泵为例，简述细胞膜的主动运输过程。
7. 小分子物质的跨膜运输方式有哪几种？各有什么特点？
8. 比较主动运输和被动运输的特点。

三、参考答案

（一）选择题

1. A　2. C　3. A　4. D　5. D　6. A
7. A　8. D　9. A　10. B　11. B　12. A
13. E　14. A　15. E　16. C　17. C　18. C
19. C　20. E　21. E　22. C　23. A　24. B
25. E　26. B　27. D　28. C　29. B　30. E
31. B　32. A　33. A　34. C　35. C　36. B
37. B　38. C　39. B　40. A　41. A　42. B
43. E　44. C　45. B　46. B　47. E　48. C
49. C　50. D　51. A　52. C　53. E　54. D
55. A　56. C　57. C　58. C　59. D　60. E
61. C　62. D　63. C　64. B　65. C　66. A
67. B　68. C　69. E　70. C　71. A　72. C
73. D　74. B　75. B　76. C　77. D　78. A

(二) 填空题

1. 膜脂、膜蛋白、膜糖类、膜蛋白
2. 磷脂、胆固醇、糖脂
3. 膜整合蛋白（内在蛋白）、膜外周蛋白（附着蛋白、周边蛋白）、脂锚定蛋白
4. 流动性、稳定性、通透性
5. 单位膜
6. 1935、双分子层、球形
7. 从红细胞中提取的脂大约是其表面积的2倍
8. 流动性和不对称性、忽略了蛋白质对流动性的限制和流动的不均匀性
9. 膜的流动性、膜的不对称性
10. 水溶性、双亲媒性的
11. 骨架、膜蛋白的有机溶剂、为某些酶提供工作环境
12. 越高、越小
13. N-乙酰半乳糖胺残基、半乳糖残基
14. 极性的头部和非极性的尾部、脂肪酸碳链为偶数（多为16C和18C）、具有饱和、不饱和脂肪酸根
15. 晶体分子排列的有序性、液体的流动性
16. 微结构域
17. 穿膜运输、膜泡运输（小泡运输）
18. 简单扩散、离子通道扩散、易化扩散（或协助扩散）
19. 胞吐作用、胞吞作用、胞饮作用、吞噬作用
20. ATP、Na^+、K^+
21. Na^+离子通道、Na^+-K^+泵、协同运输
22. 没有饱和现象、速度快
23. 分子大小、脂溶性、带电性
24. 分子识别
25. 同种同类细胞间的识别、同种异类细胞间的识别、异种异类细胞间的识别、异种（体）同类细胞间的识别

(三) 判断题

1. × 2. √ 3. × 4. × 5. × 6. √
7. √ 8. × 9. √ 10. √ 11. √
12. √ 13. √ 14. √ 15. √ 16. ×
17. × 18. × 19. √ 20. √ 21. ×
22. √ 23. × 24. ×

(四) 名词解释

1. 生物膜 biological membrane：质膜和细胞内各种膜相结构的膜在起源、结构和化学组成的等方面具有相似性，统称为生物膜。

2. 单位膜 unit membrane：在电镜下膜都是由三层结构所组成的。两层致密的深色带，其厚度各约2nm，中间夹有一层疏松的浅色带，其厚度约为3.5nm，三层总厚度约为7.5nm，把这三层结构形式作为一个结构单位，称为单位膜。

3. 细胞膜 cell membrane：又称为质膜，是围绕在细胞最外层的一层界膜，厚7～10nm。

4. 脂质体 liposome：是一种人工制备的由双层脂质分子构成的球形膜性小体。

5. 膜整合蛋白 integral protein：又称内在蛋白，分布于磷脂双分子层之间，以疏水氨基酸与磷脂分子的疏水尾部结合，结合力较强。只有用去垢剂处理，使膜崩解后，才能将它们分离出来。

6. 膜外周蛋白 peripheral protein：又称附着蛋白或周边蛋白，完全外露在脂双层的内外两侧，主要通过静电作用、离子键、氢键等非共价键附着在脂类的极性头部或通过与膜整合蛋白亲水部分相互作用间接与膜结合，为水溶性蛋白，易分离。

7. 细胞外被 cell coat：通常指真核细胞表面富含糖类的外围区域。

8. 脂筏模型 lipid rafts model：在生物膜的脂双

分子层的外层，富含胆固醇和鞘磷脂的微结构域，形成有序脂相，其中聚集一些特定种类的膜蛋白，是一种动态结构。

9. 侧向扩散lateral diffusion：是指在脂双层的同一单分子层内，各脂类分子沿膜平面与邻近分子不断侧向移动交换位置，是膜脂分子的基本运动方式。

10. 主动运输active transport：是指物质从浓度较低的一侧通过膜运输到浓度较高的一侧，即逆浓度梯度的运输，这种运输方式除需要有载体外，还需要消耗细胞代谢能。

11. 被动运输passive transport：是指物质从浓度高的一侧，经膜运输到浓度较低的一侧，即顺浓度梯度的穿膜扩散，不消耗细胞代谢能的运输方式。

12. 简单扩散simple diffusion：是最简单的穿膜运输方式，指脂溶性物质、非极性的小分子物质以及一些不带电荷的极性，通过小分子的热运动使分子从浓度较高的一侧直接穿过细胞膜转运至低浓度的一侧，无需膜转运蛋白的帮助，不消耗细胞本身的代谢能量。

13. 离子通道扩散ionic channel diffusion：是指极性很强的水化离子（如Na^+、K^+、Ca^{2+}等）通过细胞膜上的特异性离子通道从高浓度向低浓度转运。

14. 易化扩散facilitated diffusion：是指非脂溶性物质或亲水性物质（如葡萄糖、氨基酸和核苷酸等）在载体蛋白的协助下，不需要细胞提供能量，进行顺浓度梯度的跨膜转运。

15. 胞饮作用pinocytosis：指细胞无选择性通过形成胞饮体或胞饮泡吞入细胞外液及溶解在其中的可溶性溶质的过程。

16. 吞噬作用phagocytosis：指细胞通过形成吞噬体或吞噬泡吞入较大的固体颗粒或分子复合物的过程。

17. 受体介导的胞吞作用receptor mediated endocytosis：指细胞通过受体的介导有选择地高效摄取细胞外特定大分子的过程。

18. 胞吐作用exocytosis：指细胞内合成的大分子物质存储在膜泡中并转运至细胞膜，然后转运小泡与细胞膜融合将内容物排出（分泌）细胞外的过程。

19. 胞吞作用endocytosis：又称内吞作用，是细胞膜内陷，将细胞外的大分子或颗粒物质包围形成小泡，转运到细胞内的过程，可分为吞噬、胞饮和受体介导的胞吞。

20. 细胞识别cell recognition：指细胞通过细胞膜受体所完成的，细胞间相互的辨认和鉴别，以及对自己和异己物质分子认识的现象。

（五）简答题

1. 生物膜的基本结构特征是什么？与它的生理功能有什么联系？

答：生物膜的基本结构特征：①磷脂双分子层组成生物膜的基本骨架，具有极性的头部和非极性的尾部的脂分子在水相中具有自发形成封闭膜系统的性质，以非极性尾部相对，以极性头部朝向水相。这一结构特点为细胞和细胞器的生理活动提供了一个相对稳定的环境，使细胞与外界、细胞器与细胞器之间有一个界面。②蛋白质分子以不同的方式镶嵌其中或结合于表面，蛋白质的类型、数量的多少、蛋白质分布的不对称性及其与脂分子的协同作用赋予生物膜不同的特性与功能；这些结构特征有利于物质的选择运输，提供细胞识别位点，为多种酶提供了结合位点，同时参与形成不同功能的细胞表面结构特征。

2. 试比较单位膜模型与液态镶嵌模型。

答：单位膜模型的主要内容：细胞共有两暗一明的膜结构，厚约7.5nm，各种膜都具有相似的分子排列和起源。

单位膜模型的不足点：①膜是静止的，不变的。一般来说，在生命系统中，功能的不同常伴随着结构的差异，这样共同的单位膜结构很难与膜的多样性与特殊性一致起来。②膜的厚度一致：不同膜的厚度不完全一样，变化范围在5～10nm。③蛋白质在脂双分子层上为伸展构型，很难理解有活性的球形蛋白怎样保持其活性，通常蛋白质形状的变化会导致其活性发生深刻的变化。

液态镶嵌模型的主要内容：脂双分子层构成膜的基本骨架，蛋白质分子或镶在表面或部分或全部嵌入其中或横跨整个脂类层。

优点：①强调膜的流动性：认为膜的结构成分不是静止的，而是动态的，细胞膜是由流动的脂类双分子层中镶嵌着球形蛋白按二维排列组成的，脂类双分子层具有流动性，能够迅速在膜平面做侧向运动；②强调膜的不对称性：大部分膜是不对称的，在其内部及其内外表面具有不同功能的蛋白质；脂类双分子层，内外两层脂类分子也是不对称的。

3. 细胞膜的特性是什么？试述它们产生的原因和生物学意义。

答：细胞膜的特性是不对称性和流动性。不对称性的产生原因是细胞膜内外表面的膜蛋白，膜脂和膜糖分布是不对称的，导致了膜内外两侧的不对称和方向性，保证了生命活动的高度有序性。细胞间的识别、细胞的运动、膜内外物质的运输、信号传递等都具有方向性。流动性的产生是因为细胞膜呈液晶态，流动性对膜功能的正常表现是极为重要的条件：①流动性与酶活性有极大的关系，流动性大，活性高；②流动性与物质转运有关，如果没有膜的流动性，细胞内外物质无法进行转运，细胞的新陈代谢就会停止，细胞就会死亡；③膜流动性与信号传递、能量转换有着极大关系；④膜流动性与发育和细胞衰老有很大关系。

4. 影响细胞膜流动性的主要因素有哪些？

答：（1）膜脂分子中脂肪酸链的长度和不饱和程度（链短，分子运动快；不饱和程度高，分子运动频繁）。

（2）胆固醇与磷脂的比值，胆固醇的双向调节作用：一方面防止磷脂过度运动，保持膜的稳定性；另一方面防止磷脂的碳氢链相互凝聚以保证膜的流动。

（3）卵磷脂与鞘磷脂的比值：鞘磷脂含量高则流动性降低。

（4）膜蛋白：嵌入的蛋白质越多，膜脂的流动性就越小。

除上述因素外，膜脂的流动性还受环境温度、离子强度、pH、极性基团以及金属离子等因素的影响。

5. 以细胞摄取胆固醇为例，说明受体介导的入胞作用。

答：动物细胞摄取胆固醇分子的过程是通过受体介导的胞吞作用完成的。摄入的胆固醇提供了合成细胞膜所需的大部分胆固醇。如果这个过程被阻断，胆固醇积聚在血液里，可导致血管壁动脉粥样硬化斑块的形成。大部分胆固醇在血液里是与蛋白质结合成复合物（LDL）运输的。LDL颗粒的内吞过程是：在LDL进入细胞内的地方，质膜内陷形成小窝，合成的LDL受体结合于其中，称为有被小窝；LDL与膜受体在有被小窝处结合，随后将LDL与受体一并形成细胞内有被小泡；有被小泡在胞内很快失去衣被，成为无被小泡，无被小泡可与细胞内的其他小泡（胞内体）融合形成内吞体；胞内体是存在于细胞质周围的球形囊泡，有贮存物质的功能，其pH为5～6，能起酸溶作用，使无被小泡除去泡上的受体，受体与LDL分离；受体返回质膜可再次与新来的LDL结合；内吞泡则与内体性溶酶体融合成为次级溶酶体，最后经消化后释放出游离胆固醇进入细胞质，成为细胞各种膜的合成原料。如果细胞内的胆固醇积聚过多，细胞就会停止胆固醇合成，这是一种反馈调节机制。

6. 以Na^+-K^+泵为例，简述细胞膜的主动运输过程。

答：钠钾泵又称为Na^+-K^+-ATP酶，是存在于细胞膜上的载体蛋白，具有ATP酶的活性，能利用ATP的能量主动运输钠离子和钾离子逆浓度梯度进出细胞，是最基本、最典型的主动运输方式。其工作原理如下：钠钾泵是由2个α亚基和2个β亚基组成的四聚体，细胞内侧的α与Na^+离子结合促进ATP水解，α亚基上的一个天冬氨酸残基磷酸化引起α亚基构象发生变化，将Na^+泵出细胞，同时细胞外的K^+离子与α亚基的另一个结合位点结合，使其去磷酸化，α亚基构象再度发生变化，将K^+泵进细胞，完成整个循环。Na^+依赖的去磷酸化和K^+依赖的去磷酸化引起的构象变化有序交替发生，每秒钟可发生1000次左右构象变化，每个循环消耗1个ATP分子，泵出3个Na^+和泵进2个K^+。

7. 小分子物质的跨膜运输方式有哪几种？各有什么特点？

答：小分子物质的跨膜运输方式有简单扩散、离子通道扩散、易化扩散及主动运输等。简单扩散、离子通道扩散、易化扩散属于被动运输，都是顺浓度梯度转运，转运的动力来自物质的浓度梯度，不需要消耗细胞的代谢能。但简单扩散运输的是脂溶性物质和不带电荷的小分子，没有膜蛋白协助；离子通道扩散运输的是极性很强的水化离子，需要细胞膜上特异的离子通道蛋白参与；易化扩散运输的是非脂溶性的物质和亲水性物质，如葡萄糖、氨基酸、核苷酸、金属离子以及细胞代谢物等，需细胞膜上的载体蛋白相助。主动运输是逆浓度梯度运输，需要载体蛋白参与和消耗细胞代谢能。

8. 比较主动运输和被动运输的特点。

答：可从条件、运输方式、产生结果等方面比较主动运输和被动运输。

	被动运输	主动运输
条件	顺浓度梯度	逆浓度梯度
运输方式	需协助的蛋白质为离子通道蛋白或载体蛋白	通过具有酶活性的运输蛋白（泵），在能量的驱动下进出细胞
产生结果	最后使细胞内外的浓度达到平衡	建立细胞内外稳定的浓度梯度
能量需求	依靠小分子热运动或电化学势能，不消耗细胞代谢能	消耗细胞代谢能

第五章　细胞的内膜系统与囊泡转运

一、教学要求

掌握：1. 内膜系统的概念。
　　　2. 内质网、高尔基复合体、溶酶体和过氧化物酶体的形态、结构和功能。
　　　3. 内膜系统与蛋白质分选、膜流之间的关系。

熟悉：细胞质基质的概念。
了解：1. 内膜系统的起源。
　　　2. 内膜系统与医学。

二、自 测 题

（一）选择题

A型题

1. 下列细胞内不含内膜系统的是（　　）
 A. 肝细胞　　B. 肿瘤细胞　　C. 胰腺细胞
 D. 红细胞　　E. 上皮细胞

2. 肝的解毒作用主要是通过下列哪一个细胞器的氧化酶系统进行的（　　）
 A. 溶酶体　　B. 细胞质膜　　C. 线粒体
 D. 光面内质网　　E. 高尔基复合体

3. 下列与新生肽链的折叠、转运有关的分子是（　　）
 A. 信号肽　　B. 葡萄糖-6-磷酸酶
 C. 分子伴侣　　D. 网格蛋白　　E. 信号斑

4. 当细胞匀浆被破坏后，内质网断裂成许多封闭小泡，被称为（　　）
 A. 线粒体　　B. 微粒体　　C. 溶酶体
 D. 残余小体　　E. 脂质体

5. 下列细胞中，哪一种具有发达的粗面内质网（　　）
 A. 胚胎细胞　　B. 肝细胞　　C. 肿瘤细胞
 D. 胰腺细胞　　E. 红细胞

6. 滑面内质网高度发达的细胞是（　　）
 A. 肿瘤细胞　　B. 干细胞　　C. 胰腺细胞
 D. 肾上腺细胞　　E. 上皮细胞

7. 下列说法错误的是（　　）
 A. 骨骼肌细胞的滑面内质网成为肌浆网，能释放和回收Ca^{2+}来调节肌肉的收缩活动
 B. 肝对有害代谢产物的解毒作用主要是由肝细胞的滑面内质网来完成的
 C. 脂蛋白合成的主要场所是在粗面内质网膜上
 D. 滑面内质网主要从事细胞的解毒作用以及一些小分子的合成和代谢等
 E. 光面内质网参与糖原的代谢

8. 粗面内质网合成的蛋白质是（　　）
 A. 可溶性驻留蛋白　　B. 血红蛋白
 C. 微管蛋白　　D. 肌球蛋白
 E. 组蛋白

9. 粗面内质网的标志酶是（　　）
 A. 酸性水解酶　　B. 糖基转移酶
 C. 氧化酶　　D. 葡萄糖-6-磷酸酶
 E. 过氧化氢酶

10. 分泌蛋白合成于下列哪种细胞器（　　）
 A. 细胞膜　　B. 过氧化物酶体
 C. 光面内质网　　D. 线粒体
 E. 粗面内质网

11. SER不参与下列哪种过程（　　）
 A. 脂类合成　　B. 脂类代谢
 C. 糖原的合成与分解　　D. 解毒代谢

E. 胆汁的合成

12. 关于信号识别颗粒（SRP）的错误叙述是（　　）

A. 存在于细胞质基质中

B. 可占据核糖体的P位

C. 由6条多肽链和一个RNA分子组成

D. 可与蛋白质分子中的信号肽结合

E. 可与SRP-R结合

13. 信号识别颗粒是一种（　　）

A. 核糖核蛋白　　B. 糖蛋白

C. 脂蛋白　　　　D. 热休克蛋白

E. 分子伴侣蛋白

14. 肌质网属于（　　）

A. 滑面内质网　　B. 粗面内质网

C. 高尔基复合体　D. 溶酶体　E. 线粒体

15. N-连接的糖基化中，寡糖链连接在下列哪种氨基酸残基上（　　）

A. 天冬氨酸　　B. 天冬酰胺　　C. 苏氨酸

D. 酪氨酸　　　E. 精氨酸

16. 下列哪种蛋白质不属于分子伴侣（　　）

A. HSP70　　　B. GRP94　　　C. PDI

D. 易位子　　　E. BiP

17. 下列哪种蛋白可与内质网腔中未折叠的蛋白结合并辅助其形成正确的二硫键（　　）

A. 热休克蛋白（HSP70）

B. 结合蛋白（BIP）

C. 蛋白二硫键异构酶（PDI）

D. 钙网蛋白

E. 钙连蛋白

18. 高尔基复合体的标志酶是（　　）

A. 酸性磷酸酶　　B. 甘露糖苷酶

C. 单胺氧化酶　　D. 细胞色素氧化酶

E. 糖基转移酶

19. 下列具有极性的细胞器是（　　）

A. 溶酶体　　　B. 高尔基复合体

C. 内质网　　　D. 核糖体

E. 过氧化物酶体

20. 蛋白质分拣是在高尔基复合体的哪部分完成的（　　）

A. 顺面高尔基网　　B. 高尔基中间膜囊

C. 反面高尔基网　　D. 小囊泡

E. 扁平膜囊

21. 下列关于高尔基的搭配正确的是（　　）

A. 顺面—运输小泡—凹形

B. 反面—运输小泡—凹形

C. 顺面—分泌小泡—凹形

D. 反面—分泌小泡—凹形

E. 顺面—分泌小泡—凸形

22. 下列哪种疾病能引起高尔基复合体显著的病理变化（　　）

A. 糖原贮积病　　B. 类风湿关节炎

C. 大骨节病　　　D. 肝细胞中毒

E. 硅沉着病

23. 溶酶体膜蛋白的结构特点是（　　）

A. 极少有寡糖链

B. 寡糖链朝向膜外侧

C. 高度糖基化且糖链朝向膜内侧

D. 无寡糖链

E. 同源性低

24. 细胞内具有质子泵的细胞器是（　　）

A. 内质网　　　B. 高尔基复合体

C. 溶酶体　　　D. 过氧化物酶体

E. 线粒体

25. 溶酶体形成过程涉及多个阶段，其内部环境也随之改变，以下描述正确的是（　　）

A. 早期内体、晚期内体和内溶酶体中的内环境pH保持不变

B. 早期内体、晚期内体和内溶酶体中的内环境pH从低到高转变

C. 早期内体、晚期内体和内溶酶体中的内环境pH从高到低转变

D. 早期内体与晚期内体内环境pH相似，内溶

酶体中变为酸性

E. 早期内体与晚期内体内环境pH相似，内溶酶体中变为碱性

26. 溶酶体进行水解作用的最适pH是（　　）

A. 3～4　　　　　B. 5　　　　　C. 6

D. 7　　　　　　E. 8

27. 哺乳动物精子的头部有一种特化结构叫顶体，它实际上相当于下列哪种结构（　　）

A. 高尔基复合体　　B. 残余小体

C. 分泌泡　　　　　D. 溶酶体

E. 过氧化物酶体

28. 蝌蚪尾巴的蜕化与下列哪种细胞器有关（　　）

A. 内质网　　　　　B. 高尔基复合体

C. 线粒体　　　　　D. 过氧化物酶体

E. 溶酶体

29. 溶酶体酶在高尔基复合体被分选的标志是（　　）

A. 葡萄糖-6-磷酸　　B. 甘露糖-6-磷酸

C. KDEL　　　　　D. N端信号序列肽

E. NLS

30. 脂褐质常见于（　　）

A. 肝实质细胞　　　B. 单核吞噬细胞

C. 肺泡细胞　　　　D. 神经细胞

E. 血细胞

31. 下列哪种疾病与溶酶体功能异常有关（　　）

A. 支气管哮喘　　　B. 风湿性心脏病

C. 类风湿关节炎　　D. 糖尿病

E. 脂肪肝

32. 硅肺的致病因素是（　　）

A. 矽尘颗粒无法在胞内降解，溶酶体膜脆性进而增加

B. 高尔基复合加工修饰功能障碍

C. 溶酶体缺乏某些酶所引起

D. 染色体异常和细胞分裂的调节机制障碍

E. 内质网肿胀

33. 关于溶酶体的描述正确的说法是（　　）

A. 最早在对鼠肾肾小管上皮细胞匀浆细胞组分分离分析时意外发现

B. 所有溶酶体形态大小、数量分布各异，但所含水解酶种类和生化性质相似

C. 依其形成过程分成初级溶酶体、次级溶酶体和三级溶酶体三种类型

D. 依其功能状态分为内体性溶酶体和吞噬性溶酶体两种类型

E. 不同溶酶体类型是同一种功能结构不同功能状态的转换形式

34. 不能被溶酶体分解的是（　　）

A. 氨基酸　　　　　B. 多糖

C. 脂类　　　　　　D. 多聚合核苷酸

E. 蛋白质

35. 糖原贮积病与下列哪一种细胞器有关（　　）

A. 高尔基复合体　　B. 内质网

C. 溶酶体　　　　　D. 过氧化物酶体

E. 线粒体

36. 过氧化物酶体的主要功能是（　　）

A. 合成ATP　　　　B. 胞内消化作用

C. 参与过氧化氢的分解　D. 合成蛋白质

E. 脂类合成

37. 过氧化物酶体的标志酶是（　　）

A. 过氧化氢酶　　　B. 尿酸氧化酶

C. *L*-氨基酸氧化酶　D. *L*-羟基酸氧化酶

E. 过氧化物酶

38. 下列能够进行氧化反应的细胞器是（　　）

A. 粗面内质网　　　B. 滑面内质网

C. 细胞核　　　　　D. 过氧化物酶体

E. 溶酶体

39. 下列哪种细胞器在代谢过程中直接需要氧气（　　）

A. 内质网　　　　　B. 高尔基复合体

C. 溶酶体　　　　D. 过氧化物酶体

E. 线粒体

40. 下列具有异质性的细胞器是（　　）

A. 高尔基复合体　B. 粗面内质网

C. 光面内质网　　D. 线粒体　　E. 溶酶体

41. 在细胞的分泌活动中，分泌物质的合成、加工、运输过程的顺序为（　　）

A. 粗面内质网→高尔基复合体→细胞外

B. 细胞核→粗面内质网→高尔基复合体→分泌泡→细胞膜→细胞外

C. 粗面内质网→高尔基复合体→分泌泡→细胞膜→细胞外

D. 高尔基复合体小囊泡→扁平囊→大囊泡→分泌泡→细胞膜→细胞外

E. 光面内质网→高尔基复合体→细胞外

42. 各种生物膜均由蛋白质和脂类构成，但含量各有差异，脂类的总含量由高到低的排列顺序正确的是（　　）

A. 内质网膜＞高尔基复合体膜＞细胞膜

B. 细胞膜＞高尔基复合体膜＞内质网膜

C. 高尔基复合体膜＞内质网膜＞细胞膜

D. 高尔基复合体膜＞细胞膜＞内质网膜

E. 细胞膜＞内质网膜＞高尔基复合体膜

43. 分泌性蛋白在粗面内质网合成后需要经过复杂的加工修饰，然后被运输至高尔基复合体，以下关于蛋白多肽链在粗面内质网腔的加工修饰描述不正确的是（　　）

A. 丰富的氧化型谷胱甘肽（GSSG）是二硫键形成的必要条件

B. 蛋白二硫异构酶大大促进了二硫键的形成及多肽链的折叠

C. 蛋白质天冬酰胺残基侧链的 N-连接糖基化修饰

D. 存在于内质网腔的分子伴侣帮助多肽链正确折叠、组装，并与其一起转运至高尔基复合体

E. 内质网腔未折叠或错误折叠蛋白质可以被分子伴侣识别结合

44. COPⅡ包被小泡负责蛋白质（　　）

A. 细胞膜与内体之间的物质运输

B. 高尔基复合体与内体之间的物质运输

C. 高尔基复合体与溶酶体间的物质运输

D. 蛋白质由粗面内质网向高尔基复合体方向的转运

E. 蛋白质由高尔基复合体逆向至粗面内质网的转运

45. 关于"膜流"方向描述正确的（　　）

A. 质膜→大囊泡→高尔基复合体

B. 高尔基复合体→粗面内质网→质膜

C. 粗面内质网→高尔基复合体→滑面内质网

D. 内质网→高尔基复合体→质膜

E. 内质网→质膜→高尔基复合体

B型题

46～48题

A. 糖基转移酶　　　B. 酸性磷酸酶

C. 过氧化氢酶

46. 高尔基复合体的标志酶是（　　）

47. 过氧化物酶体的标志酶是（　　）

48. 溶酶体的标志酶（　　）

49～51题

A. 高尔基复合体　B. 溶酶体　　C. 线粒体

49. 细胞内的交通枢纽是（　　）

50. 动物细胞内的清道夫是（　　）

51. 细胞内的动力工厂是（　　）

52～54题

A. 具有KDEL序列的蛋白质

B. 具有M6P标志的蛋白质

C. 信号肽序列

D. 具有KKXX序列

E. 具有Ser-Lys-Leu的蛋白质带有以上分选信号的蛋白将被运送到

52. 驻留在内质网的蛋白质是（　　）

53. 形成溶酶体酶的蛋白质是（　　）
54. 引导新合成的肽链到达内质网腔的是（　　）

55～57题
A. 蛋白质的N-连接糖基化修饰
B. 蛋白质的O-连接糖基化修饰
C. DNA的合成
D. 脂类的合成
E. RNA的合成

55. 属于高尔基复合体的功能是（　　）
56. 属于粗面内质网的功能是（　　）
57. 属于滑面内质网的功能是（　　）

（二）填空题

1. 内膜系统一般包括_____、_____、_____、_____和_____等及各种小泡和液泡。

2. 内质网是由_____层_____膜围成的管网系统。内质网在靠近细胞核的部分，其膜与_____相连。内质网与_____也紧密相连。根据内质网膜表面是否附着核糖体，可将内质网分为_____和_____两类。

3. 信号识别颗粒（SRP）存在于细胞的_____中，而相应的受体存于_____中。

4. 电镜下，高尔基复合体是由_____层单位膜围成的结构，包括_____、_____和_____部分。

5. 高尔基复合体是一种有极性的细胞器，顺面高尔基网靠近_____，扁平囊较_____，反面高尔基网靠近_____，扁平囊较_____。

6. 蛋白质的糖基化有两种不同的方式，即_____和_____，分别发生在_____和_____。

7. 经高尔基复合体分选的蛋白质，主要有回输到内质网的_____，运送到_____、_____和_____驻留在_____的蛋白质五大类。

8. 根据溶酶体的形成过程和生理功能的不同阶段，可把溶酶体分为①_____、②_____和③_____三类。

9. 溶酶体酶在高尔基复合体被分选的标志是_____。

10. 溶酶体内的酶合成于_____，溶酶体的膜来自于_____。

11. 初级溶酶体内含_____活性的水解酶，没有_____和_____。

12. 硅肺是粉尘作业工人的一种职业病，其病因与_____有关。

13. 溶酶体是一种由一层_____包裹，内含60多种_____的膜囊结构，酶的最适pH为_____，pH主要是靠_____把H^+泵入溶酶体来维持。

14. 溶酶体对衰老细胞器的清除过程叫_____，对外源性物质消化分解的过程叫_____。

15. 过氧化物酶体中主要含_____酶，其标志酶是_____。

16. 真核细胞内具有解毒功能的细胞器有_____和_____。

17. 信号假说认为新合成的蛋白质分子内包含有某种_____信号，这种信号具有蛋白质在细胞内_____或_____的作用。

18. 参与蛋白质分选的信号有_____、_____、_____和_____等。

19. 定位于胞质溶胶以及细胞表面的蛋白质是没有分选信号的，这种方式被称为_____。

20. 目前认为细胞内蛋白质的运输方式包括_____、_____和_____。

21. 内膜系统之间膜成分的转移与重组是通过_____和_____实现的。

22. 前向运输是指膜性小泡从_____到_____及下游细胞器的运输；逆向运输是指膜性小泡从_____到_____的运输。

23. 细胞在胞吐过程中通过_____和_____完成膜成分的转移与重组。

（三）判断题（正确的打"√"；错误的打"×"）

1. 细胞内膜系统的主要功能之一就是使细胞区域化。（　）
2. 肌质网是滑面内质网。（　）
3. 光面内质网不参与糖原的合成和代谢。（　）
4. 滑面内质网是一种多功能的膜相结构，但与蛋白质的合成无关。（　）
5. N-连接糖基化中，寡糖链连接在天冬氨酸残基上。（　）
6. 高尔基复合体的顺面又称为形成面，反面又称为成熟面。（　）
7. 高尔基复合体是具有极性的细胞器。（　）
8. 高尔基复合体有形成面和分泌面之分，它们的功能是一样的。（　）
9. CGN凹向细胞核，TGN凸向质膜。（　）
10. 溶酶体的酶是在粗面内质网上合成并经 O-连接的糖基化修饰后，然后转移至高尔基复合体的。（　）
11. 溶酶体的膜上有质子泵，可利用ATP将质子泵出溶酶体，维持溶酶体腔内的酸性环境。（　）
12. 溶酶体不仅能消化细胞外源性物质，也能消化细胞自身的破损细胞器或多余的分泌颗粒和储存的大分子物质。（　）
13. 饮酒时进入体内的乙醇是通过光面内质网进行氧化解毒的。（　）
14. 内膜系统是蛋白质分选的主要系统。（　）
15. 信号假说具有普遍性，动物细胞、植物细胞、酵母细胞的新生肽链都有分拣信号。（　）

（四）名词解释

1. 内膜系统 endomembrane system
2. 微粒体 microsome
3. 信号识别颗粒 signal recognition partical，SRP
4. 信号肽 signal peptide
5. 蛋白质糖基化 protein glycosylation
6. 初级溶酶体 primary lysosome
7. 次级溶酶体 secondary lysosome
8. 残余体 residual body
9. 自噬性溶酶体 autophagic lysosome
10. 异噬性溶酶体 heterophagic lysosome
11. 膜流 membrane flow
12. 蛋白质分选 protein sorting

（五）简答题

1. 内质网分为几种？其形态结构和生理功能各有何特点？
2. 请叙述信号肽假说的主要内容。
3. 电镜下高尔基复合体由哪几部分组成？简述它与其他细胞结构的关系。
4. 如何理解高尔基复合体是一个极性细胞器？
5. 内质网和高尔基复合体中蛋白质糖基化有何区别？
6. 简述溶酶体的类型和主要生理功能。
7. 溶酶体是怎样发生的？
8. 简述"膜流"活动过程及其意义。
9. 简述细胞内蛋白质的分拣信号与运输途径。

三、参考答案

（一）选择题

1. D　2. D　3. C　4. B　5. D　6. D
7. C　8. A　9. D　10. E　11. B　12. B
13. A　14. A　15. B　16. D　17. C　18. E
19. B　20. C　21. D　22. D　23. C　24. C
25. C　26. B　27. C　28. E　29. C　30. D
31. C　32. A　33. E　34. A　35. C　36. C
37. A　38. D　39. D　40. E　41. C　42. A
43. D　44. D　45. D　46. A　47. C　48. B
49. A　50. B　51. C　52. A　53. B　54. C
55. B　56. A　57. D

（二）填空题

1. 核膜、内质网、高尔基复合体、溶酶体、过氧化物酶体
2. 一、单位、核膜、细胞膜、粗面内质网、滑面内质网
3. 细胞质基质、粗面内质网膜
4. 一（单）、小囊泡（形成面、未成熟面、顺面高尔基网）、扁平囊（高尔基堆、中间高尔基网）、大囊泡（分泌面、成熟面、反面高尔基网）
5. 内质网、小（狭窄）、质膜、大（宽）
6. N-连接糖基化、O-连接糖基化、内质网、高尔基复合体
7. 内质网驻留蛋白、溶酶体、分泌颗粒、细胞表面的蛋白质、高尔基复合体
8. 初级溶酶体、次级溶酶体、终末溶酶体
9. 甘露糖-6-磷酸
10. 粗面内质网、高尔基复合体
11. 无、作用底物、产物
12. 溶酶体
13. 单位膜、酸性水解酶、5.0、主动转运（质子泵）
14. 自噬作用、异噬作用
15. 氧化、过氧化氢酶
16. 过氧化物酶体、光面内质网
17. 分拣、去向、定位
18. 核定位信号（核输入信号）、浓缩信号、M-6-P信号、KDEL信号、α-螺旋信号（任选四种）
19. 违约或缺省途径
20. 门孔运输、跨膜运输、囊泡运输
21. 前向运输、逆向运输
22. 内质网、高尔基复合体、高尔基复合体、内质网
23. 结构性分泌途径、调节性分泌途径

（三）判断题

1. √　2. √　3. ×　4. √　5. ×
6. √　7. √　8. ×　9. ×　10. ×
11. ×　12. √　13. ×　14. √　15. √

（四）名词解释

1. 内膜系统 endomembrane system：指位于细胞质内，在结构和功能以及发生上有一定联系的膜性结构的总称，包括内质网、高尔基复合体、溶酶体、核膜以及细胞质内的膜性转运小泡。

2. 微粒体 microsome：细胞经匀浆处理后，内质网、高尔基复合体及质膜等膜性结构被破坏，断裂成许多封闭小泡，称为微粒体，它是细胞的非生理性结构。来自粗面内质网的微粒体表面布满核糖体，称为糙面微粒体；表面没有核糖体分布的称为光面微粒体。

3. 信号识别颗粒 signal recognition partical，SRP：为由6条不同多肽链和一个小RNA分子构成的RNP颗粒。识别并结合从核糖体中合成出来的内质网信号序列，指导新生多肽及

核糖体和mRNA附着到内质网膜上。

4. 信号肽 signal peptide：指由mRNA上特定的信号密码翻译产生的一段短肽，通常由15～30个氨基酸残基组成，多位于多肽链的氨基末端，功能是指导蛋白质在细胞内的运输。

5. 蛋白质糖基化 protein glycosylation：指在糖基转移酶催化下，寡聚糖链与蛋白质的氨基酸残基共价连接的过程。

6. 初级溶酶体 primary lysosome：由反面高尔基网出芽形成的含有溶酶体酶的小泡与细胞内的晚期内吞体融合形成。

7. 次级溶酶体 secondary lysosome：指初级溶酶体与作用底物结合后形成的溶酶体。依据溶酶体内所含的底物不同将次级溶酶体分为异噬性溶酶体和自噬性溶酶体。

8. 残余体 residual body：又称终末溶酶体，是次级溶酶体到达末期阶段时，由于水解酶的活性下降，致使部分底物不能被完全分解而残留在溶酶体内，随着酶活性的逐渐降低以至于最终消失，进入溶酶体生理功能的终末阶段。

9. 自噬性溶酶体 autophagic lysosome：自噬性溶酶体的作用底物是内源性的，主要包括细胞内衰老和崩解的细胞器以及细胞质中过量贮存的脂类、糖原颗粒等。这些物质先被细胞本身的膜（如内质网膜）所包围形成自噬体，然后自噬体再与内体性溶酶体融合形成自噬性溶酶体。

10. 异噬溶酶体 heterophagic lysosome：指初级溶酶体与胞饮泡或吞噬泡融合形成的复合体，作用底物是细菌、衰老或死亡的红细胞等外源性物质。

11. 膜流 membrane flow：构成细胞的各种膜相结构之间膜相互转化的过程称为膜流。膜流可以使膜性细胞器的膜成分不断得到补充和更新，在细胞内的物质运输上起重要作用。

12. 蛋白质分选 protein sorting：指依靠蛋白质自身的信号序列，即独特的地址签作为识别信号，从蛋白质起始合成部位转运到功能发挥部位的过程。这既保证了蛋白质的正确定位，也保证了蛋白质的生物学活性。

（五）简答题

1. 内质网分为几种？其形态结构和生理功能各有何特点？

答：细胞中的内质网依其形态特征分为粗面内质网和光面内质网两种。膜表面有颗粒状核糖体附着的称为粗面内质网，没有核糖体附着的称为光面内质网。

粗面内质网表面附着有大量核糖体，且与同样分布的有核糖体的细胞核外核膜相连，使内质网腔与核周间隙相通，形态常呈扁囊状结构。光面内质网的结构与粗面内质网不同，多由分支小管和小泡构成，表面没有核糖体附着。

内质网是真核细胞中所特有的结构，是细胞的生物合成中心，主要负责细胞中脂类和蛋白质的合成，两种内质网的功能有所侧重。粗面内质网广泛存在于各种细胞中，主要功能是：①参与蛋白质的合成；②蛋白质的折叠；③蛋白的糖基化修饰；④蛋白质运输；⑤参与部分脂类的合成。光面内质网在肝细胞、肌细胞等特化的细胞中比较丰富，主要功能是：①脂类的合成与转运；②解毒作用；③糖原代谢；④储存和调节Ca^{2+}浓度。

2. 请叙述信号肽假说的主要内容。

答：外输蛋白的5'端信号密码被译成15～30个氨基酸的信号肽，信号肽识别颗粒（SRP）识别信号肽并与之结合形成SRP-核糖体复合体，翻译暂时中止，SRP还可以与内质网膜整合的SRP受体（或停靠蛋白）识别，于是引导SRP-核糖体复合体到内质网膜上被称为易位子的通道蛋白上。SRP离开复合体，蛋白质在粗面内质网膜上继续合成，信号肽进入内质网腔后被信号肽酶切断，最终完整的多肽链被合成出来。

3. 电镜下高尔基复合体由哪几部分组成？简述它与其他细胞结构的关系。

答：电镜下高尔基复合体由小囊泡（形成面、未成熟面、顺面高尔基网），扁平囊（高尔基堆、中间高尔基网）和大囊泡（分泌面、成熟面、反面高尔基网）三部分组成。顺面高尔基网膜囊弯曲成凸面，靠近内质网，扁囊较小（狭窄）；反面高尔基网膜囊呈凹面，朝向质膜，扁囊较大（宽）。

从内质网芽生的小泡与顺面高尔基网融合，称为中间高尔基网的膜，而反面高尔基网又不断地以出芽的方式形成溶酶体或分泌泡，然后移向细胞膜并与质膜融合成为质膜的一部分。同时细胞又通过膜挽救受体从细胞膜回收膜到高尔基复合体，或从高尔基复合体回收膜到内质网。

4. 如何理解高尔基复合体是一个极性细胞器？

答：高尔基复合体的形态结构和功能表现出明显的极性特征，体现为两个方面：一是构成高尔基复合体的各膜囊在形态、化学组成和功能上的差异；二是执行功能时的方向性、顺序性。在形态上，顺面高尔基网靠近内质网，扁囊较小、较狭窄；而反面高尔基网朝向细胞膜、扁囊较大、较宽；在化学组成和功能上，高尔基复合体的各部分结构含有不同的酶，形成各自相对独立的生化区室，分别执行不同的功能，并表现出方向性和顺序性。内质网合成的蛋白质、脂类等物质主要是从高尔基复合体的顺面膜囊进入，顺序经过中间的顺面膜囊、中间膜囊、反面膜囊，然后到达反面高尔基网，通过各膜囊的同时被分别进行加工、修饰，最后经反面高尔基网分选与包装，以分泌泡的形式离开高尔基复合体，高尔基复合体具有明显的极性。

5. 内质网和高尔基复合体中蛋白质糖基化有何区别？

答：（1）内质网中，寡糖转移到蛋白质天冬酰胺残基上，称为N-连接的糖基化，这是糖蛋白中最常见的连接类型。高尔基复合体蛋白质的糖基化反应以O-连接方式结合到丝氨酸和苏氨酸及含羟基氨基酸的羟脯氨酸和羟赖氨酸（如胶原纤维）上。

（2）内质网中的单糖分子不是一个一个加到蛋白质上形成寡糖链的，而是自身先合成一条14个糖基构成的寡糖侧链，使整个吸附到蛋白质的相应部位形成糖基化。高尔基复合体蛋白质的糖基化反应进行O-连接时单糖分子一个一个加到这些氨基酸上。

（3）内质网中，糖基化反应步骤简单，而高尔基复合体内糖基转移反应以"流水线"形式进行，早期发挥作用的酶位于囊膜的顺式面，而晚期发挥作用的酶位于囊膜的反式面。

6. 简述溶酶体的类型和主要生理功能。

答：根据溶酶体的形成过程和功能的不同将溶酶体分为三大类型：初级溶酶体、次级溶酶体和终末溶酶体。次级溶酶体包括异噬性溶酶体和自噬性溶酶体。溶酶体的主要功能：①消化、营养和保护作用；②参与机体组织器官的变态和退化；③参与受精过程；④参与激素的合成和浓度调节。

7. 溶酶体是怎样发生的？

答：溶酶体的酶蛋白前体在粗面内质网合成后经过N-连接的糖基化修饰，以囊泡运输方式进入高尔基复合体。酶蛋白寡糖链上的甘露糖在高尔基复合体顺面扁囊内被磷酸化，形成甘露糖-6-磷酸（M-6-P）。M-6-P是溶酶体水解酶分选的重要识别信号，在反面高尔基复合体内膜囊上具有识别M-6-P的受体。受体与溶酶体酶蛋白结合后，浓缩聚集在一起被分拣进入有被小泡。有被小泡的外被脱落后形成运输小泡，运输小泡必须与前溶酶体融合以后才能形成溶酶体。这是因为在前溶酶体膜上有质子泵，其内部为酸性环境，导致溶酶体酶蛋白前体的M-6-P脱磷酸，成为有活性的酸性水解酶，形成溶酶体。

8. 简述"膜流"活动过程及其意义。

答：粗面内质网膜在通过小泡包裹蛋白质运输到高尔基复合体的过程中，小泡膜融入高尔基复合体顺面膜上；高尔基复合体将蛋白质修饰、加工、分拣包装后形成的分泌泡的膜在外排分泌过程中与质膜融合。此外，质膜在内吞过程中形成的小泡膜一部分融入高尔基复合体膜囊，而高尔基复合体向内质网的逆向膜泡运输过程中，还可将部分膜转化为内质网膜，此过程称为"膜流"活动。"膜流"活动不但在物质运输上起重要作用，还可使膜性细胞器的膜成分不断得到补充和更新。

9. 简述细胞内蛋白质的分拣信号与运输途径。

答：蛋白质分拣信号是蛋白质分子上的一段特殊的氨基酸序列，又称为信号肽。定位于不同部位的蛋白质，其信号肽的氨基酸序列及其在蛋白质分子上的位置也是不同的。不同的信号肽决定了蛋白质分子的不同去向或不同的运输途径。

游离核糖体负责合成运输到细胞核、线粒体、过氧化物酶体、内质网的蛋白质以及驻留在胞质溶胶中的蛋白质。其中输送到细胞核的蛋白质带有核定位信号（或核输入信号）是一类富含碱性氨基酸的短肽，可位于蛋白质的任何部位；输送到线粒体的蛋白质，在其氨基端有一个α-螺旋信号；输送到过氧化物酶体的蛋白质，在其羧基端有一个三肽的信号肽；输入到内质网的蛋白质，其信号肽位于氨基端。

附着核糖体负责合成分泌性蛋白质、膜蛋白质、输送到溶酶体的蛋白质以及驻留在内质网和高尔基复合体的蛋白质。其中输送到调节性分泌小泡的分泌蛋白质带有浓缩信号；输送到溶酶体的蛋白质带有M-6-P信号；驻留在内质网的蛋白质，在其羧基端带有KDEL信号；驻留在高尔基复合体的蛋白质带有跨膜α-螺旋信号。

第六章　线粒体与细胞的能量转换

一、教学要求

掌握：线粒体的结构与功能。
熟悉：线粒体的半自主性及线粒体基因组特点。
了解：线粒体的发生和起源。

二、自测题

（一）选择题

1. 下列化合物中哪一个不是呼吸链的成员（　　）

A. NAD　　　　　B. 细胞色素c
C. 肉毒碱　　　　D. FAD　　　　E. CoQ

2. 光镜下可见线粒体的形状为（　　）

A. 分枝状　　　　B. 星状
C. 卵圆形　　　　D. 棒状、线状或颗粒状
E. 光镜下无法观察到线粒体

3. 线粒体的寿命约为1周，它通过下列哪种方式增殖（　　）

A. 分裂、出芽等　　B. 有丝分裂
C. 减数分裂　　　　D. 由内质网而来
E. 重新合成

4. 糖酵解产生的丙酮酸在线粒体基质中经丙酮酸脱氢酶体系作用，进一步分解为（　　）

A. 乳酸　　　　　B. 乙醛
C. 天冬氨酸　　　D. 乙酰辅酶A
E. 草酰乙酸

5. 关于线粒体的主要功能叙述正确的是（　　）

A. 氧化磷酸化生成ATP
B. 蛋白质加工
C. 参与细胞内物质运输
D. 参与细胞分化
E. 参与细胞增殖调控

6. 糖酵解发生于（　　）

A. 内质网　　　　B. 线粒体
C. 细胞质　　　　D. 细胞质和线粒体
E. 核糖体

7. 三羧酸循环发生在线粒体（　　）

A. 基质　　　B. 内膜　　　C. 基粒
D. 膜间腔　　E. 外膜

8. 真核生物呼吸链定位于线粒体（　　）

A. 内膜　　　B. 外膜　　　C. 基质
D. 膜间腔　　E. 嵴间腔

9. 与线粒体内膜组成最相像的是（　　）

A. 线粒体外膜　　　B. 细胞质膜
C. 一些细菌的质膜　D. 核膜
E. 溶酶体膜

10. 线粒体内膜的通透性较差，原因是内膜上含有丰富的（　　）

A. 脑磷脂　　　　B. 卵磷脂
C. 胆固醇　　　　D. 心磷脂
E. 蛋白质

11. 在果蝇的核基因中，AGA是编码Arginine（精氨酸）的密码子，而在果蝇的线粒体DNA中则编码（　　）

A. Threonine（苏氨酸）
B. Serine（丝氨酸）
C. Leucine（亮氨酸）
D. Isoleucine（异亮氨酸）

E. Lysine（赖氨酸）

12. 下列哪一种是还原型的辅酶（　　）

A. NADH和FADH　　　B. NAD和FAD

C. ATP和GTP　　　　D. 辅酶A

E. ADP和GDP

13. 线粒体基质的标志酶为（　　）

A. 单胺氧化酶　　　　B. 苹果酸脱氢酶

C. 活化磷酸二酯酶　　D. 细胞色素氧化酶

E. ATP合酶

14. 患者，男，21岁，以"双侧眼睑下垂2个月"入院。2个月前，无明显诱因逐渐出现右眼睑下垂，大约2个月后出现双侧眼睑下垂，伴眼球活动障碍。肌电图检查显示：左股四头肌呈神经源性损害。脑MRI显示：双侧大脑半球侧脑室旁对称性长T、长T信号，病变边界不清。肌肉活检显示：破碎肌纤维。临床诊断为线粒体脑肌病CPEO型。治疗过程选用泛醌，其依据是（　　）

A. 促进乙酰胆碱释放，骨骼肌细胞发生兴奋而收缩

B. 给患者添加呼吸链所需的辅酶，缓解线粒体肌病的症状

C. 促进细胞对缺陷线粒体的排斥

D. 促进乙酰胆碱与骨骼肌细胞膜上特异性受体结合

E. 促进Ca^{2+}通过突触前膜上的Ca^{2+}通道内流，释放神经递质

15. 患儿，女，5岁，从小喂养困难，易疲劳，发育落后，四肢肌张力减退，肌肉松弛，膝腱反射亢进，脚踝痉挛。血乳酸值高于正常，血中乳酸/丙酮酸高达58（正常值<20），提示呼吸链出现障碍。通过酶活性检测的方法，并和健康儿童的酶活性数据库进行比较，发现患者的呼吸链复合物Ⅰ和Ⅳ活性偏低，复合体Ⅰ和Ⅳ的酶活性中心分别是（　　）

A. NADH-CoQ氧化还原酶和细胞色素c氧化酶

B. NADH-CoQ氧化还原酶和琥珀酸-CoQ氧化还原酶

C. 细胞色素c氧化酶和琥珀酸-CoQ氧化还原酶

D. CoQH-细胞色素c氧化还原酶和NADH-CoQ氧化还原酶

E. CoQH-细胞色素c氧化还原酶和细胞色素c氧化酶

16. 氧糖剥夺（oxygen glucose deprivation，OGD）是神经元细胞缺血模型最常用的方法之一。给予大鼠离体神经元细胞氧糖剥夺后可观察到以下哪个现象（　　）

A. 神经元细胞活力增强

B. 神经元细胞线粒体肿胀，结构异常

C. 神经元细胞线粒体膜电位水平不变

D. 神经元细胞凋亡率降低

E. 神经元细胞ROS水平降低

17. 线粒体中ADP-ATP发生在（　　）

A. 基质　　　　B. 内膜

C. 膜间腔　　　D. 基粒

E. 嵴膜

18. 人类mtDNA含碱基的数量是（　　）

A. 约1000bp　　　B. 16569bp

C. 约10万bp　　　D. 约100万bp

E. 约1000万bp

19. 线粒体的功能不包括（　　）

A. 由丙酮酸形成乙酰辅酶A

B. 进行三羧酸循环

C. 电子传递偶联氧化磷酸化

D. 糖酵解

E. 合成蛋白

20. 线粒体的自主性表现在（　　）

A. 具有双层膜结构

B. 能够自我复制

C. 核编码的蛋白质能够进入线粒体

D. DNA与原核细胞相似

E. 具有自己的遗传体系

21. 线粒体内膜的标志酶是（　　）

A. 细胞色素c氧化酶

B. 苹果脱氢酶

C. 腺苷酸激酶

D. 单胺氧化酶

E. 琥珀酸脱氢酶

22. 下列哪种细胞不含线粒体（　　）

A. 肝细胞　　　　B. 表皮细胞

C. 分泌细胞　　　D. 人成熟的红细胞

E. 肌肉细胞

23. 协助核编码蛋白质进入线粒体基质的分子伴侣是（　　）

A. HSP70　　　B. GRP94　　　C. PDI

D. BIP　　　　E. 钙网素

24. 关于线粒体的化学组成，下列哪个说法是正确的（　　）

A. 线粒体干重主要是蛋白质

B. 线粒体的脂类主要为磷脂

C. 线粒体含有核糖体

D. 线粒体的酶以酶系的形式有规则地排列在线粒体的相关部位

E. 以上都是

25. 与核基因组比较，人类mtDNA的特点不包括（　　）

A. 无内含子　　　B. 不与组蛋白结合

C. 母系遗传　　　D. 父系遗传

E. 不具有DNA损伤的修复系统

26. mtDNA的特点是（　　）

A. 与核DNA密码略有不同的线状DNA

B. 与核DNA密码略有不同的环状DNA

C. 可与组蛋白结合，形成染色体

D. 含有线粒体全部蛋白质的遗传密码

E. 核糖体的蛋白质是由线粒体DNA编码的

27. 线粒体的半自主性主要表现在（　　）

A. 自身含有遗传物质，mtDNA可以自我复制

B. 线粒体可以通过细胞分裂进行增殖

C. 生物发生上不受核基因的控制

D. mtDNA的复制和转录不需要核基因编码的蛋白质参加

E. mtDNA和真核细胞DNA相似

28. 关于线粒体的结构，下列哪些说法正确（　　）

A. 是由双层单位膜围成的膜性囊内膜形成嵴，并有基粒附着

B. 是胞质中含有DNA的细胞器

C. 不同的细胞类型，线粒体形态结构并不相同

D. 光镜下线粒体为粒状、杆状、线状

E. 以上都是

29. 线粒体DNA转录过程中所需的RNA聚合酶（　　）

A. 是由核DNA编码，并在胞质中合成后输入线粒体中

B. 是由核DNA编码，并在线粒体中合成

C. 是由线粒体DNA编码，并在胞质中合成后输入线粒体中

D. 是由线粒体DNA编码，并且在线粒体中合成

E. 线粒体DNA和核DNA均可编码，并在细胞中合成

30. 电子传递链位于（　　）

A. 细胞膜　　　　B. 线粒体外膜

C. 膜间腔　　　　D. 线粒体内膜

E. 线粒体基质

31. 有关线粒体内膜的描述不正确的是（　　）

A. 一层单位膜

B. 形成线粒体嵴

C. ATP合酶附着其上

D. 对多种物质有高通透性

E. 其上存在镶嵌蛋白

32. 线粒体外膜（　　）

A. 较内膜薄

B. 与内膜相连续

C. 分子量10000以下的物质均能透过

D. 外膜上有嵴
E. 以上都不是

33. 关于线粒体下列哪项叙述不正确（　　）
A. 由两层单位膜构成
B. 内膜是选择通透性膜
C. 外膜不是选择通透性膜
D. 外膜比内膜脂类含量高
E. 内膜比外膜蛋白质含量高

34. ATP合酶位于（　　）
A. 线粒体内膜表面　　B. 线粒体外膜
C. 线粒体膜间腔　　　D. 线粒体基质
E. 穿线粒体内膜

多选题：

35. 下列关于线粒体外膜性质的描述，哪些是正确的（　　）
A. 外膜不能透过氢离子
B. 外膜对小分子的化合物通透性很高
C. 外膜中脂质与蛋白质各占总重的50%
D. 外膜有孔蛋白
E. 外膜的组成成分主要是脂类和蛋白质

36. 哺乳动物细胞中，前导肽引导蛋白质进入线粒体基质时（　　）
A. 在通过外膜时需要消耗ATP
B. 不需要解折叠
C. 是从内外膜之间的接触点进入的
D. 不需要HSP70蛋白的帮助
E. MSF发挥ATP酶的作用，提供能量

37. 37个线粒体基因编码的13个蛋白产物包括（　　）
A. 细胞色素b的亚基
B. NADH-CoQ氧化还原酶
C. mtDNA聚合酶
D. 苹果酸脱氢酶
E. ATP合酶的亚单位

38. 腺苷三磷酸（ATP）具有哪些特点（　　）
A. 是一种高能磷酸化合物
B. 是细胞内能量转换的中间携带者
C. 是细胞生命活动的直接供能者
D. 可以通过去磷酸化，断裂一个高能磷酸键来满足细胞能量需要
E. 所携带的能量来源于糖、氨基酸和脂肪酸等的氧化

（二）填空题

1. 根据线粒体的超微结构模式图，标注其主要结构，并写出各个结构的标志性酶。

结构名称	标志性酶

2. 线粒体的ATP合酶形态上分为：_____、_____和_____三部分。

3. 氧化磷酸化的偶联机制研究中，最为流行的一种假说是：_____。

4. 线粒体分裂增殖的三种主要形式：_____、_____和_____。

5. 关于线粒体的起源，现在有两种观点：_____和_____。

6. 细胞氧化磷酸化的基本过程依次是：_____、_____、_____和_____。

（三）判断题（正确的打"√"；错误的打"×"）

1. 线粒体的半自主性表现为具有独立的线粒体DNA和蛋白质合成系统，能够自己独立复制出完全相同的新线粒体。（　　）

2. 线粒体、核膜和高尔基复合体都是由二层单位膜构成的细胞器。（　　）

3. 呼吸链是线粒体内膜上的一组酶复合体。（　　）

4. H^+只能通过线粒体内膜上的ATP合酶流回到线粒体基质。（　　）

5. 细胞氧化的过程均在线粒体内完成。（　　）

6. 线粒体内大部分的蛋白质是由mtDNA编码，在线粒体内合成。（　　）

（四）名词解释

1. 细胞氧化 cell oxidation
2. 呼吸链 respiratory chain

（五）简答题

1. 列出氧化磷酸化的基本过程及它们发生的位置。
2. 为什么说线粒体是一个半自主性的细胞器？
3. 简述化学渗透假说的主要论点。

三、参考答案

（一）选择题

1. C　2. D　3. A　4. D　5. A　6. C
7. A　8. A　9. C　10. D　11. B　12. A
13. B　14. B　15. A　16. B　17. D　18. B
19. D　20. E　21. A　22. D　23. A　24. E
25. D　26. B　27. A　28. E　29. A　30. D
31. D　32. C　33. C　34. E　35. BCDE
36. ACE　37. ABE　38. ABCDE

（二）填空题

1.

结构名称	标志性酶
线粒体外膜	单胺氧化酶
线粒体膜间腔	腺苷酸激酶
线粒体基质	苹果酸脱氢酶系、三羧酸循环酶系
线粒体内膜	细胞色素氧化酶系

2. 头部、柄部、基片
3. 化学渗透假说
4. 出芽分裂增殖、收缩后分离增殖、间壁分离增殖
5. 内共生起源学说、分化学说
6. 糖酵解、乙酰辅酶A的生成、三羧酸循环、电子传递偶联的氧化磷酸化

（三）判断题

1. ×　2. ×　3. √　4. √　5. ×　6. ×

（四）名词解释

1. 细胞氧化 cell oxidation：指线粒体从外界吸收氧将细胞内的各种能量物质氧化分解，释放能量，放出CO_2和H_2O的过程。由于该过程在细胞内进行，要消耗O_2释放CO_2和H_2O，又称为细胞呼吸。

2. 呼吸链 respiratory chain：是指一系列可逆地接受及释放电子或H^+的脂蛋白复合体，它们存在于线粒体内膜上，形成相互关联、有序排列的功能结构体系，并偶联线粒体的氧化磷酸化反应，也称为电子传递链。

（五）简答题

1. 列出氧化磷酸化的基本过程及它们发生的位置。

答:

基本过程	发生位置
(1) 糖酵解	细胞质
(2) 乙酰辅酶A的生成	线粒体基质
(3) 三羧酸循环	线粒体基质
(4) 电子传递和偶联的氧化磷酸化	线粒体内膜

2. 为什么说线粒体是一个半自主性的细胞器?

答:线粒体中既存在自身的DNA(mtDNA),也有蛋白质合成系统(mtRNA、mt核糖体、氨基酸活化酶等),能合成自身少部分的结构蛋白,因此,线粒体具有一定的自主性。但由于mtDNA信息太少,自身大部分的结构蛋白仍依赖核基因编码,在细胞质核糖体中合成后,再转移到线粒体,构成线粒体自身结构。因此,线粒体是一个半自主性的细胞器。

3. 简述化学渗透假说的主要论点。

答:该假说认为,当NADH和FADH$_2$携带具有高能电子的原子沿着线粒体内膜中的呼吸链传递时,在能级逐渐下降的过程中释放出能量,所释放的能量将H$^+$从线粒体内膜基质侧泵至外室(膜间腔),由于线粒体内膜对H$^+$是不通透的,从而使外室内的H$^+$浓度高于基质,形成线粒体内膜内、外两侧的电化学质子梯度。在这一质子梯度驱动下,H$^+$穿过线粒体内膜上的ATP合酶流回到基质,其能量促使ATP合酶催化ADP与Pi合成ATP,完成氧化磷酸化过程,实现能量转换。

第七章　细胞骨架与细胞的运动

一、教学要求

掌握：1. 细胞骨架的概念及基本组成成分。
　　　2. 细胞骨架的结构、组成、装配及其功能。
熟悉：三种细胞骨架的形态及影响其组装的因素。
了解：1. 细胞骨架与细胞运动。
　　　2. 细胞骨架与疾病。

二、自　测　题

（一）选择题

1. 细胞骨架系统主要是由（　　）组成的网架结构。

A. 多糖　　　　　　B. 脂质
C. 核酸　　　　　　D. 蛋白质
E. 氨基聚糖和糖蛋白

2. 下列选项中，不属于细胞骨架的是（　　）

A. 微管　　　　　　B. 肌动蛋白丝
C. 微丝　　　　　　D. 中间纤维
E. 纤连蛋白

3. 下列细胞结构或细胞活动中，没有细胞骨架参与的是（　　）

A. 细胞内信号转导　B. 细胞内蛋白质运输
C. 核纤层　　　　　D. 网格蛋白有被小泡
E. 黏着带

4. α微管蛋白上具有下列哪种三磷酸核苷的结合位点（　　）

A. UTP　　　　　　B. ATP　　　　　　C. CTP
D. GTP　　　　　　E. TTP

5. 微管的主要组成成分为（　　）

A. α、β微管蛋白+微管相关蛋白
B. α、β微管蛋白+结合蛋白
C. α微管蛋白+纽蛋白
D. β微管蛋白+裸蛋白
E. 结合蛋白+组蛋白

6. 微管结合蛋白主要包含以下蛋白，除了（　　）

A. MAP-1　　　　　B. MAP-2　　　　　C. MAP-3
D. MAP-4　　　　　E. tau蛋白

7. 下列关于微管超微结构的叙述，不正确是（　　）

A. 呈中空的圆筒状结构
B. 外径24～26nm，内径15nm
C. 管壁由13条原纤维组成
D. 微管蛋白α有GTP结合域
E. β微管蛋白只有GDP结合域，没有GTP结合域

8. 下列细胞活动中，可能对秋水仙碱最敏感的是（　　）

A. 变形运动　　　　B. 胞质分裂
C. 有丝分裂　　　　D. 肌肉收缩
E. 小肠上皮细胞的吸收作用

9. 关于微管组装，下列叙述不正确的是（　　）

A. 微管的组装是分步骤进行的
B. 微管两端的增长速度相同，是动态合成的
C. 微管的极性对微管的增长具有重要作用
D. 微管蛋白的聚合和解聚是可逆的
E. 微管可以随细胞的生命活动不停的组装和去组装

10. 关于微管组织中心，下列叙述不正确的是（ ）

A. 由中心粒和周围无定型旁物质组成

B. 位于间期核附近

C. 组织形成分裂期纺锤体两极

D. 与正在延长的微管正端结合

E. 参与微管装配中核心的形成

11. 关于微管的装配，下面叙述不正确的是（ ）

A. 微管蛋白浓度较高有利于微管聚合

B. 高浓度Mg^{2+}有利于微管蛋白的聚合

C. 秋水仙碱能够促使微管蛋白的解聚

D. 高浓度Ca^{2+}有利于微管蛋白的聚合

E. 低浓度GTP能够促使微管蛋白的解聚

12. 下列哪种结构不具MTOC功能（ ）

A. 中心体　　　　B. 星体

C. 纤毛基体　　　D. 核糖体

E. 鞭毛基体

13. 关于微管的组装顺序，下列描述正确的是（ ）

A. 异二聚体→多聚体→α、β微管蛋白→微管

B. α、β微管蛋白→13条原纤维→微管

C. α、β微管蛋白→异二聚体→多聚体→13条原纤维→微管

D. α微管蛋白→β微管蛋白→13条原纤维→微管

E. 多聚体→α、β微管蛋白→微管→13条原纤维

14. 纤毛的微管排列方式，可以表示为（ ）

A. 9×2+2　　B. 9×3+0　　C. 9×2+0

D. 9×3×3　　E. 9×0+3

15. 下列结构中，不是由微管构成的是（ ）

A. 中心粒　　B. 中心体　　C. 基粒

D. 纤毛　　　E. 纺锤体

16. 关于中心粒的结构，不正确的是（ ）

A. 排列方式为9×3+2

B. 由9组三联微管围成的筒状结构

C. 在细胞分裂时与染色体相连

D. 两个筒状小体为空间垂直

E. 在细胞间期时复制为两对

17. 下列蛋白中，能够为精细胞运动提供动力的是（ ）

A. 动力蛋白　　　B. 驱动蛋白

C. 肌动蛋白　　　D. 肌球蛋白

E. 绒毛蛋白

18. 关于鞭毛和纤毛的运动机制，下列叙述不正确的是（ ）

A. 弯曲运动是由滑动运动转化而来的

B. 滑动是通过二联体动力蛋白臂产生的

C. 鞭毛的运动依赖于鞭毛基部的某种动力装置

D. 动力蛋白臂是鞭毛和纤毛动力来源

E. 弯曲运动的能量来源于GTP水解

19. 鞭毛主要由下列哪种微管构成（ ）

A. 单联管　　　　B. 二联管

C. 三联管　　　　D. 四联管

E. 以上结构均可，周期性变化

20. 构成肌肉细胞肌纤维的细肌丝的主要成分是（ ）

A. 微管　　　　　B. 微丝

C. 中间纤维　　　D. 透明质酸

E. 弹性蛋白纤维

21. 下列蛋白中，具有ATP酶活性的蛋白是（ ）

A. F-肌动蛋白　　B. 肌球蛋白

C. 原肌球蛋白　　D. α-辅肌动蛋白

E. G-肌动蛋白

22. 下列关于Actin的叙述，正确的是（ ）

A. 单体的分子量约为43kDa左右

B. 在进化上高度保守

C. 能形成纤维性的多聚物

D. 是细胞骨架的主要成分之一

E. 以上都对

23. 细肌丝包含多种蛋白，除了（ ）

A. 肌动蛋白　　　B. 肌球蛋白

C. 肌钙蛋白　　　D. 原肌球蛋白

E. F-肌动蛋白

24. 肌球蛋白的头部具有三磷酸核苷的结合位点，该核苷是（　　）

A. UTP　　　B. ATP　　　C. CTP

D. GTP　　　E. TTP

25. 能特异性影响微丝组装的药物是（　　）

A. 细胞松弛素B　　B. 长春新碱

C. 秋水仙碱　　　D. 长春花碱

E. 紫杉醇

26. 关于微丝组装的正确叙述是（　　）

A. 微丝的组装需要肌球蛋白参与

B. 微丝通过磷酸化进行解聚

C. 微丝的解聚发生在组装之后

D. 微丝通过异二聚体的形式进行组装

E. ATP是微丝组装的关键调节因素

27. 下列关于微丝的叙述，错误的是（　　）

A. 肌动蛋白单体是球形分子

B. 具GTP结合位点

C. 具有极性

D. 具踏车行为

E. 具肌球蛋白结合位点

28. 可稳定微丝，抑制微丝解体的特异性药物是（　　）

A. 细胞松弛素B　　B. 秋水仙碱

C. 鬼笔环肽　　　D. 紫杉醇

E. 长春花碱

29. 人体骨骼肌细胞的收缩单位肌小节的主要成分是（　　）

A. 微丝　　　B. 微管

C. 肌原纤维　　D. 张力纤维

E. 肌球蛋白纤维

30. 下列细胞活动中，微丝参与的是（　　）

A. 细胞连接　　B. 变形虫运动

C. 囊泡运输　　D. 细胞分裂

E. 以上均可

31. 关于人类小肠细胞微绒毛的支撑骨架纤维，其主要成分是（　　）

A. 微管　　　B. 微丝

C. 中间纤维　　D. 内质网

E. 细胞膜

32. 下列关于肌动蛋白的叙述，错误的是（　　）

A. 是微丝的主要组成部分

B. 聚合体为F-肌动蛋白

C. 是粗肌丝的主要成分

D. 分子单体呈哑铃形

E. 高度保守的蛋白质

33. 动物细胞分裂末期，母细胞被缢缩环分割而逐渐形成两个子细胞，其中缢缩环的主要成分是（　　）

A. 微管蛋白　　B. 肌动蛋白丝

C. 角蛋白丝　　D. 结蛋白丝

E. 波形蛋白丝

34. 微管组装过程中，有段时期耗时较长，是组装的限速期，称为（　　）

A. 成核期　　B. 生长期　　C. 平衡期

D. 稳定期　　E. 聚合期

35. 下列哪种蛋白属于中间纤维蛋白（　　）

A. 网质蛋白　　B. 核纤层蛋白

C. 钙网蛋白　　D. 动力蛋白

E. 驱动蛋白

36. 下列蛋白中，不属于中间纤维的是（　　）

A. 角蛋白　　　B. 核纤层蛋白

C. 整联蛋白　　D. 波形蛋白

E. 神经纤维蛋白

37. 关于中间纤维在细胞质中的分布，正确的是（　　）

A. 存在于细胞膜下

B. 主要分布在核膜外围

C. 形成完整的网架系统

D. 呈纺锤体状

E. 呈平行的并列束状

38. 目前发现，中间纤维蛋白的磷酸化可以引起的现象是（　　）

A. 胞质分裂　　　B. 核膜消失

C. 纺锤体消失　　D. 纺锤体形成

E. 核膜重现

39. 下列细胞活动中，哪一个最可能是由于中间纤维蛋白的去磷酸化引发的（　　）

A. 核膜消失　　　B. 核膜重现

C. 纺锤体形成　　D. 纺锤体消失

E. 收缩环形成

40. 中间纤维的结构中，同源性最高的部位是（　　）

A. 头部　　B. 尾部　　C. N端

D. C端　　E. 杆状部

41. 下面结构中，不具有极性的是（　　）

A. 中间纤维　　B. 微丝

C. 微管　　　　D. 肌动蛋白单体

E. 微管蛋白二聚体

42. 中间纤维组装和去组装的动态调节主要以哪种方式进行（　　）

A. 糖基化　　　B. 酯化

C. 聚合与解聚　D. 磷酸化及去磷酸化

E. 甲基化及去甲基化

43. 下列由细胞骨架所形成的结构中，最为稳定且不具有极性的是（　　）

A. 片状伪足　　B. 纺锤体

C. 核纤层　　　D. 纤毛

E. 细肌丝

44. 下列关于中间纤维的功能描叙，不正确的是（　　）

A. 固定细胞核

B. 参与物质运输

C. 与有丝分裂有关

D. 对染色体起空间定向支架作用

E. 是细胞质分裂时收缩环的主要成分

45. 在恶性转化细胞中，关于细胞骨架的变化不正确的是（　　）

A. 大量微管聚合　　B. 微丝纤维破坏

C. 微管数量减少　　D. 细胞骨架网架紊乱

E. 肌动蛋白突变

（二）填空题

1. 细胞质骨架主要包括_____、_____和_____。

2. 细胞的核骨架主要包括_____、_____和_____。

3. 微管的组装过程可分为三个时期，依次是：①_____、②_____和③_____。

4. 微管在细胞内以三种形式存在，大部分细胞质微管是_____，不太稳定；构成鞭毛和纤毛毛部的是_____，比较稳定；组成鞭毛基体、纤毛基体和中心体的是_____，十分稳定。

5. 以微管为运行轨道的马达蛋白有2种，其中沿正端向负端移动的是_____，沿负端向正端移动的是_____；而以微丝（肌动蛋白纤维）为运行轨道的马达蛋白则是_____。

6. 中心体在细胞周期的_____期位于细胞核附近，在_____期位于纺锤体的两极。

7. 微丝的主要结构成分是_____，在细胞内有两种存在形式_____和_____。

8. 骨骼肌收缩的基本结构单位是_____，其主要成分是_____。

9. 微丝的组装可以用_____和_____这两种模型来解释。

10. 在微管的滑动模型中，赋予动力蛋白能量的三磷酸核苷是_____。

（三）判断题（正确的打"√"；错误的打"×"）

1. 微管蛋白异二聚体的α和β两个亚基都能同GDP和GTP结合。（　　）
2. 微管的单管形式比较稳定，而二联管、三联管不稳定。（　　）
3. 增高环境中的Mg^{2+}浓度可以促进微管的聚合。（　　）
4. 在低浓度K^+的环境中，微丝趋向于解聚。（　　）
5. 紫杉醇能阻断微管的聚合，从而抑制癌细胞的增殖。（　　）
6. 中间纤维的种类和成分可以随着细胞的生长而变化。（　　）
7. 分裂期的纺锤丝属于微管中的单管形式。（　　）
8. α、β和γ三种类型的肌动蛋白都只存在于肌细胞中。（　　）
9. 微管组装时，具有GTP帽的一段为负端。（　　）
10. 中间纤维能够通过桥粒（或半桥粒）将相邻的细胞连为一体。（　　）

（四）名词解释

1. 细胞骨架 cytoskeleton
2. 微管 microtubule
3. 微丝 microfilament
4. 中间纤维 intermediate filaments
5. 马达蛋白 motor protein

（五）简答题

1. 列表比较三种细胞质骨架的结构和特性。

	微管	微丝	中间纤维
①纤维直径			
②基本形态			
③化学组成			
④结构类型			
⑤极性有无			
⑥特异性药物			
⑦功能异同			

2. 简述微丝的组装过程。
3. 紫杉醇和秋水仙碱都能作为抗癌药物，但作用方式有差异。试从细胞骨架的相关知识解释一下，为什么这两种药物尽管作用机制不同，但对分裂细胞都是致命的？
4. 目前已知的马达蛋白都不是在中间纤维上进行移动的，试解释一下为什么？
5. 在下列细胞中：①大变形虫、②皮肤上皮细胞、③消化道平滑肌细胞、④大肠杆菌、⑤脊髓神经细胞、⑥精细胞、⑦植物细胞，哪些有可能在细胞质中含有高密度的中间纤维？试解释一下理由。

三、参考答案

（一）选择题

1. D　2. E　3. D　4. D　5. A　6. C
7. E　8. C　9. B　10. D　11. D　12. D
13. C　14. A　15. C　16. A　17. A　18. E
19. B　20. B　21. B　22. E　23. A　24. B
25. A　26. E　27. B　28. C　29. A　30. E
31. B　32. C　33. B　34. A　35. B　36. C
37. C　38. B　39. B　40. E　41. A　42. D
43. C　44. E　45. A

（二）填空题

1. 微管、微丝、中间纤维
2. 基质、核纤层、染色体骨架
3. 成核期（或延迟期）、聚合期（或延长期）、稳定期（或平衡期）
4. 单管、二联管、三联管
5. 动力蛋白、驱动蛋白、肌球蛋白

6. 细胞分裂间期、分裂期

7. 肌动蛋白、球状肌动蛋白、纤维状肌动蛋白

8. 肌小节、肌原纤维

9. 踏车模型、非稳态动力学模型

10. ATP

（三）判断题

1. × 2. × 3. √ 4. √ 5. × 6. √
7. √ 8. × 9. × 10. √

（四）名词解释

1. 细胞骨架 cytoskeleton：是指真核细胞质中的蛋白质纤维网架体系，对于细胞的形状、细胞的运动、细胞内物质的运输、染色体的分离和细胞分裂等均起重要作用。

2. 微管 microtubule：是由微管蛋白和微管结合蛋白组成的中空圆柱形结构，在不同类型的细胞中有相似的结构。微管参与装配形成纤毛、鞭毛、基体、中心体、纺锤丝等结构，参与细胞形态维持、细胞运动和细胞分裂等。

3. 微丝 microfilament：是由肌动蛋白组成的双链细丝，以束状、网状或散在等多种方式有序的存在于细胞质的特定空间位置上。微丝是一种动态结构，参与细胞形态维持、细胞运动、肌肉收缩和细胞质的分裂等活动。

4. 中间纤维 intermediate filaments：是由多种蛋白纤维分子组成的蛋白纤维丝。中间纤维结构较复杂，但坚韧、耐久，较为稳定，在细胞内形成一个完整的网状骨架系统，为细胞提供机械强度支持，并参与细胞连接、细胞内信息传递、物质运输及细胞分化等。

5. 马达蛋白 motor protein：是一类利用ATP水解产生的能量驱动自身携带的物质沿细胞骨架运输的蛋白质。可分为三大家族：驱动蛋白、动力蛋白和肌球蛋白。

（五）简答题

1. 列表比较三种细胞质骨架的结构和特性。

	微管	微丝	中间纤维
①纤维直径	内径15nm，外径25nm	5～7nm	约10 nm
②基本形态	中空管状结构	实心体纤维	中空管状结构
③化学组成	微管蛋白+微管相关蛋白	肌动蛋白+微丝结合蛋白	中间纤维蛋白+中间纤维结合蛋白
④结构类型	单管、二联管、三联管	双链螺旋	32个单体结合形成的空心管状纤维
⑤极性有无	有	有	无
⑥特异性药物	秋水仙碱、长春新碱、长春花碱、紫杉酚等	细胞松弛素B、鬼笔环肽	暂未发现
⑦功能举例	构成网状支架，支持和维持细胞形态；参与鞭毛、纤毛和中心体的形成；参与胞内物质运输；参与细胞器的定位与分布；参与染色体运动，调节细胞分裂；参与胞内信号转导	构成细胞支架，维持细胞形态；参与细胞运动；参与细胞分裂；参与胞内物质运输；参与肌肉收缩；参与胞内信号传递	在细胞内形成一个完整的网状骨架系统；为细胞提供机械强度支持；参与细胞连接；参与细胞内信息传递及物质运输

2. 简述微丝的组装过程。

答：微丝由肌动蛋白单体聚合形成，分3个时期进行组装。

（1）成核期：肌动蛋白单体聚合形成稳定的三聚体核心。

（2）聚合期：肌动蛋白在核心两端聚合，正端聚合速度明显快于负端。

（3）稳定期：肌动蛋白的添加速度与其解离

速度达到平衡，微丝长度基本不变。

3. 紫杉醇和秋水仙碱都能作为抗癌药物，但作用方式有差异。试从细胞骨架的相关知识解释一下，为什么这两种药物尽管作用机制不同，但对分裂细胞都是致命的？

答：细胞分裂既依赖于微管的聚合也依赖于它的解聚。纺锤体的形成要求预先解聚细胞的其他微管，以游离出微管蛋白供纺锤体使用。这个重排过程在紫杉醇处理的细胞中是无法实现的。因为紫杉醇能够与微管紧密结合，并使之稳定。而在秋水仙碱处理的细胞中，由于秋水仙碱抑制微管的聚合，使得细胞无法形成纺锤体，因此细胞分裂受阻。总之，虽然这两种药物对微管的组装具有相反的作用，但它们均能阻断微管的动态不稳定性，干扰细胞分裂中纺锤体的工作，因此对于分裂细胞来说是致命的。

4. 目前已知的马达蛋白都不是在中间纤维上进行移动的，试解释一下为什么？

答：因为中间纤维没有极性，而马达蛋白在工作的时候（如物质运输），需要一个确切的方向。假如一个马达蛋白结合在中间纤维上，将无法感知方向，因此无法进行定向运动。

5. 在下列细胞中：①大变形虫、②皮肤上皮细胞、③消化道平滑肌细胞、④大肠杆菌、⑤脊髓神经细胞、⑥精细胞、⑦植物细胞，哪些有可能在细胞质中含有高密度的中间纤维？试解释一下理由。

答：②皮肤上皮细胞、③消化道平滑肌细胞、⑤脊髓神经细胞需要承受周围组织运动引起的巨大张力，而中间纤维能够为细胞提供机械强度支持，并可能参与信号传递，因此②③⑤这三类细胞最可能在细胞质中含有高密度的中间纤维。

①大变形虫、⑥精细胞通常需要快速移动，这类细胞一般不需要高密度的中间纤维。细胞骨架是真核生物特有的结构，而原核生物，如④大肠杆菌不具有中间纤维。⑦植物细胞虽然受到自然界较强的作用力，但它们主要通过坚韧的细胞壁来提供机械支持。

第八章 细 胞 核

一、教 学 要 求

掌握：1. 细胞核的基本结构与主要功能。
2. 染色质与染色体的组成结构及分类。
3. 核仁的超微结构及功能。
熟悉：1. 染色质的分类。
2. 中期染色体的形态结构；核型与染色体显带。
3. 核仁周期。
4. 核纤层。
了解：1. 核基质、核骨架的功能。
2. 细胞核与肿瘤。

二、自 测 题

（一）选择题

1. 组成动物间期细胞核的是（   ）
A. 核膜、核仁、核基质、核小体
B. 核膜、核仁、核基质、染色体
C. 核膜、核仁、核基质、染色质
D. 核膜、核仁、核基质、核糖体
E. 核膜、核仁、核纤层、染色质

2. 下列关于核膜的叙述中，错误的是（   ）
A. 核膜与粗面内质网有结构上的连续性
B. 核膜外表面有核纤层
C. 核膜内表面有核纤层
D. 核膜上有核孔复合体
E. 核孔复合体是双向运输的

3. 核周间隙位于（   ）
A. 核纤层之间
B. 核膜与粗面内质网之间
C. 内外核膜之间
D. 核仁周围
E. 核纤层与核基质之间

4. 与核膜在结构上相连续的细胞器是（   ）
A. 高尔基复合体　　B. 内质网
C. 线粒体　　　　　D. 细胞膜
E. 核糖体

5. 下列有关真核细胞核孔复合体错误描述的是（   ）
A. 在胞质面与核质面两侧的结构明显不对称
B. 转录功能活跃、合成功能旺盛的细胞，其核孔数目较多
C. 具有双向性和双功能性
D. 核孔复合体定时开或关
E. 由胞质环、核质环、辐和中央栓组成

6. 不属于捕鱼笼式核孔复合体结构模型的结构为（   ）
A. 胞质环或外环　　B. 核质环或内环
C. 中央栓　　　　　D. 核小体
E. 辐

7. 核膜的结构包括（   ）
A. 外核膜、内核膜、核小体、核周间隙和核纤层
B. 外嵴、内嵴、核小体、核孔复合体和核纤层
C. 外核膜、内核膜、核周间隙、核孔复合体和核纤层
D. 外核膜、内核膜、核周间隙、核孔复合体和核骨架

E. 外核膜、内核膜、中央栓、核孔复合体和核纤层

8. 捕鱼笼式核孔复合体结构模型认为核孔复合体包括（　　）

A. 8个环孔颗粒

B. 8对环孔颗粒

C. 8个边围颗粒

D. 胞质环、核质环、辐和中央栓

E. 以上都不对

9. 核纤层的化学成分是（　　）

A. 核纤层蛋白质A、B、C

B. DNA　　　　C. 组蛋白

D. 基粒　　　　E. RNA

10. 核纤层是紧贴核膜的一层（　　）

A. 微管　　　　B. 微丝

C. 中间纤维　　D. 溶胶层　　E. DNA

11. 真核细胞间期核基质中的网架系统是（　　）

A. 核纤层　　B. 微管　　C. 核骨架

D. 核小体　　E. 核仁组织区

12. 下列不属于核骨架功能的是（　　）

A. 为DNA复制提供空间支架

B. 与真核细胞中RNA的转录和加工有关

C. 与细胞分化有关

D. 参与染色体构建

E. 为细胞器提供支架

13. 核定位信号是亲核蛋白上的一段肽序列，其功能是（　　）

A. 引导RNA序列入核

B. 引导DNA序列出核

C. 引导亲核蛋白入核

D. 引导mRNA出核

E. 以上均是

14. 核孔复合体的双功能性表现在（　　）

A. 不对称性和亲水性

B. 被动运输和主动运输

C. 不对称性和疏水性

D. 核输入和核输出

E. 亲水性和疏水性

15. 染色质主要组成成分是（　　）

A. 糖类和蛋白质　　B. 脂类和DNA

C. 蛋白质和RNA　　D. DNA和RNA

E. 蛋白质和DNA

16. 关于组蛋白叙述错误的是（　　）

A. 组蛋白带正电荷

B. 组蛋白富含精氨酸和赖氨酸

C. 组蛋白富含酸性氨基酸

D. 组蛋白是染色体的主要结构蛋白质

E. 组蛋白高度保守

17. 关于非组蛋白叙述错误的是（　　）

A. 非组蛋白富含碱性氨基酸

B. 非组蛋白富含酸性氨基酸

C. 非组蛋白的种类和含量不十分恒定

D. 非组蛋白带负电荷

E. 有种属和组织特异性

18. 染色体是指（　　）

A. 在细胞间期核中染色质呈现的伸展、分散的细丝网状结构

B. 在细胞分裂期核中染色质呈现的伸展、分散的细丝状结构

C. 在细胞间期核中染色质呈现的高度浓缩、折叠、盘曲成特殊形态的短棒状小体

D. 在细胞分裂期核中染色质呈现的高度浓缩、折叠、盘曲成特殊形态的短棒状小体

E. 细胞间期细胞遗传物质的存在形式

19. 染色质和染色体的关系是（　　）

A. 同一物质在细胞周期中同一时期的不同表现

B. 同一物质在细胞周期不同时期的形态表现

C. 不同物质在细胞周期不同时期的形态表现

D. 同一物质在不同细胞器中存在

E. 不同物质，不同形态

20. 在分子组成上，染色体与染色质的区别在

于（　　）

A. 有无组蛋白

B. 非组蛋白的种类不一样

C. 是否含有稀有碱基

D. 带电荷不同

E. 没有区别

21. 染色体的基本结构单位是（　　）

A. 螺线管　　B. 超螺线管

C. 染色单体　D. 核小体

E. 微带

22. 对间期核内DNA有规律的空间构型起维系和支架作用的是（　　）

A. 核基质　　B. 核仁　　C. 核孔

D. 核被膜　　E. 中心体

23. 端粒酶是一种反转录酶，可以（　　）为模板，补齐新链DNA 5′端，保证DNA合成完整性。

A. 端粒酶自身DNA

B. 线性DNA 5′端DNA

C. 端粒酶自身RNA

D. 线性DNA的自主复制序列DNA

E. 线性DNA的着丝粒序列DNA

24. 核小体组蛋白包括（　　）

A. $2H_2A+2H_2B+1H_3+1H_4$

B. $2H_1+2H_2A+2H_2B+2H_3+2H_4$

C. $2H_2A+2H_2B+2H_3+2H_4$

D. $1H_1+2H_2A+2H_2B+2H_3+2H_4$

E. $1H_1+2H_2A+2H_2B+1H_3+1H_4$

25. 一般而言，相邻核小体间的连接DNA长度约为（　　）

A. 200bp　　B. 60bp　　C. 100bp

D. 140bp　　E. 160bp

26. DNA在组蛋白八聚体外表缠绕圈数为（　　）

A. 1　　B. 1.25　　C. 1.5

D. 1.75　　E. 2

27. 一般认为，具有转录活性的基因存在于（　　）

A. 常染色质　　B. 异染色质

C. X染色质　　D. 性染色体

E. Y染色质

28. 电镜下见到间期细胞核内电子密度高的物质是（　　）

A. RNA　　　　B. 组蛋白

C. 异染色质　　D. 常染色质

E. 非组蛋白

29. 一般认为，在间期细胞核中转录不活跃的染色质为（　　）

A. 常染色质　　　B. 异染色质

C. 灯刷染色体　　D. 核仁相随染色质

E. 性染色体

30. 巴氏小体是（　　）

A. 端粒　　　　　B. 随体

C. 凝集的X染色体　D. 单一序列

E. 动粒

31. 在人类染色体中，随体的位置在（　　）

A. 第13、14、15、16、21号染色体上

B. 第13、14、15、21、22号染色体上

C. 第14、15、16、21、22号染色体上

D. 第14、15、16、20、21号染色体上

E. 第12、13、14、21、22号染色体上

32. 复制源序列均有一段同源性很高的序列，这段序列的特征是富含（　　）

A. GC　　B. AT　　C. GT

D. TA　　E. AG

33. 染色体DNA关键序列不包括（　　）

A. 自主复制DNA序列

B. 端粒DNA序列

C. 着丝粒DNA序列

D. 启动子DNA序列

E. 以上都是

34. 形成一个螺线管一周需要核小体的个数是

（　　）

A. 2　　　　　　B. 4　　　　　　C. 3

D. 8　　　　　　E. 6

35. 核仁的功能不包括（　　）

A. 核糖体亚单位的装配场所

B. rRNA基因转录的场所

C. rRNA加工的场所

D. 蛋白质合成

E. 以上都包括

36. 核仁的主要成分是（　　）

A. DNA+蛋白质　　B. RNA+DNA+蛋白质

C. RNA+蛋白质　　D. DNA+蛋白质+脂类

E. DNA+蛋白质+糖类

37. 核仁的结构中能活跃进行核糖体前体装配的区域是（　　）

A. 纤维中心　　　　B. 致密纤维区

C. 颗粒区　　　　　D. 核仁组织区

E. 核骨架

38. 核仁周期是指（　　）

A. 核仁在细胞周期中的高度动态变化

B. 核仁在细胞周期中出现的一系列结构与功能的周期性变化

C. 核仁在细胞分裂中的消失与重现

D. 核仁组织区在细胞周期中的一系列变化

E. 核仁在细胞间期中出现的一系列结构与功能的周期性变化

39. 关于细胞核的描述，下列哪项是不正确的（　　）

A. 是细胞生命活动的控制中心

B. 遗传物质DNA主要存在于细胞核中

C. 在细胞的分裂期和分裂间期均可看到细胞核的全貌

D. 细胞核的形状不都是圆球形的

E. 大多数细胞为单核，但也有双核和多核

40. 核仁结构中的纤维中心主要包含（　　）

A. mRNA　　　　B. rRNA　　　　C. rDNA

D. 核糖体前体　　E. 异染色质

41. 兼性染色体（　　）

A. 染色质螺旋程度高

B. 染色质螺旋程度低

C. S早期复制的染色质

D. S晚期复制的染色质

E. 常染色质在一定条件下转变为异染色质

42. 在电镜下，核被膜的结构不包括（　　）

A. 内核膜　　　　　B. 外核膜

C. 核纤层蛋白　　　D. 核周间隙

E. 核孔复合体

43. 与核被膜无关的叙述是（　　）

A. 参与蛋白质合成

B. 参与细胞核内外的物质运输

C. 使细胞功能产生区域化分工

D. 由两层单位膜组成

E. 参与DNA复制

44. 核骨架的主要成分是（　　）

A. 组蛋白　　　　　B. DNA

C. RNA　　　　　　D. 纤维蛋白

E. 脂类

45. 在人体染色体中，下列哪个结构不是所有中期染色体都有的（　　）

A. 端粒　　　　　　B. 动粒

C. 主缢痕　　　　　D. 着丝粒

E. 随体

46. 在动物细胞中，DNA存在于哪些结构中（　　）

A. 细胞质基质、线粒体

B. 线粒体、细胞核

C. 高尔基复合体、细胞核

D. 细胞核、细胞质基质

E. 过氧化物酶体、细胞核

47. 关于中期染色体叙述正确的是（　　）

A. 每条包含两条染色单体

B. 与染色质的化学成分有严格区别

C. 每条染色体都有次缢痕和随体
D. 不是每个染色体都有着丝粒
E. 与纺锤体的纺锤丝在端粒处相连

48. 每一个rRNA基因的袢环称为（　　）
A. 核仁素　　　　B. 着丝粒
C. 核仁组织区　　D. 核仁组织者
E. 异染色质

49. 参与核膜崩解与组装的结构是（　　）
A. 核纤层　　B. 核基质　　C. 染色质
D. 纺锤体　　　　E. 微丝

50. 位于染色体着丝粒和染色体臂的端部，由高度重复DNA序列组成的染色质为（　　）
A. 常染色质　　　B. 核仁相随染色质
C. 结构异染色质　D. 兼性异染色质
E. 性染色质

（二）填空题

1. 电镜下，核膜包括内外两层核膜、＿＿＿＿、＿＿＿＿和＿＿＿＿。

2. 核骨架的主要化学成分是＿＿＿＿，含量高达90%以上。

3. 真核细胞的染色体DNA序列可分为＿＿＿＿、＿＿＿＿和＿＿＿＿。

4. 染色质是指间期核内被碱性染料染色的物质，主要成分是＿＿＿＿、＿＿＿＿和少量＿＿＿＿、＿＿＿＿。

5. 组蛋白属于＿＿＿＿蛋白，带有＿＿＿＿电荷，＿＿＿＿种属和组织特异性；非组蛋白属于＿＿＿＿蛋白，带有＿＿＿＿电荷。

6. ＿＿＿＿是染色质的基本结构单位，组蛋白核心是由＿＿＿＿各2分子聚合形成球形结构，外面缠绕＿＿＿＿长的DNA分子绕成＿＿＿＿圈，＿＿＿＿长的DNA分子和＿＿＿＿组蛋白形成连接部。

7. 染色体的多级螺旋模型中，一级结构是＿＿＿＿，二级结构是＿＿＿＿，三级结构是＿＿＿＿，四级结构是＿＿＿＿。

8. 间期核内染色质根据其形态的不同分为＿＿＿＿和＿＿＿＿。

9. 异染色质是指在间期时以凝缩状态存在的染色质，分为＿＿＿＿和＿＿＿＿。

10. 根据着丝粒在染色体中的位置，将染色体分为＿＿＿＿、＿＿＿＿、＿＿＿＿和＿＿＿＿四类。

11. 电镜下核仁分为不完全分隔的三部分，由内向外依次为＿＿＿＿、＿＿＿＿和＿＿＿＿。

12. 核仁组织区（NOR）位于染色体的＿＿＿＿部位，其上带有＿＿＿＿基因。在分裂间期NOR位于＿＿＿＿，活跃的合成＿＿＿＿、＿＿＿＿和＿＿＿＿，＿＿＿＿是由NOR之外合成后进入NOR的。

（三）判断题（正确的打"√"；错误的打"×"）

1. 核孔复合体对生物大分子的运输将根据情况决定是双向运输还是单向运输的。（　　）

2. 30nm的染色质纤维结合在核骨架上，形成放射环状的结构，在分裂期进一步包装成光学显微镜下可见的染色体。（　　）

3. 真核细胞RNA需要与核骨架结合，才能被合成，而DNA不与核骨架结合。（　　）

4. 组成染色体的DNA和组蛋白是有丝分裂前期进行复制和组装的。（　　）

5. 常染色质是指间期核中螺旋化程度低，有转录活性的染色质。（　　）

6. 观察染色体最典型、结构最清晰的时期是

有丝分裂的中期。（　　）

7. 核仁参与5S、18S、28S rRNA的合成。
（　　）

8. 细胞核中带有遗传信息的物质是组蛋白。
（　　）

（四）名词解释

1. 核孔复合体 nuclear pore complex，NPC
2. 核定位信号 nuclear localization signal，NLS
3. 核纤层 nuclear lamina
4. 核骨架 nuclear skeleton
5. 染色质 chromatin
6. 染色体 chromosome
7. 常染色质 euchromatin
8. 异染色质 heterochromatin

9. 组成性异染色质 constitutive heterochromatin
10. 兼性异染色质 facultative heterochromatin
11. 核小体 nucleosome
12. 端粒 telomere
13. 核仁组织区 nucleolar organizer region，NOR
14. 核仁周期 nucleolar cycle

（五）简答题

1. 核膜的形成对细胞的生命活动有什么意义？
2. 简述核骨架的主要功能。
3. 比较常染色质和异染色质的异同。
4. 简述染色体组装多级螺线模型。
5. 简述核仁的化学组成、超微结构及功能。
6. 细胞核的主要功能是什么？

三、参考答案

（一）选择题

1. C　2. B　3. C　4. B　5. D　6. D
7. C　8. D　9. A　10. C　11. C　12. E
13. C　14. B　15. E　16. C　17. A　18. D
19. B　20. E　21. D　22. A　23. C　24. D
25. B　26. D　27. A　28. C　29. B　30. C
31. B　32. B　33. D　34. E　35. D　36. B
37. C　38. B　39. C　40. C　41. E　42. C
43. E　44. D　45. C　46. B　47. A　48. D
49. A　50. C

（二）填空题

1. 核周间隙、核孔复合体、核纤层
2. 非组蛋白
3. 单一序列、中度重复序列、高度重复序列
4. DNA、组蛋白、非组蛋白、RNA
5. 碱性、正、低、酸性、负
6. 核小体；H_2A、H_2B、H_3、H_4；146bp；1.75；50~60bp；H_1
7. 核小体、螺线管、超螺线管、染色单体

8. 常染色质、异染色质
9. 组成性异染色质、兼性异染色质
10. 中着丝粒染色体、亚中着丝粒染色体、近端着丝粒染色体、端着丝粒染色体
11. 纤维中心、致密纤维成分、颗粒成分
12. 次缢痕、rRNA、核仁、5.8S rRNA、18S rRNA、28S rRNA、5S rRNA

（三）判断题

1. ×　2. √　3. ×　4. ×　5. √　6. √
7. ×　8. ×

（四）名词解释

1. 核孔复合体 nuclear pore complex，NPC：是位于真核细胞内、外核膜的融合处，由胞质环、核质环、辐和中央栓组成。主要功能是构成核质间双向运输的亲水性通道。

2. 核定位信号 nuclear localization signal，NLS：是位于多肽序列的任何部分的一种信号肽，一般含有4~8个氨基酸，没有专一性，具有"定向"、"定位"作用，保证整个蛋白质

顺利通过核孔复合体转运到细胞核内。

3. 核纤层 nuclear lamina：是位于内核膜的内表面上，由中间纤维相互交织形成的一层高电子密度的蛋白质网络结构，作用是保持细胞核的形状和附着染色质纤维，在有丝分裂过程中，参与核膜的破裂和重建。

4. 核骨架 nuclear skeleton：又称为核基质（nuclear matrix），是真核细胞核中，除核膜、染色质、核纤层、核仁以外的三维网架结构，由非组蛋白构成。核骨架与DNA复制，RNA转录和加工，染色体组装及病毒复制等生命活动密切相关。

5. 染色质 chromatin：为间期细胞核中能被碱性染料着色的物质，是遗传物质在细胞中的储存形式，主要由核酸和蛋白质组成，分为常染色质和异染色质。

6. 染色体 chromosome：为分裂期细胞中能被碱性染料着色的物质，主要由核酸和蛋白质组成，是遗传物质在细胞中的储存形式和基因载体，是由染色质高度螺旋化、凝集形成的棒状结构。

7. 常染色质 euchromatin：指间期细胞核中，染色质纤维折叠压缩程度低，处于伸展状态，用碱性染料染色着色浅的染色质。常染色质上并非所有基因都有转录活性。

8. 异染色质 heterochromatin：指间期细胞核中，染色质纤维折叠压缩程度高，处于聚缩状态，用碱性染料染色着色深的染色质。分为组成性异染色质和兼性异染色质两种类型。

9. 组成性异染色质 constitutive heterochromatin：指在整个细胞周期内总是处于凝集状态的异染色质，多定位于着丝粒区、端粒、次缢痕等部位。

10. 兼性异染色质 facultative heterochromatin：指只在一定细胞类型或生物一定发育阶段凝集，而在其他时期松展的染色质，为常染色质。

11. 核小体 nucleosome：为染色质的基本结构单位。每一个核小体由一个组蛋白核心和200bp左右的DNA构成。组蛋白核心由H_2A、H_2B、H_3、H_4各2分子聚合成球形结构，200bp左右的DNA在八聚体外表面缠绕1.75圈，两个核小体之间以60bp的连接DNA片段和组蛋白H_1形成连接部，封闭核小体的进出口，稳定核小体，参与染色质的凝缩。

12. 端粒 telomere：是线状染色体末端由高度重复DNA序列构成的结构，是染色体两臂末端的特化部分，使正常染色体端部间不发生融合，保证每条染色体的完整性。它除在染色体定位、复制、保护和控制细胞生长及寿命方面具有重要作用外，还与细胞凋亡、细胞转化和永生化密切相关。

13. 核仁组织区 nucleolar organizer region，NOR：存在于细胞内特定染色体区段，常位于染色体的次缢痕处，主要含有rRNA基因，是产生核仁的部位。人类有5对染色体（13、14、15、21、22号染色体）含有核仁组织区，以DNA袢环的形式深入核仁中。

14. 核仁周期 nucleolar cycle：核仁是一种动态结构，随细胞周期的变化呈周期性变化，即形成→消失→形成，这种变化称为核仁周期。在细胞的有丝分裂前期，核仁变小，逐渐消失；在有丝分裂末期，rRNA合成重新开始，核仁形成。

（五）简答题

1. 核膜的形成对细胞的生命活动有什么意义？

答：（1）区室化作用：核膜作为真核细胞细胞质与细胞核之间的界膜，将细胞分成细胞核与细胞质两大结构与功能区域，从而使转录与翻译这两个基因表达的基本过程在时空上分开。原核细胞因无核膜，RNA转录与蛋白质合成均在同一时间、同一空间中进行，由DNA转录得到的mRNA是不经过修饰加工就直接用于蛋白质合成的。但在真核细胞中，由于核膜的出现，使RNA转录和蛋白质合成在时间和空间上分开，即细胞核内转录出的mRNA前体，需经过加工修饰后才输出到细胞质中指导和参与蛋白质的合成。

（2）控制细胞核与细胞质的物质交换。核孔复合体是核内外物质交换的调节通道。核膜上核孔复合体的数目、分布和密度与细胞代谢活动有关，细胞核与细胞质之间物质交换旺盛的部位核孔复合体数目多，核孔复合体在调节细胞核与细胞质的物质交换中有重要的作用。

（3）在细胞分裂中参与染色体的定位与分离。在细胞分裂间期，异染色质常紧贴于核膜内面。细胞分裂前期，染色质凝集为染色体时，染色体常紧贴在核膜内面的一定区域。细胞分裂前期结束时，核膜崩解并形成断片或小泡，分散于细胞质中。

2. 简述核骨架的主要功能。

答：（1）为DNA的复制提供支架：DNA是以复制环的形式锚定在核骨架上的，核骨架上有DNA复制所需要的酶，如DNA聚合酶、DNA引物酶、DNA拓扑异构酶Ⅱ等。DNA以环的形式与DNA复制的酶及因子锚定在核骨架上，形成DNA复制复合体进行DNA复制，DNA聚合酶在核骨架上可能具有特定的结合位点，DNA聚合酶通过结合于核骨架上而被激活。DNA的自主复制序列也是结合在核骨架上。

（2）是基因转录加工的场所：RNA的转录同样需要DNA锚定在核骨架上才能进行，核骨架上有RNA聚合酶的结合位点，使之固定于核骨架上，RNA的合成是在核骨架上进行的。新合成的RNA也结合在核骨架上，并在这里进行加工和修饰。

（3）与染色体构建有关：30nm的染色质纤维结合在核骨架上，形成放射环状的结构，在分裂期进一步包装成光学显微镜下可见的染色体。

（4）参与病毒复制：病毒的生命活动都是依赖宿主细胞进行的，其DNA复制、RNA转录及加工等基因表达过程与高等真核细胞自身基因表达相似，必须依赖核骨架。

3. 比较常染色质和异染色质的异同。

答：相同点：化学组成成分相同，是DNA、组蛋白、非组蛋白及少量RNA组成的线性复合物结构，是间期细胞遗传物质的存在形式。在结构上，常染色质和异染色质在细胞周期的一定时期可以相互转变。

不同点：异染色质的染色质纤维折叠压缩程度高，处于凝缩状态，并易染色；常染色质的染色质纤维折叠压缩程度低，处于伸展状态，并且不易染色。当DNA合成时，常染色质是在早S期复制的，而异染色质要到S期末才进行复制。从转录情况看，常染色质含有单一和重复顺序的DNA，能进行转录，更能活跃；结构异染色质也含有重复或非重复序列的DNA，但都不能转录，是低活性的。常染色质多位于染色体臂，而异染色质多位于着丝粒、端粒处。

4. 简述染色体组装多级螺线模型。

答：核小体是染色质的基本结构单位，每个核小体由一个组蛋白核心和200bp左右的DNA构成。组蛋白核心由H_2A、H_2B、H_3、H_4各2分子聚合成八聚体球形结构，分子量约100kDa；146bp的DNA分子围绕在八聚体外围，环绕1.75圈，两个核小体之间以60bp的连接DNA片段和组蛋白H_1形成细丝连接。

核小体在组蛋白H_1存在的情况下连成串珠状，直径约为10nm，为一级结构。每6个核小体绕成一圈形成空心螺线管,外径约为30nm,为二级结构。螺线管进一步盘绕、螺旋化形成圆筒状,形成超螺线管,直径约为400nm,为三级结构。超螺线管进一步螺旋化、盘绕和折叠,形成长2~10μm的染色单体,即染色体的四级结构。

5. 简述核仁的化学组成、超微结构及功能。

答:核仁的化学组成包括rRNA、rDNA和蛋白质。蛋白质含量很高,占80%,rRNA占11%,rDNA占8%。电镜下分为纤维中心、致密纤维成分和颗粒成分三个区域。纤维中心是核仁中rRNA基因rDNA所在的部位。rDNA是从染色体上伸展出的DNA袢环,在袢环上rRNA基因串联排列,进行高速转录,产生rRNA,组织形成核仁。致密纤维成分是核仁中电子密度最高的部分,由致密的纤维构成,呈环形或半月形包围纤维中心。主要含有正在转录的rRNA和一些特异性的RNA结合蛋白。颗粒成分为正在加工成熟的核糖体亚单位前体颗粒。

核仁的主要功能涉及rRNA基因存储、rRNA合成加工以及核糖体亚单位的装配。

6. 细胞核的主要功能是什么?

答:细胞核是细胞内一个重要的细胞器,它的主要功能有:①细胞核是遗传物质储存和复制的场所。从细胞核的结构可以看出,细胞核中含有染色质,染色质的组成成分是蛋白质和DNA分子,而DNA分子又是主要遗传物质。当遗传物质向后代传递时,必须在核中进行复制。②细胞核是细胞遗传和细胞代谢活动的控制中心。遗传物质经复制后传给子代,同时遗传物质还必须将其控制的生物性状特征表现出来,这些遗传物质绝大部分都存在于细胞核中。

第九章 细胞内遗传信息的传递及调控

一、教 学 要 求

掌握：1. 基因的概念及结构特点，转录和翻译的基本过程。
2. 乳糖操纵子的调控方式及真核生物基因调控的特点。

熟悉：转录和翻译后的加工和修饰过程。

了解：基因信息传递与医学的关系。

二、自 测 题

（一）选择题

1. 原核生物mRNA上的SD序列是指（　　）
A. 28S rRNA结合序列
B. 23S rRNA结合序列
C. 16S rRNA结合序列
D. 5.8S rRNA结合序列
E. 5S rRNA结合序列

2. 核糖体的A位点，又叫做受位，是（　　）
A. 结合一个新进入的氨酰tRNA位点
B. tRNA离开原核生物核糖体的位点
C. 结合起始肽酰tRNA的位点
D. tRNA离开核糖体的位点
E. mRNA结合位点

3. 体外实验表明，（　　）的浓度对核糖体大小亚基的聚合与解离有很大影响。
A. Mg^{2+}　　　B. Ca^{2+}　　　C. Na^+
D. Fe^{3+}　　　E. Fe^{2+}

4. 参与肽链合成后二硫键形成的氨基酸残基是（　　）
A. 丝氨酸　　　B. 苏氨酸
C. 天冬氨酸　　D. 酪氨酸
E. 半胱氨酸

5. 遗传密码的特点不包括（　　）
A. 通用性　　　B. 方向性　　　C. 简并性
D. 连续性　　　E. 间断性

6. 蛋白质降解属于基因表达调控的一种方式，下面哪种蛋白参与其中（　　）
A. 泛素　　　　B. 端粒酶
C. Sp1因子　　 D. GATA-1转录因子
E. DNA聚合酶Ⅰ

7. 仅由一种密码子编码的氨基酸是（　　）
A. 色氨酸　　　B. 异亮氨酸
C. 天冬氨酸　　D. 精氨酸
E. 甘氨酸

8. 在结构基因中能够被转录，并能指导蛋白质合成的编码序列，称为（　　）
A. 外显子　　　B. 内含子　　　C. 启动子
D. 增强子　　　E. 沉默子

9. 基因转录过程中起到最关键作用的酶是（　　）
A. DNA聚合酶　　B. RNA聚合酶
C. 核酸内切酶　　D. 核酸外切酶
E. 连接酶

10. DNA双链中一条链的碱基顺序是5′ACTGCT3′，另一条链的碱基顺序是（　　）
A. 5′ACTGCT3′　　B. 5′TCGTCA3′
C. 5′TGACGA3′　　D. 5′AGCAGT3′
E. 5′UGCUGU3′

11. 真核细胞核糖体的大亚基、小亚基分别是60S和40S，一个完整的核糖体是（　　）

A. 100S　　　　B. 90S　　　C. 80S

D. 70S　　　　E. 50S

12. 核糖体小亚基的功能是（　　）

A. 将mRNA结合到核糖体上

B. 提供反密码子识别部位

C. 提供部分tRNA结合部位

D. 激活转肽酶

E. 以上都不是

13. 真核细胞的结构基因组成有（　　）

A. 外显子和内含子　　B. 启动子

C. 增强子　　　　　　D. 终止子

E. 以上都是

14. 遗传密码的特点除了具有起始子（AUG）和终止子（UAG、UAA、UGA）外，还具有（　　）

A. 连续性　　　　　B. 简并性

C. 摆动性　　　　　D. 通用性

E. 以上都是

15. 28S rRNA基因属于（　　）

A. 中心粒序列　　　B. 端粒序列

C. 复制起始序列　　D. 随体DNA

E. 卫星DNA

16. 在人类染色体中，随体的位置在（　　）

A. 第13、14、15、16、21号染色体上

B. 第13、14、15、21、22号染色体上

C. 第14、15、16、21、22号染色体上

D. 第14、15、16、20、21号染色体上

E. 第12、13、14、15、21号染色体上

17. 以下哪种重复序列是基因（　　）

A. 着丝粒序列

B. 端粒序列

C. 5S rRNA的DNA序列

D. 卫星DNA序列

E. Alu家族

18. 遗传信息决定于DNA分子中（　　）

A. A与C的比例

B. A-T与G-C比例

C. A和G与T和C的比例

D. 碱基对的排列顺序

E. 碱基对互补的种类

19. 一段mRNA的顺序为5′AUGGUGGCGA-AUGGCUAA3′，它的翻译产物为（　　）

A. 6肽　　　　B. 5肽　　　　C. 4肽

D. 3肽　　　　E. 无翻译产物

20. 真核细胞核糖体小亚基中含有（　　）

A. 5S rRNA　　　　B. 5.8S rRNA

C. 45S rRNA　　　D. 28S rRNA

E. 8S rRNA

21. rRNA是（　　）

A. 有反密码子

B. 带有蛋白质合成的遗传信息

C. 构成核糖体的成分

D. 有双螺旋结构

E. 最不稳定，即"寿命"短

22. 在DNA双链复制中，首先需要一段引物，它是（　　）

A. mRNA

B. tRNA

C. 蛋白质

D. hnRNA（异质性核RNA）

E. 短链RNA

23. mRNA分子中，翻译的三个终止密码是（　　）

A. UAA、UGA、UAG

B. UUA、UUG、UGU

C. AUG、AGU、AGA

D. GAA、GAG、GGA

E. CAA、CAG、CGA

24. 前体RNA称为（　　）

A. snRNA　　　　B. 剪接体

C. hnRNA　　　　D. mRNA

E. rRNA

25. 关于冈崎片段描述正确的是（　　）
A. 因为DNA复制速度太快而产生
B. 由于复制中有缠绕打结而产生
C. 因为有RNA引物，就有冈崎片段
D. 由于复制与解链方向相反，在后随链生成
E. 复制完成后，冈崎片段被切掉

26. 核糖体内所含的核酸分子是（　　）
A. DNA　　　　B. hnRNA　　　C. mRNA
D. tRNA　　　　E. rRNA

27. 在蛋白质的合成过程中，肽键的形成是在核糖体的哪一部位（　　）
A. 供体部位　　　　B. 受体部位
C. 多肽转移酶部位　　D. GTP酶部位
E. 结合位点

28. 遗传密码子是指（　　）
A. DNA分子上每三个相邻的碱基
B. rRNA分子上每三个相邻的碱基
C. tRNA分子上每三个相邻的碱基
D. mRNA分子上每三个相邻的碱基
E. 蛋白质分子上每三个相邻的氨基酸

29. 下列哪一个密码子是蛋白质合成的起始密码（　　）
A. AUG　　　　B. UAA　　　C. UAG
D. UGA　　　　E. GGG

30. 核糖体中与A位结合的RNA是（　　）
A. 氨酰tRNA　　　B. 肽酰tRNA
C. mRNA　　　　D. rRNA
E. snRNA

31. 密码子AUG可编码（　　）
A. 甲硫氨酸　　　　B. 丝氨酸
C. 苏氨酸　　　　　D. 甘氨酸
E. 天冬氨酸

32. 反转录是指（　　）
A. RNA→DNA　　B. RNA→RNA
C. DNA→RNA　　D. RNA→蛋白质
E. DNA→蛋白质

33. 一个tRNA上的反密码子是UAC，与其相对应的mRNA密码子是（　　）
A. CAC　　　　B. AUG　　　C. TUG
D. ATG　　　　E. GUA

34. 以mRNA为模板合成蛋白质的过程称为（　　）
A. 转录　　　　B. 转导　　　C. 转化
D. 翻译　　　　E. 复制

35. 由于密码子具有兼并性的特征，所以一些氨基酸的对应密码子就不止一种，除（　　）外，其他18种氨基酸由2个或2个以上的密码子决定。
A. 色氨酸和苏氨酸　　B. 甘氨酸和苏氨酸
C. 色氨酸和丙氨酸　　D. 色氨酸和甲硫氨酸
E. 丙氨酸和甲硫氨酸

36. 已知DNA分子中T的含量为25%，C+G的含量应为（　　）
A. 0.5　　　　B. 0.2　　　　C. 0.3
D. 0.4　　　　E. 以上都不是

37. 结构基因中具有编码功能的序列是（　　）
A. 启动子　　　　B. 内含子
C. 外显子　　　　D. 增强子
E. 终止子

38. 在核糖体中具有肽酰转移酶活性的大分子成分是（　　）
A. 大亚单位核糖体蛋白
B. 小亚单位核糖体蛋白
C. rRNA
D. rRNA和大亚单位核糖体蛋白
E. rRNA和小亚单位核糖体蛋白

39. 在蛋白质合成过程中，mRNA的功能是（　　）
A. 运输氨基酸　　　B. 起合成模板的作用
C. 提供能量来源　　D. 提供合成场所
E. 识别遗传密码

40. 根据最近人类基因组测序工作，现认为人类基因组的总基因数为（　　）

A. 10万~12万个　　B. 8万~10万个

C. 6万~8万个　　D. 4万~6万个

E. 3万~4万个

41. 下列哪种细胞器是非膜性结构（　　）

A. 细胞核　　　　B. 核糖体

C. 溶酶体　　　　D. 内质网

E. 线粒体

42. 核糖体中与P位结合的RNA是（　　）

A. 氨酰tRNA　　B. 肽酰tRNA　　C. mRNA

D. rRNA　　　　E. snRNA

43. tRNA在细胞的蛋白质合成过程中的作用是（　　）

A. 激活氨基酸　　B. 传递遗传信息

C. 构成核糖体　　D. 运送氨基酸

E. 剪辑RNA

44. 在蛋白质合成过程，氨基酸的激活需要（　　）

A. RNA聚合酶

B. DNA聚合酶

C. 氨酰tRNA合成酶

D. 转肽酶

E. 以上都不是

45. 与翻译过程直接有关的主要结构是（　　）

A. 核糖体　　　　B. 高尔基复合体

C. 核小体　　　　D. 溶酶体

E. 中心体

46. 人类结构基因的外显子和内含子位于（　　）

A. 前导区　　　　B. 调控区

C. 编码区　　　　D. 尾部区

E. 以上都不对

47. 不属于调控序列的是（　　）

A. 启动子　　　　B. 增强子

C. 复制子　　　　D. 终止子

E. 沉默子

48. 前体RNA经过加工，在形成的5′端帽结构上加了（　　）

A. 1个甲基　　　B. 2个甲基

C. 3个甲基　　　D. 4个甲基

E. 5个甲基

（二）填空题

1. 电镜下，核糖体呈_____状，由_____和_____组成。在完整核糖体中，大、小亚基结合面上形成一条由_____穿过的隧道。

2. 核糖体在细胞中的存在形式有3种，分别是_____、_____和_____。

3. 真核生物核糖体有_____、_____和_____。而原核生物核糖体只有_____。

4. 构成核糖体的化学成分是_____和_____。

5. 编码rRNA的基因，我们称作_____。

6. 核糖体上与蛋白质合成相关的活性位点有_____、_____、_____、_____和转肽酶位点等。

7. 蛋白质多肽链的合成主要包括_____、_____、_____三个阶段。

8. 肽链的延伸包括4个步骤：_____、_____、_____和_____。

9. 核糖体的功能是进行_____。

（三）判断题（正确的打"√"；错误的打"×"）

1. 当体外Mg^{2+}浓度小于1mmol/L时，核糖体大、小亚基趋向于解离。（　　）

2. 组成真核生物细胞质核糖体大亚基的rRNA是28S、23S、5.8S。（　　）

3. SD序列、A位、P位和E位均位于大亚基上。（　　）

4. 执行蛋白质生物合成的功能单位是单个核糖体。（ ）

5. 核糖体存在于一切细胞内。（ ）

6. 真核细胞rRNA转录加工后，被输送到细胞质中与核糖体蛋白组成核糖体。（ ）

7. 在真核细胞内，除5S rRNA外，所有的核糖体rRNA都是在核仁区合成的。（ ）

8. 原核细胞中的核糖体都是70S的，而真核细胞中的核糖体都是80S的。（ ）

9. 原核细胞30S核糖体亚基的形态是由16S rRNA决定的。（ ）

10. 一般情况下，核糖体rRNA约占1/3，而核糖体蛋白质约占2/3。（ ）

（四）名词解释

1. 核糖体 ribosome
2. 多核糖体 polyribosome

（五）简答题

1. 游离核糖体和附着核糖体各自合成的蛋白质有何不同？
2. 核糖体上与蛋白质合成相关的活性部位有哪些？
3. 简述蛋白质多肽链合成的基本过程。

三、参考答案

（一）选择题

1. C　2. A　3. A　4. E　5. E　6. A
7. A　8. A　9. B　10. D　11. C　12. A
13. E　14. E　15. D　16. B　17. C　18. D
19. B　20. E　21. C　22. E　23. A　24. C
25. D　26. E　27. A　28. D　29. A　30. A
31. A　32. A　33. B　34. D　35. D　36. A
37. C　38. A　39. B　40. E　41. B　42. B
43. D　44. C　45. A　46. C　47. C　48. A

（二）填空题

1. 颗粒状、大亚基、小亚基、mRNA

2. 亚基、单体、多核糖体

3. 细胞质核糖体、线粒体核糖体、叶绿体核糖体；细胞质核糖体

4. 核糖体RNA（ribosome RNA，rRNA）、核糖体蛋白质（ribosome protein）

5. rDNA

6. mRNA结合位点、氨酰tRNA结合位点（A位/受位）、肽酰tRNA结合位点（P位/供位）、tRNA结合位点（E位）

7. 起始、延伸、终止

8. 进位、成肽、移位、tRNA的释放

9. 蛋白质的生物合成

（三）判断题

1. √　2. ×　3. ×　4. ×　5. ×　6. ×
7. √　8. ×　9. √　10. ×

（四）名词解释

1. 核糖体 ribosome：又称核糖核酸蛋白体，是由核糖核酸和蛋白质组成的颗粒状非膜性细胞器，是蛋白质合成的场所。

2. 多核糖体 polyribosome：是在蛋白质合成过程中，由多个核糖体与mRNA串联而成的复合结构，是合成蛋白质的功能单位。

（五）简答题

1. 游离核糖体和附着核糖体各自合成的蛋白质有何不同？

答：以游离形式存在于细胞质中的核糖体称为游离核糖体（free ribosome），负责合成可溶性胞质溶胶蛋白、脂锚定膜蛋白、外周蛋白、核基因编码的线粒体蛋白和叶绿体蛋白、核蛋白等。

附着在粗面内质网膜胞质面的核糖体称

为附着核糖体（fixed ribosome），负责合成的主要是提供给内膜系统、细胞质膜以及细胞外的蛋白质，包括分泌蛋白、释放到内质网腔中的蛋白质、膜整合蛋白等。

2. 核糖体上与蛋白质合成相关的活性部位有哪些？

答：（1）mRNA结合位点，位于小亚基上。

（2）肽酰tRNA结合位点，又称P位（P site）或供位（donor site），大部分位于小亚基上，小部分位于大亚基上，是延伸中的多肽链结合部位。

（3）氨酰tRNA结合位点，又称A位（A site）或受位（entry site），大部分位于大亚基上，小部分于小亚基上，是与新掺入的氨酰tRNA相结合的部位。

（4）tRNA结合位点，又称E位，大部分位于大亚基上，是肽酰tRNA移交肽链后的tRNA即脱氨酰tRNA的暂时停靠点。

此外，还存在转肽酶的结合位点，位于P位和A位之间，是肽键形成必需的酶。另外，还存在起始因子、延长因子和终止因子或释放因子的结合位点。

3. 简述蛋白质多肽链合成的基本过程。

答：蛋白质多肽链的合成主要包括肽链合成的起始、延伸和终止三个阶段。

（1）起始，包括三个主要步骤：30S小亚基与mRNA结合、起始氨酰tRNA加入和大亚基加入复合物形成完整起始复合物。

（2）延伸，包括四个步骤：进位、成肽、移位、tRNA的释放。

（3）终止：当核糖体移动到mRNA上的终止密码（UGA、UAA、UAG）时，没有对应的氨酰tRNA再结合上去，肽链合成终止并释放出来。

第十章　细胞连接与细胞黏附

一、教学要求

掌握：1. 细胞连接的各种类型。
　　　2. 紧密连接、锚定连接和间隙连接的特点和功能。
　　　3. 钙黏着蛋白、选择素、免疫球蛋白超家族及整联蛋白等细胞黏附分子的结构特点和功能。

熟悉：选择素、免疫球蛋白超家族的结构特点和功能。

了解：突触的结构与基本功能。

二、自测题

（一）选择题

1. 从上皮细胞的顶端到底部，各种细胞表面连接出现的顺序是（　　）
A. 紧密连接→黏着带→桥粒→半桥粒
B. 桥粒→半桥粒→黏着带→紧密连接
C. 黏着带→紧密连接→半桥粒→桥粒
D. 紧密连接→黏着带→半桥粒→桥粒
E. 桥粒→紧密连接→黏着带→半桥粒

2. 选择素分子的胞内区通过锚定蛋白与细胞内的哪种分子结合（　　）
A. 微管　　　　　B. 微丝
C. 中间纤维　　　D. 肌球蛋白
E. 组蛋白

3. 体外培养的成纤维细胞通过（　　）附着在培养瓶上。
A. 黏着带　　　　B. 黏着斑
C. 桥粒　　　　　D. 半桥粒
E. 间隙连接

4. 紧密连接存在于（　　）
A. 结缔组织　　　B. 血液细胞间
C. 上皮细胞间　　D. 肌肉细胞间
E. 细胞外基质

5. 能起到封闭细胞间隙的细胞间连接方式是（　　）
A. 桥粒　　　　　B. 半桥粒
C. 间隙连接　　　D. 紧密连接
E. 黏着斑

6. 由肌动蛋白纤维参与的连接类型是（　　）
A. 桥粒　　　　　B. 黏着带
C. 紧密连接　　　D. 半桥粒
E. 间隙连接

7. 上皮细胞与基质的连接是（　　）
A. 桥粒　　　　　B. 黏着带
C. 紧密连接　　　D. 半桥粒
E. 间隙连接

8. 动物细胞之间的通讯可以通过（　　）装置来实现。
A. 紧密连接　　B. 黏着带　　C. 桥粒
D. 间隙连接　　E. 半桥粒

9. 由6个亚单位形成中央通道的连接方式是（　　）
A. 紧密连接　　　B. 黏着斑
C. 间隙连接　　　D. 桥粒
E. 半桥粒

10. 负责电偶联的细胞连接是（　　）
A. 间隙连接　　　B. 桥粒

· 158 ·

C. 粘合连接　　　D. 化学突触
E. 紧密连接
11. 对保证心肌细胞同步收缩和舒张起重要作用的是（　　）
A. 间隙连接　　B. 紧密连接　　C. 桥粒
D. 黏着带　　　E. 半桥粒
12. 下列连接方式中与中间纤维相连的是（　　）
A. 间隙连接　　B. 半桥粒　　C. 黏着斑
D. 紧密连接　　E. 胞间连丝
13. 桥粒连接不存在于下列哪种组织（　　）
A. 皮肤　　　B. 心肌　　　C. 膀胱
D. 神经突触　E. 子宫
14. 大疱性天疱疮产生是由于下列哪种结构出现异常（　　）
A. 连接子　　B. 间隙连接　　C. 半桥粒
D. 黏着带　　E. 黏着斑
15. 下列不属于细胞黏附因子的是（　　）
A. 免疫球蛋白超家族CAM
B. 整合素
C. 选择素
D. 钙黏素
E. 钙泵
16. 不依赖于钙离子的细胞黏附分子是（　　）
A. 钙黏着蛋白　　B. 整联蛋白家族
C. 选择素　　　　D. 免疫球蛋白家族
E. 联蛋白
17. 黏附分子的螺旋一般位于该分子的（　　）
A. 胞质区　　B. 胞外区　　C. 分生区
D. 穿膜区　　E. 核区
18. 哪种分子在胚胎发育进入细胞卵裂时期的表达，使得松散的分裂细胞紧密黏附（　　）
A. E-钙黏着蛋白　B. P-钙黏着蛋白
C. N-钙黏着蛋白　D. H-钙黏着蛋白
E. V-钙黏着蛋白
19. 选择素和整联蛋白介导的细胞黏附属于（　　）
A. 同亲型结合
B. 异亲型结合
C. 连接分子依赖性结合
D. 黏附结合
E. 连接结合
20. 下列哪种分子主要表达在血小板和内皮细胞上（　　）
A. P-选择素　　B. L-选择素
C. E-选择素　　D. N-选择素
E. H-选择素
21. 关于整合素的错误叙述是（　　）
A. 可作为多种细胞外基质成分的受体
B. 一种整合素只能与一种细胞外基质蛋白结合
C. 生物学作用的发挥依赖于Ca^{2+}
D. 是由两个亚基构成的异二聚体
E. 可作为细胞黏附分子

B型题

A. 细胞连接　　B. 黏着带　　C. 黏着斑
D. 层粘连蛋白　E. 中间纤维
22. 在单细胞向多细胞的有机体进化的过程中，最主要的特点是出现了（　　）。
23. （　　）是细胞之间的连接。
24. （　　）是细胞与胞外基质之间的连接。
25. 半桥粒处细胞基底质膜中整联蛋白将致密斑与（　　）相连。
26. 锚定连接中，桥粒和半桥粒与细胞骨架系统中的（　　）相连接。
A. 肌动蛋白　B. 胞间连丝　C. 胶原
D. 离子通道扩散　　E. 吞噬作用
27. 黏着带和黏着斑与（　　）相连接。
28. 除少数特化细胞以外，大多数高等植物细胞间都是以（　　）而相互连接的。
29. 由（　　）装配成的纤维具有较强的抗张能力。

（二）填空题

1. 细胞连接主要有_____、_____、_____三种类型。
2. 动物细胞的通讯连接包括_____和_____两种方式。
3. 锚定连接的四种方式分别为_____、_____、_____和_____。
4. 通过释放神经递质传导神经冲动的细胞间通信连接方式是_____。
5. 两个相邻细胞间以一对纽扣式结构存在的连接方式是_____。
6. 列举两个细胞黏附分子：_____、_____。

（三）判断题（正确的打"√"；错误的打"×"）

1. 上皮细胞、肌肉细胞和血细胞都存在细胞连接。（　　）
2. 间隙连接和紧密连接都是脊椎动物的通讯连接方式。（　　）
3. 桥粒和半桥粒的形态结构不同，但功能相同。（　　）
4. 细胞连接和细胞粘连是细胞间组织结构完整性和功能联系的基本结构形式。（　　）
5. 细胞连接是细胞黏合的起始。（　　）
6．锚定连接通过与细胞内的微管相连。（　　）
7. 细胞连接是细胞粘着的发展。（　　）
8．间隙连接的基本结构单位是连接子。（　　）

（四）名词解释

1. 细胞连接 cell junction
2. 紧密连接 tight junction
3. 桥粒 desmosome
4. 间隙连接 gap junction

（五）简答题

细胞连接有哪几种类型？列举其中任意一种有何功能。

三、参考答案

（一）选择题

1. A	2. B	3. B	4. C	5. D	6. B
7. D	8. D	9. C	10. A	11. A	12. B
13. D	14. C	15. E	16. D	17. D	18. A
19. B	20. A	21. B	22. A	23. B	24. C
25. D	26. E	27. A	28. B	29. C	

（二）填空题

1. 封闭连接、锚定连接、通讯连接
2. 间隙连接、化学突触
3. 黏着带、黏着斑、桥粒、半桥粒
4. 化学突触
5. 桥粒
6. 钙黏着蛋白、选择素、免疫球蛋白超家族、整联蛋白（任选2个）

（三）判断题

1. ×　2. ×　3. ×　4. √　5. ×　6. ×
7. √　8. √

（四）名词解释

1. 细胞连接 cell junction：连接细胞的结构称为细胞连接，是指细胞表面可与其他细胞或细胞外基质结合的特化区域，在加强细胞间的机械联系、维持组织结构的完整性、协调细胞的功能方面起着重要作用。
2. 紧密连接 tight junction：脊椎动物的封闭连接称为紧密连接。紧密连接主要分布在脊椎动物的各种管腔及腺体上皮细胞靠腔面的顶端部分，呈带状环绕细胞，使连接处相邻细胞的细胞膜紧密相贴，无间隙。

3. 桥粒 desmosome：又称点状桥粒，位于黏着带下方，是细胞间形成的纽扣式的连接结构，跨膜蛋白（钙黏素）通过锚定蛋白与中间纤维相联系，提供细胞内中间纤维的锚定位点。中间纤维横贯细胞，形成网状结构，同时还通过桥粒与相邻细胞连成一体，形成整体网络，起支持和抵抗外界压力与张力的作用。

4. 间隙连接 gap junction：是动物细胞间最普遍的细胞连接，是在相互接触的细胞之间建立的有孔道的连接结构，允许无机离子及水溶性小分子物质从中通过，从而沟通细胞达到代谢与功能的统一。

（五）简答题

细胞连接有哪几种类型？列举其中任意一种有何功能。

答：细胞连接的类型如下：

（1）封闭连接：主要类型代表是紧密连接。

（2）锚定连接：①与中间纤维相关：桥粒和半桥粒；②与肌动蛋白纤维相关：黏着带和黏着斑。

（3）通讯连接：间隙连接、神经细胞间的化学突触、植物胞间连丝。

举例：紧密连接的功能有：

（1）连接细胞。

（2）防止物质双向渗漏，建立渗透屏障。

（3）限制膜蛋白在脂分子层的流动，维持细胞的极性。

第十一章 细胞微环境及其与细胞的相互作用

一、教学要求

掌握：1. 细胞微环境的概念。
　　　2. 细胞外基质的主要组成。
　　　3. 蛋白聚糖和糖胺聚糖，胶原与弹性蛋白的结构和功能。

熟悉：细胞外基质的功能。

了解：细胞的相互作用。

二、自 测 题

（一）选择题

1. 分布于细胞外空间，并由细胞分泌的蛋白质和多糖构成的网络结构为（　　）
A. 细胞外液　　　B. 细胞间质
C. 细胞外骨架　　D. 细胞外基质
E. 细胞质

2. 细胞外基质中含量最高，刚性及抗张力强度最大的成分是（　　）
A. 胶原　　　　　B. 糖氨聚糖
C. 蛋白聚糖　　　D. 弹性蛋白
E. 纤连蛋白

3. 在创伤组织修复时，细胞分泌大量的（　　）
A. 蛋白聚糖　　　B. 透明质
C. 胶原　　　　　D. 层粘连蛋白
E. 纤连蛋白

4. 关于胶原的形成错误的是（　　）
A. 各型胶原分子由不同的α链构成
B. 前α链在RER上合成，在高尔基复合体上羟基化、糖基化
C. 前胶原分子在细胞内形成，切去前肽后分泌到细胞外
D. 在细胞外胶原分子交联成束或交联成网
E. 前胶原分子在细胞外被水解去除两端的前肽

5. 胶原由3条多肽组成，每条链为1000个氨基酸，并且是三肽Gly-X-Y的重复。其中"X"多为（　　）
A. 羟脯氨酸　　　B. 脯氨酸　　　C. 丝氨酸
D. 赖氨酸　　　　E. 络氨酸

6. 关于蛋白聚糖的特性，错误的是（　　）
A. 蛋白聚糖具有分子筛作用
B. 蛋白聚糖高度疏水
C. 蛋白聚糖具有多态性
D. 蛋白聚糖含量丰富
E. 蛋白聚糖与组织老化有关

7. 三条肽链构成不对称"十"字型的细胞外基质成分是（　　）
A. 蛋白聚糖　　　B. 胶原
C. 纤连蛋白　　　D. 层粘连蛋白
E. 弹性蛋白

8. 分子呈无规则卷曲结构的是（　　）
A. 肌动蛋白　　　B. 层粘连蛋白
C. 胶原　　　　　D. 纤连蛋白
E. 弹性蛋白

9. 下列细胞外基质中（　　）起细胞外基质骨架的作用。
A. 胶原　　　　　B. 层纤连蛋白
C. 纤连蛋白　　　D. 蛋白聚糖
E. 肌动蛋白

10. 分子结构中不含糖的细胞外基质成分是（　　）
A. 胶原　　　　　B. 蛋白聚糖
C. 层粘连蛋白　　D. 透明质酸
E. 弹性蛋白

11. 在细胞外基质中将各种成分组织起来并与细胞表面结合的是（　　）
A. 胶原　　　　　B. 蛋白聚糖
C. 纤连蛋白　　　D. 中间纤维
E. 肌动蛋白

12. 下面与胶原相关的疾病中哪种可由缺乏维生素C引起（　　）
A. 动脉硬化　　　B. 类风湿关节炎
C. 维生素C缺乏病　D. 硅沉着病
E. 成骨发育不全

13. 用抗纤连蛋白的抗体注射胚体，发现在神经系统发育过程中神经嵴细胞的迁移受到抑制。这个实验说明（　　）
A. 胚胎中的神经元在移动过程中必须与纤连蛋白暂时结合
B. 发育中的神经细胞无需合成纤连蛋白
C. 纤连蛋白/抗体复合物形成神经细胞的迁移途径
D. 神经嵴发育包括抗体基因的表达
E. 神经嵴细胞的迁移抑制抗体基因表达

14. 尽管组成细胞外基质的蛋白家族各不相同，但它们有一个共同点（　　）
A. 不同类型细胞产生的外基质组分相同
B. 都是来自免疫系统的蛋白
C. 都有跨膜结构域
D. 都不与细胞相连
E. 具备两个以上特异性结合的位点

15. 蛋白聚糖是由氨基聚糖侧链与核心蛋白的（　　）残基共价结合的产物。
A. 脯氨酸　　　B. 酪氨酸　　　C. 甘氨酸
D. 丝氨酸　　　E. 精氨酸

16. 下列物质中哪些不属于细胞外基质的组成部分（　　）
A. 胶原　　　　　B. 层粘连蛋白
C. 整联蛋白　　　D. 蛋白聚糖
E. 糖胺聚糖

17. 纤粘连蛋白与细胞结合的最小结构单位是（　　）
A. RGD　　　　B. Gly-X-Y　　C. KDEL
D. RDG　　　　E. KEDL

18. 透明质酸被广泛应用在医美行业，与其特性无关的是（　　）
A. 分子表面糖醛基带有大量负电荷
B. 分子表面大量的亲水基团
C. 低浓度也能形成黏稠的胶体
D. 可赋予组织良好的弹性和抗压性
E. 不易被相关酶类降解

19. 下列对于层粘连蛋白的描述正确的是（　　）
A. 在血浆内能促进血液凝固
B. 促进血管创伤面的修复
C. 形成黏着斑，使细胞与细胞外基质黏着
D. 是基膜中的黏着糖蛋白
E. 主要由间质细胞分泌产生

20. 以下不属于基膜组成成分的是（　　）
A. Ⅳ型胶原　　　　B. 弹性蛋白
C. 层粘连蛋白　　　D. 巢蛋白　　E. 渗滤素

21. 肾小球基膜在原尿形成过程中可以阻挡血液中细胞及蛋白质的透过，说明基膜功能有（　　）
A. 结构支撑功能
B. 协助细胞运动
C. 与细胞极性有关
D. 对分子的通透有高度选择性
E. 调控细胞增殖

22. 不属于纤连蛋白功能的是（　　）
A. 介导细胞与外基质的黏附

B. 细胞迁移
C. 促进血液凝固
D. 创伤修复
E. 基膜的构成

（二）填空题

1. 细胞外基质包括_____、_____和_____。

2. 糖胺聚糖是由_____和_____组成的二糖单位重复排列构成的直链多糖。

3. 蛋白聚糖是由_____与_____共价结合形成的含糖量极高的糖蛋白。

4. 主要存在于肌腱、皮肤、韧带及骨中的是_____型胶原；主要存在于软骨中的是_____型胶原；主要在血管壁和各种软组织或器官间质中形成微细纤维网的是_____型胶原；仅存在于基膜中的是_____型胶原。

5. 构成弹性纤维网络的主要成分是_____。

6. _____和_____是细胞外基质的黏着成分，介导细胞与细胞外基质的黏着。

7. 纤连蛋白的细胞结合域含有_____三肽序列，是_____识别并结合的部位。

（三）判断题（正确的打"√"；错误的打"×"）

1. 透明质酸是一种重要的糖氨聚糖，是增殖细胞和迁移细胞外基质的主要成分。（ ）

2. 细胞外基质中含量最丰富的纤维蛋白家族是弹性蛋白。（ ）

3. 动物个体胚胎发育中最早出现的细胞外基质成分是层粘连蛋白。（ ）

4. 细胞是所有细胞外基质产生的最终来源。（ ）

5. 透明质酸不含有硫酸基，以共价键形式和蛋白质结合形成蛋白聚糖。（ ）

（四）名词解释

细胞外基质extracellular matrix

（五）简答题

简述细胞外基质的组成成分。

三、参考答案

（一）选择题

1. D 2. A 3. B 4. C 5. B 6. B
7. D 8. E 9. A 10. E 11. A 12. C
13. A 14. E 15. D 16. C 17. A 18. E
19. D 20. B 21. D 22. E

（二）填空题

1. 糖胺聚糖和蛋白聚糖、胶原和弹性蛋白、非胶原糖蛋白

2. 氨基己糖、糖醛酸

3. 糖胺聚糖、核心蛋白的丝氨酸残基

4. Ⅰ、Ⅱ、Ⅲ、Ⅳ

5. 弹性蛋白

6. 层粘连蛋白、纤连蛋白

7. RGD、整联蛋白

（三）判断题

1. √ 2. × 3. √ 4. √ 5. ×

（四）名词解释

细胞外基质extracellular matrix：分布于细胞外空间，是由细胞分泌的蛋白质和多糖所构成的结构精细而错综复杂的网络结构，它不仅参与组织结构的维持，而且对细胞的存活、形态、功能、代谢、增殖、分化、迁移等基本生命活动具有全方位的影响。细胞外基质成分可以借助其细胞表面的特异性受体向细胞发出信号，通过细胞骨架或各种信号转导途径将信号转导至细胞质，乃至细胞

核，影响基因的表达及细胞的活动。

（五）简答题

简述细胞外基质的组成成分。

答：组成细胞外基质的大分子可大致分为三大类：

（1）胶原和弹性蛋白。

（2）非胶原糖蛋白（层粘连蛋白和纤连蛋白）。

（3）糖氨聚糖和蛋白聚糖。

第十二章　细胞间信息传递

一、教学要求

掌握：1. 细胞信号转导、第一信使、第二信使概念。

2. 膜受体的本质、结构和特性。

熟悉：1. cAMP和cGMP信号通路。

2. 磷脂酰肌醇信号通路。

3. 酪氨酸激酶受体信号通路。

了解：膜受体异常与疾病。

二、自测题

（一）选择题

1. 能与胞外信号特异性识别结合并介导胞内信使的生成，引起细胞产生效应的是（　　）

A. carrier protein　　B. enzyme

C. receptor　　D. ligand

E. transcription factor

2. 以下不属于细胞膜受体的是（　　）

A. 离子通道偶联受体

B. G蛋白偶联受体

C. 酶联受体

D. 细胞核基质中的受体

E. 受体酪氨酸激酶

3. 下列关于膜受体的叙述中，错误的是（　　）

A. 它多为细胞膜上的功能性糖蛋白

B. 它受腺苷酸环化酶激活

C. 它的主要功能是识别配体并与之结合

D. 它与配体特异性结合后，可引起胞内效应

E. 它可能激活第二信使

4. 以下物质不作为第二信使的是（　　）

A. IP_3　　B. cAMP

C. DAG　　D. Ca^{2+}　　E. PLC

5. 细胞膜受体的功能不包括（　　）

A. 识别配体并与之结合

B. 接受外界营养物质

C. 参与细胞间通信

D. 接受外界环境刺激

E. 感受胞内环境变化

6. G蛋白的（　　）亚基上存在GDP和GTP的结合位点。

A. α和β　　B. α　　C. γ

D. β和γ　　E. β

7. G蛋白处于活性状态的时候，其α亚单位（　　）

A. 与β、γ亚单位结合，启动GTP水解

B. 与β、γ亚单位分离，并与GTP结合

C. 与β、γ亚单位结合，并与GDP结合

D. 与β、γ亚单位分离，并与GDP结合

E. 与β、γ亚单位分离，启动GTP结合

8. cAMP是腺苷酸环化酶在G蛋白激活后形成的，可与下列哪种蛋白作用（　　）

A. PKA　　B. PKB　　C. PKC

D. Akt　　E. Jak

9. 以下属于G蛋白偶联受体的是（　　）

A. 胰岛素受体

B. 血小板生长因子受体

C. β-肾上腺素受体

D. 表皮生长因子受体

E. VAGF受体

· 166 ·

10. 在信号转导过程中的级联式反应中，信号分子与下游激活通路的特点是（　　）

A. 1个信号分子可激活1个下游通路

B. 1个信号分子可激活多个下游通路

C. 多个信号分子可与1个受体结合

D. 1个受体结合可激活1个下游通路

E. 1个下游通路启动1个基因转录

11. 同一机体中不同的细胞可以接受同一信号产生不同反应是因为它具有（　　）

A. 不同的基因　　B. 不同的形态

C. 不同的受体　　D. 不同的载体

E. 不同的应答通路

12. 第二信使cAMP的作用是（　　）

A. 介导某些激素产生胞内效应

B. 控制细胞膜上的离子通道

C. 为主动运输提供能量

D. 激活膜受体

E. 与配体特异性结合后，可引起胞内效应

13. 受体的跨膜区通常是（　　）

A. α-螺旋结构　　B. β-折叠结构

C. U-形转折结构　　D. 不规则结构

E. 锌指结构

14. 受体的化学成分及存在部位分别是（　　）

A. 多为糖蛋白，多存在于细胞膜或细胞内

B. 多为糖蛋白，多存在于细胞核或细胞质内

C. 多为糖蛋白，只存在于细胞质中

D. 多为糖蛋白，只存在于细胞膜上

E. 多为糖蛋白，只存在于细胞核中

15. 关于配体哪一条是不对的（　　）

A. 受体所接受的外界信号

B. 包括神经递质

C. 包括激素

D. 包括第二信使

E. 包括各类生长因子

16. 下列哪种物质不是细胞间信息分子（　　）

A. 胰岛素　　B. NO

C. 乙酰胆碱　　D. 葡萄糖

E. Delta

17. 以下关于钙调蛋白不正确的说法是（　　）

A. 是一种最主要的Ca^{2+}结合蛋白质

B. 有游离在细胞质内的，也有膜结合的

C. 调节细胞内的Ca^{2+}浓度

D. 可激活细胞膜上的Ca^{2+}泵

E. 只结合一个Ca^{2+}

18. 关于配体，下列叙述正确的是（　　）

A. 都由特殊分化的内分泌腺分泌

B. 配体与受体结合是可逆的

C. 与相应的受体共价结合，所以亲和力高

D. 配体仅作用于细胞膜表面

E. 只在相邻细胞间起作用

19. 蛋白激酶的作用是使蛋白质或酶（　　）

A. 磷酸化　　B. 去磷酸化

C. 乙酰化　　D. 去乙酰化

E. 脂基化

20. 对受体酪氨酸激酶的描述不正确的是（　　）

A. 有一个胞质激酶结构域

B. 具有催化活性

C. 多数为多次跨膜蛋白

D. 以二聚体的形式与配体结合

E. 与细胞的生长分裂有关

21. 在一个信号转导传递的主要信息是（　　）

A. 蛋白质构象改变　　B. 离子

C. 磷酸　　D. 电子

E. 还原能

22. 磷脂酰肌醇与下列哪项事件直接相关（　　）

A. 细胞增殖

B. 视杆细胞感光

C. 肌肉收缩

D. IP_3和DAG的第二信使产生

E. 免疫反应

23. 下列哪项物质与胞内受体结合（　　）
A. 血管内皮生长因子
B. 胰岛素
C. 胰高血糖素
D. 乙酰胆碱
E. 甲状腺素

24. 下列哪项不会激活丝裂原活化蛋白激酶信号通路（　　）
A. PKC信号通路　　　B. JAK-STAT信号通路
C. ERK信号通路　　　D. p38-MAPK信号通路
E. Ras信号通路

25. 与霍乱弧菌引发急性腹泻和脱水不相关的因子是（　　）
A. PKA　　　　　　B. G蛋白
C. cAMP　　　　　D. 鸟苷酸环化酶
E. 血管内皮生长因子

（二）填空题

1. 在作用上，细胞信号分子有以下特点：
①_____；②_____；
③_____。

2. 根据胞外信号的特点和作用方式，化学信号可分为_____、_____和_____三种类型。

3. 受体是一种蛋白质，或存在于_____，或存在于_____。

4. 受体所接受的外界信号统称为_____。

5. 依据受体存在的部位，受体可分为_____和_____两大类。

6. 根据信号转导机制和受体蛋白类型的不同，细胞表面受体（膜受体）分为三种类型：_____、_____和_____。

7. 参与G蛋白偶联受体进行信号转导的第二信使有①_____、②_____、③_____、④_____和

⑤_____。

8. 催化第二信号cAMP形成的酶是_____，它是_____的效应蛋白之一，可被其激活。

9. 除了cAMP、cGMP等第二信号外，细胞内的第二信号分子还有_____、_____（写出二种即可）。

10. PKA被_____激活后，能在_____存在的情况下，使许多蛋白质特定的_____残基和/或_____残基磷酸化，从而调节细胞的物质代谢和基因表达。

11. G蛋白是由_____、_____和_____三个亚基组成的，其非活化型的为_____，活化型的为_____。

12. 离子通道受体转导的最终效应是_____，可认为离子通道受体是通过将_____转变为_____而影响细胞功能的。

（三）判断题（正确的打"√"；错误的打"×"）

1. 信号转导分子的结构改变可导致许多疾病的发生。（　　）

2. 细胞内信号转导分子就是一些小分子有机化合物。（　　）

3. 神经递质不属于可溶性的细胞外化学信号。（　　）

4. 受体存在于细胞膜上或细胞质中。（　　）

5. 受体在细胞内的分布、种类和数量上均有组织特异性，并表现出特定的作用模式。（　　）

6. 某些化学信号可与一种以上的受体结合，所以配体与受体的结合是非特异性的。（　　）

7. 在正常生理情况下，受体数目受微环境影响，其中与受体结合的配体浓度对调节自身受体的数量具有重要作用。（　）

8. 受体与配体以共价键结合，当生物效应发生后，二者常被立即灭活。（　）

9. 细胞内蛋白质通过蛋白质相互作用结构域而相互作用，形成的信号转导复合物，是信号转导通路和信号转导网络的结构基础。（　）

10. 离子型通道受体是通过将化学信号转变成为电信号而影响细胞功能的，其信号转导的最终效应是细胞膜电位的改变。（　）

11. 单跨膜受体又称酶偶联受体，其自身不具有酶活性，只是与酶分子结合存在。（　）

12. 腺苷酸环化酶是跨膜7次的跨膜蛋白。（　）

13. G蛋白循环是7次跨膜受体和单跨膜受体转导信号的共同通道。（　）

14. 由αi亚单位构成的G蛋白家族是Gi家族，对效应蛋白起抑制作用。（　）

15. cAMP除了能激活cAMP依赖性PKA外，还可以作用于视网膜光感受器上的离子通道。（　）

（四）名词解释

1. 信号转导 signal transduction
2. 配体 ligand
3. 第一信使 primary messenger
4. 受体 receptor
5. 配体门控离子通道 ligand-gated ion channel
6. G蛋白偶联受体
7. 酶偶联受体 catalytic receptor
8. G蛋白 G-protein
9. 第二信使 second messenger
10. 环磷酸腺苷 cAMP

（五）简答题

1. 请列表说明G蛋白的类型、效应蛋白及作用。
2. 简述G蛋白偶联受体共有的结构特征。
3. 在信号转导中，G蛋白的活性变化大体上可分为几个步骤？
4. 简述受体与信号分子结合的特点。
5. 简述cAMP信号途径涉及的反应链。
6. 膜受体根据信号转导机制和受体蛋白类型的不同，分为三种类型，请分别进行简述。
7. 细胞信号转导包括几个主要方面？
8. 举例说明cAMP信号途径引发的不同生物学效应。

三、参考答案

（一）选择题

1. C　2. D　3. B　4. E　5. E　6. B
7. B　8. A　9. C　10. B　11. E　12. A
13. A　14. A　15. D　16. D　17. E　18. B
19. A　20. C　21. A　22. D　23. E　24. B
25. E

（二）填空题

1. 特异性、复杂性、时间效应
2. 内分泌激素、神经递质、局部化学介质
3. 细胞膜、细胞内
4. 配体
5. 细胞表面受体或膜受体、细胞内受体
6. 离子通道偶联受体、G蛋白偶联受体、酶偶联受体
7. 钙离子、cAMP、cGMP、IP_3（三磷酸肌醇）、DAG（二酰基甘油）
8. 腺苷酸环化酶（AC）、G蛋白

9. NO、IP₃、Ca²⁺、DAG（写出二种即可）
10. cAMP、ATP、丝氨酸、苏氨酸
11. α、β、γ 三聚体共存并与GDP结合、α亚基与GTP结合并导致β、γ二亚基脱落
12. 细胞膜电位改变、化学信号、电信号

（三）判断题

1. √　2. ×　3. ×　4. ×　5. √　6. ×
7. √　8. ×　9. √　10. √　11. √　12. ×
13. ×　14. √　15. ×

（四）名词解释

1. 信号转导signal transduction：细胞外信号与细胞表面受体相互作用，使其转变为细胞内信号，引起细胞内的级联反应，实现对细胞生命活动调节的过程，称为信号转导（signal transduction）。

2. 配体ligand：能与受体蛋白分子专一部位结合，引起细胞反应的信号分子称为配体，它既可以是物理信号，也可以是化学信号。

3. 第一信使primary messenger：在细胞信号转导过程中，最广泛、最重要的信号是由细胞分泌的化学信号，其功能是与细胞受体结合并传递信息，故又称为第一信使（primary messenger）。

4. 受体receptor：是一类能与细胞外专一信号分子（配体）结合并引起细胞反应的生物大分子。

5. 配体门控离子通道ligand-gated ion channel：具有离子通道作用的细胞膜受体称为离子通道受体。本身既有信号结合位点，又是离子通道，其跨膜信号转导无需中间步骤，又称为配体门控离子通道。

6. G蛋白偶联受体：当受体与配体结合使受体活化后，都要与一组能与GTP结合的、称为G蛋白的调节蛋白相互作用，进而完成胞内信号传递作用，因此称为G蛋白偶联受体。

7. 酶偶联受体catalytic receptor：既是受体也是酶，一旦被配体激活即具有酶活性并将信号放大，又称催化受体。

8. G蛋白G-protein：又称GTP结合蛋白（GTP binding protein）、鸟嘌呤核苷酸结合蛋白（guanine nucleotide-binding protein），是指具有GTP酶活性，在细胞信号通路中起信号转换器或分子开关作用的蛋白质，位于细胞膜胞质面，为可溶性的膜外周蛋白，由α、β和γ三种蛋白质亚基组成，其中β和γ亚基通常以异二聚体紧密结合在一起。由于该蛋白发挥作用是通过鸟苷酸（GDP、GTP）与其α亚基的可逆性结合，所以称之为G蛋白。

9. 第二信使second messenger：受体激活后在细胞内最先产生的能介导信号转导的活性物质通常称为第二信使。cAMP、cGMP、IP₃、DAG、Ca²⁺等是细胞中重要的第二信使。

10. 环磷酸腺苷cAMP：环磷酸腺苷（cyclic AMP，cAMP）是最重要的胞内信使，它是由腺苷酸环化酶（adenylate cyclase，AC）在G蛋白激活下，催化ATP形成的产物。cAMP可被特异的环核苷酸磷酸二酯酶（PDE）迅速水解为5′-AMP，失去信号功能。

（五）简答题

1. 请列表说明G蛋白的类型、效应蛋白及作用。

答：

类型	效应蛋白	对效应蛋白的作用
Gs	腺苷酸环化酶	激活
Gi	腺苷酸环化酶	抑制
Gp	磷脂酶C	参与对IP₃、DAG的调节

2. 简述G蛋白偶联受体共有的结构特征。

答：①由一条多肽链组成，其中带有7个α-螺旋跨膜区。②其N端朝向细胞外，有4个胞外区，而C端则朝向细胞内，有4个胞内区。

③在N端带有一些糖基化位点，而在细胞内C端的第三个襻和C端各有一个在蛋白激酶催化下发生磷酸化的位点，这些位点与受体活性调控有关。

3. 在信号转导中，G蛋白的活性变化大体上可分为几个步骤？

答：①受体激活。当配体与受体结合后，触发受体分子构象改变，暴露出与G蛋白α亚基结合的部位，配体受体复合物与G蛋白结合，导致G蛋白与GDP的结合力大大减弱。②G蛋白激活。GDP从α亚基上解离，空出的位置结合上GTP，G蛋白被激活，α亚基与β、γ亚基分离。激活的G蛋白直接与位于其下游的效应蛋白作用并使其激活，完成信号从胞外到胞内的传递过程。③G蛋白重新失活。当配体与受体结合解除后，G蛋白α亚基将GTP水解成GDP，α亚基恢复原有构象，并与效应蛋白分离，而重新和β、γ亚基结合恢复到静息状态下的三聚体。

4. 简述受体与分子结合的特点。

答：①特异性：受体选择性地与特定配体结合，这种选择性是由分子的空间构象所决定的。②高亲和力：体内活性信号浓度非常低，受体与信号分子的高亲和力保证了很低浓度的信号分子也可充分起到调控作用。③饱和性：受体-配体的结合曲线呈矩形双曲线，受体数目是有限的；增加配体的浓度可使受体饱和，当受体全部被配体占据时，再提高配体的浓度也不会增加细胞的效应。④可逆性：受体与配体以非共价键结合，当生物效应发生后，配体即与受体分离。受体可恢复到原来的状态再次接收配体信息，而配体常被立即灭活。⑤特定的作用模式：受体的分布和含量具有组织和细胞特异性，并呈现特定的作用模式。受体与配体结合后可引起某种特定的生理效应。

5. 简述cAMP信号途径涉及的反应链。

答：cAMP信号途径涉及的反应链可表示为：胞外信号分子→G蛋白偶联受体→G蛋白→AC→cAMP→PKA→靶蛋白→生物学效应（或细胞应答）。

6. 膜受体根据信号转导机制和受体蛋白类型的不同，分为三种类型，请分别进行简述。

答：

（1）离子通道偶联受体：具有离子通道作用的细胞膜受体称为离子通道受体，本身既有信号结合位点，又是离子通道，其跨膜信号转导无需中间步骤，又称为配体门控离子通道。受体与配体结合后，构象发生改变，离子通道瞬时打开或关闭，改变了质膜的离子通透性，使突触后细胞发生兴奋。这类受体主要存在于神经细胞或其他可兴奋细胞间的突触信号传递。

（2）G蛋白偶联受体：是膜受体中最大的家族，分布广泛，类型多样，几乎遍布所有细胞。当受体与配体结合使受体活化后，都要与一组能与GTP结合的、称为G蛋白的调节蛋白相互作用，进而完成胞内信号传递作用，因此称为G蛋白偶联受体。

G蛋白偶联受体介导了许多胞外信号分子的细胞应答，包括多种蛋白质或肽类激素、局部介质、神经递质和氨基酸或脂肪酸的衍生物以及光量子。

（3）酶偶联受体：既是受体也是酶，一旦被配体激活即具有酶活性并将信号放大，又称催化受体。其介导的信号转导通常与细胞的生长、繁殖、分化、生存有关。

7. 细胞信号转导包括几个主要方面？

答：①胞外信号分子，通常也称为第一信使，包括激素、神经递质、生长因子、药物等；②细胞表面接受信号分子的受体；③受体将信号分子携带的信号经跨膜转导，转变为细胞内信号，也称为第二信使，如cAMP、cGMP、IP$_3$、DG、Ca^{2+}等；④细胞内信号作用于效应分子，进行逐步放大的级联反应，引起细胞代谢、生长、基因表达等方面的一系列变化。

8. 举例说明cAMP信号途径引发的不同生物学效应。

答：①cAMP-PKA调节细胞中糖原分解；②cAMP-PKA对真核细胞基因表达的调控。

第十三章　细胞分裂与细胞周期

一、教学要求

掌握：1. 细胞周期的概念和主要事件。
　　　2. 细胞周期的调控机制。

熟悉：细胞分裂的类型和特点。
了解：细胞周期与疾病的关系。

二、自测题

（一）选择题

1. 体细胞分裂的主要方式是（　　）

A. 无丝分裂　　　　B. 成熟分裂

C. 减数分裂　　　　D. 直接分裂

E. 间接分裂

2. 下列哪一项是细胞进入有丝分裂前期的标志（　　）

A. 染色质凝集成染色体

B. 核膜破裂

C. 核仁消失

D. 分裂极确定

E. 纺锤体形成

3. 有丝分裂前期的形态变化表现在以下哪几个方面（　　）

A. 核膜、核仁消失

B. 染色质逐步螺旋化转变成染色体

C. 纺锤体形成

D. A+B

E. A+B+C

4. 有丝分裂中，染色质凝集，核膜崩解，核仁消失，该期属于（　　）

A. 前期　　　　B. 中期　　　　C. 后期

D. 末期　　　　E. 间期

5. 细胞分裂时纺锤丝的排列方式以及染色体移动方向与下列哪个结构有关（　　）

A. 中心粒　　　　B. 中间纤维

C. 肌球蛋白丝　　　　D. 肌动蛋白丝

E. 以上都不是

6. 纺锤体是一种出现于有丝分裂前期末，对细胞分裂及染色体分离有重要作用的临时性细胞器。该结构主要由哪种细胞骨架组成（　　）

A. 肌球蛋白丝　　　　B. 微管

C. 肌动蛋白丝　　　　D. 核纤层

E. 中间纤维

7. 微管的组织中心是（　　）

A. 动粒微管　　B. 星体微管　　C. 极微管

D. 中心体　　　　E. 随体

8. 两个星体之间的微管是下列哪一项（　　）

A. 星体　　　　B. 星体微管

C. 极间微管　　　　D. 动力微管

E. 动粒微管

9. 纺锤体形成的时期是（　　）

A. 分裂前期　　　　B. 分裂中期

C. 分裂后期　　　　D. 分裂末期

E. 分裂间期

10. 有丝分裂过程中，姐妹染色单体着丝粒的分开发生于（　　）

A. 前期　　　　B. 中期　　　　C. 后期

D. 末期　　　　E. 以上都不是

11. 有丝分裂哪个时期的染色体特别适合于进行染色体数目、结构等细胞遗传学的研究

( )

A. 前期　　　　　B. 中期　　　　C. 后期

D. 末期　　　　　E. 间期

12. 发生在有丝分裂后期的事件是（　　）

A. 染色质凝集　　　B. 染色体排于赤道板

C. 核膜裂解　　　　D. 姐妹染色单体分离

E. 收缩环形成

13. 有丝分裂是真核细胞增殖的主要方式，在这个过程中的主要事件有（　　）

A. 细胞膜的崩解和重建

B. 染色质凝集成染色体和染色质重新形成

C. 纺锤体的形成和染色体的运动

D. 细胞质的分裂

E. 以上都是

14. 下列哪一项是细胞有丝分裂中期的主要标志（　　）

A. 染色质凝集成染色体

B. 核膜破裂，核仁消失

C. 染色体排列在细胞赤道面上

D. 姐妹染色单体分开向细胞两极移动

E. 染色体解聚成染色质

15. 有丝分裂中期发生的主要事件有（　　）

A. 染色质组装成染色体

B. 有丝分裂器的形成

C. 核被膜和核仁的消失

D. 收缩环的形成

E. 核被膜的重建

16. 不会在有丝分裂末期发生的是（　　）

A. 核仁重现　　　　B. 染色体组装

C. 核重建　　　　　D. 核膜重建

E. 收缩环开始形成

17. 高等真核细胞常以（　　）作为有丝分裂前期结束的标志

A. 染色质组装成染色体

B. 有丝分裂器的形成

C. 核被膜的消失

D. 收缩环的形成

E. 核被膜的重建

18. 核膜破裂及重建时，分别依次发生核纤层纤维的什么反应（　　）

A. 磷酸化、去磷酸化

B. 去磷酸化、磷酸化

C. 聚合、解聚

D. 活化、失活

E. 失活、活化

19. 动物细胞分裂时形成的收缩环是下列哪种成分主要构成的（　　）

A. 微管蛋白　　　　B. 肌动蛋白丝

C. 角蛋白丝　　　　D. 结蛋白丝

E. 波形蛋白丝

20. 减数分裂前期 I 中所经历的顺序是（　　）

A. 偶线期、细线期、双线期、粗线期、终变期

B. 细线期、双线期、粗线期、偶线期、终变期

C. 细线期、粗线期、双线期、偶线期、终变期

D. 细线期、偶线期、粗线期、双线期、终变期

E. 偶线期、细线期、粗线期、双线期、终变期

21. 下列哪一项为减数分裂 I 粗线期的主要特点（　　）

A. 同源染色体配对和染色质凝集

B. 染色质凝集和同源染色体片段交换

C. 同源染色体形成联会复合体

D. 同源染色体交叉和RNA合成

E. 染色体凝集和DNA重组

22. 减数分裂中的染色体交叉出现在（　　）

A. 细线期　　　B. 偶线期　　　C. 粗线期

D. 双线期　　　E. 中期 I

23. 减数分裂过程中，要发生染色体减数，此过程发生在（　　）

A. 前期 I　　　B. 中期 I　　　C. 后期 I

D. 后期 II　　　E. 中期 II

24. 减数分裂过程中，交叉端化现象发生在（　　）

A. 细线期　　　　　B. 偶线期　　　C. 粗线期

D. 双线期　　　　　E. 终变期

25. 减数分裂发生于有性生殖细胞的成熟过程中。下列对其描述不正确的是（　　）

A. 同源染色体发生配对

B. 姐妹染色单体间有交叉现象

C. 细胞连续分裂两次

D. DNA只复制一次

E. 染色体间发生片段交换

26. 减数分裂过程中，重组结出现在（　　）

A. 细线期　　　　　B. 偶线期　　　C. 粗线期

D. 双线期　　　　　E. 终变期

27. 有关减数分裂中期，下列描述正确的是（　　）

A. 中期Ⅰ二分体排列于赤道面上

B. 中期Ⅱ二价体排列在赤道面上

C. 中期Ⅰ四分体排列在赤道面上

D. 中期Ⅰ动粒微管与染色体的两个动粒相连

E. 中期Ⅱ动粒微管只与染色体的一个动粒相连

28. 细胞分裂的哪个阶段可以观察到孟德尔自由组合定律的证据（　　）

A. 有丝分裂后期　　B. 有丝分裂中期

C. 减数分裂后期Ⅰ　D. 减数分裂后期Ⅱ

E. 减数分裂前期Ⅰ

29. 使用秋水仙碱可将细胞阻断在细胞周期的（　　）

A. 分裂前期　　　　B. 分裂中期

C. 分裂后期　　　　D. 分裂末期

E. 分裂间期

30. 联会复合体的形成在（　　）

A. 细线期　　　　　B. 偶线期

C. 粗线期　　　　　D. 双线期　　　E. 终变期

31. 减数分裂的偶线期中配对的两条染色体是（　　）

A. 姐妹染色单体　　B. 非姐妹染色单体

C. 二分体　　　　　D. 同源染色体

E. 非同源染色体

32. 有性生殖个体形成生殖细胞的特有分裂方式为（　　）

A. 无丝分裂　　　　B. 有丝分裂

C. 减数分裂　　　　D. 出芽生殖

E. 对数分裂

33. 第一次减数分裂完成的主要标志是（　　）

A. 同源染色体分离

B. 姐妹染色单体分离

C. 同源染色体配对

D. 同源染色体交换

E. 同源染色体重组

34. 第一次减数分裂中期的主要事件是下列哪一项（　　）

A. 染色质凝集和同源染色体片段交换

B. 同源染色体重组完成

C. 染色体排列在赤道面上

D. 同源染色体分离

E. 染色单体排列在赤道面上

35. 减数分裂中，着丝粒的分离发生在（　　）

A. 第一次和二次减数分裂后期

B. 第一次减数分裂前期

C. 第一次分裂减数后期

D. 第二次减数分裂前期

E. 第二次减数分裂后期

36. 关于减数分裂的正确叙述是（　　）

A. 复制一次，分裂一次

B. 复制一次，分裂两次

C. 受精卵细胞卵裂时发生

D. 分裂的结果是染色体数目不变

E. 是所有生物体生殖的普遍方式

37. 下列哪一项为减数分裂Ⅰ偶线期的主要特点（　　）

A. 同源染色体配对和染色质凝集

B. 染色质凝集和同源染色体片段交换

C. 同源染色体形成联会结构

D. 同源染色体交叉和RNA合成

E. 染色体凝集和DNA重组

38. 下列何种药物能将细胞同步化至分裂中期（　　）

A. 秋水仙碱　　　　B. 氨甲蝶呤

C. 鬼笔环肽　　　　D. 细胞松弛素B

E. 过量TdR

39. 下列哪一项为减数分裂Ⅰ细线期的主要特点（　　）

A. 同源染色体配对和染色质凝集

B. 染色质凝集和同源染色体片段交换

C. 同源染色体形成联会结构

D. 同源染色体交叉和RNA合成

E. 染色体凝集和DNA重组

40. 在减数分裂过程中，姐妹染色单体分离的现象发生在（　　）

A. 前期Ⅰ　　B. 中期Ⅰ　　C. 后期Ⅰ

D. 后期Ⅱ　　E. 末期Ⅱ

41. 第一次减数分裂前期的主要事件是（　　）

A. 同源染色体配对和染色质凝集

B. 染色质凝集和同源染色体片段交换

C. 同源染色体片段交换和RNA合成活跃

D. 同源染色体交叉和重组

E. 染色体凝集和DNA重组

42. 粗线期可进行少量的DNA合成，该期所合成的DNA称为（　　）

A. P-DNA　　　　B. A-DNA　　　　C. B-DNA

D. mt-DNA　　　　E. Z-DNA

43. 第一次减数分裂后期的主要事件是下列哪一项（　　）

A. 染色质凝集和同源染色体片段交换

B. 同源染色体重组完成

C. 染色体排列在赤道面上

D. 染色体到达细胞两极

E. 同源染色体分离

44. 下列哪一项为减数分裂Ⅰ双线期的主要特点（　　）

A. 同源染色体配对和染色质凝集

B. 染色质凝集和同源染色体片段交换

C. 同源染色体形成联会结构

D. 同源染色体交叉和RNA合成

E. 染色体凝集和DNA重组

45. 减数分裂分两个过程，经过两次分裂，一个细胞将形成（　　）

A. 2个二倍体细胞　　B. 4个二倍体细胞

C. 2个单倍体细胞　　D. 4个单倍体细胞

E. 2种单倍体细胞

46. 减数分裂中由二价体形成四分体是发生在（　　）

A. 细线期　　　　B. 偶线期

C. 粗线期　　　　D. 双线期

E. 终变期

47. 第二次减数分裂完成的主要标志是（　　）

A. 同源染色体分离　　B. 姐妹染色单体分离

C. 同源染色体配对　　D. 同源染色体交换

E. 同源染色体重组

48. 不同分裂方式在分裂过程中各具特点。有丝分裂和无丝分裂的主要区别在于后者（　　）

A. 分裂周期短

B. 不经过染色体的变化，无纺锤丝出现

C. 经过染色体的变化，无纺锤丝出现

D. 细胞核先分裂，核仁后分裂

E. 细胞核和核仁同时分裂

49. 下列有关无丝分裂的叙述正确的是（　　）

A. 分裂快速、消耗少

B. 仅见于低等生物中

C. 常见于肿瘤细胞

D. 核仁和核膜均消失

E. 具有染色体结构的变化

50. 下列哪一项不属于无丝分裂现象（　　）

A. 细胞核保持完整

B. 染色质不凝集

C. 染色体分布在细胞中央后向两极移动

D. 高尔基复合体移到细胞中部靠近中心体

E. 细胞膜和细胞质在中间形成环状缢缩

51. 不能进行无丝分裂的有（　　）

A. 红细胞　　　　B. 上皮组织

C. 结缔组织　　　D. 肝细胞

E. 肌肉组织

52. 减数分裂是有性生殖细胞特有的分裂方式，与有丝分裂相比，减数分裂的显著特征是（　　）

A. 染色体的分裂　　B. DNA的复制

C. 分裂环的形成　　D. 有丝分裂器的形成

E. 同源染色体的配对

53. 细胞周期的概念是（　　）

A. 细胞从上一次分裂结束开始到下一次分裂结束为止

B. 细胞从前一次分裂开始到下一次分裂结束为止

C. 细胞从这一次分裂开始到分裂结束为止

D. 细胞从这一次分裂结束到下一次分裂开始为止

E. 细胞从前一次分裂开始到下一次分裂开始为止

54. 建立细胞周期概念主要的细胞代谢基础是（　　）

A. 蛋白质含量的周期性变化

B. RNA含量的周期性变化

C. RNA酶含量的周期性变化

D. DNA含量的周期性变化

E. DNA含量和蛋白质含量的周期性变化

55. 占细胞周期时间最短且细胞形态变化最大的时期是（　　）

A. G_1期　　　B. G_2期　　　C. M期

D. S期　　　　E. G_0期

56. 细胞周期包括（　　）两个主要时期。

A. G_1期和G_2期　　B. 间期和M期

C. 间期和S期　　　D. M期和G_2期

E. M期和S期

57. 下列关于细胞周期的叙述，正确的是（　　）

A. 成熟的生殖细胞产生后立即进入下一个细胞周期

B. 机体内所有体细胞处于细胞周期中

C. 细胞周期由前期、中期、后期、末期组成

D. 细胞种类不同，细胞周期持续时间不同

E. 抑制DNA的合成，细胞将停留在分裂期

58. 肝细胞具有高度的特化性，但是当肝组织被破坏或者手术切除其中的一部分，组织仍会生长。那么，肝细胞属于哪一类细胞（　　）

A. 永久处于G_0期的细胞

B. 可以被诱导进入S期的细胞

C. 持续再生的细胞

D. 滞留于G_1期的细胞

E. 无法从题目的条件中推出结果

59. 由于R点的限制作用，有机体中的细胞或体外培养的细胞可以发展为三种类型，下列哪项不属于这三类细胞（　　）

A. 持续增殖细胞　　B. 暂不增殖细胞

C. 不再增殖细胞　　D. 凋亡细胞

E. 干细胞

60. 下述哪种细胞属于不再分裂的细胞（　　）

A. 胃上皮细胞　　　B. 皮肤基底层细胞

C. 神经元　　　　　D. 成纤维细胞

E. 肝细胞

61. 细胞周期的G_1期中合成（　　）

A. RNA　　　　　B. DNA

C. 微管蛋白　　　D. 组蛋白

E. MPF

62. 细胞增殖周期中DNA聚合酶的大量合成发生在（　　）

A. G_1期　　　B. S期　　　C. G_2期

D. G_0期　　　E. M期

63. 细胞中DNA加倍开始于（　　）

A. G_0期　　　B. G_1期　　　C. G_2期

D. S期　　　E. M期

64. 间期细胞中的遗传物质（　　）

A. 常染色质与异染色质同时复制

B. 常染色质复制，异染色质不复制

C. 常染色质不复制，异染色质复制

D. 常染色质先复制，异染色质后复制

E. 常染色质与异染色质都不复制

65. 细胞周期中的G_2期主要事件有（　　）

A. 大量RNA和蛋白质合成

B. 高尔基复合体、内质网的形成

C. 线粒体的大量形成

D. P53的大量合成

E. 微管蛋白的合成达到高峰，成熟促进因子的合成

66. 组蛋白合成主要是在细胞周期的（　　）

A. G_1期　　　B. G_2期　　　C. S期

D. M期　　　E. 以上都不是

67. 下列哪个能与CDK结合形成复合物（　　）

A. ATP　　　B. Cyclin　　　C. IP_3

D. G蛋白　　　E. cAMP

68. 细胞周期蛋白A（Cyclin A）含量最高的时期是（　　）

A. 有丝分裂前期　　　B. 有丝分裂后期

C. G_1期　　　D. S期和G_2期

E. G_2期和M期

69. 下列关于细胞周期蛋白和CDK，说法错误的是（　　）

A. 只要周期蛋白结合CDK，后者即可表现出激酶活性

B. 周期蛋白结合的CDK部位氨基酸顺序比较保守

C. 不同的周期蛋白在细胞周期中表达的时期不同，并与不同CDK结合，调节不同的CDK激酶的活性

D. CDK激活必须以结合周期蛋白为前提

E. 细胞周期蛋白D主要与激酶CDK4和CDK6结合，调节G_1/S期转化

70. 哺乳动物细胞周期中，启动细胞从G_2期进入M期的MPF是由（　　）两个亚基构成。

A. cyclin D、CDK4　　　B. cyclin E、CDK2

C. cyclin B、CDK1　　　D. cyclin A、CDK2

E. cyclin D、CDK2

71. 成熟促进因子是在（　　）合成的。

A. G_1期　　　B. S期　　　C. G_2期

D. M期　　　E. G_0期

72. 成熟促进因子（MPF）的作用是能够使细胞（　　）

A. 从G_1期进入S期　　　B. 从G_2期进入M期

C. 从S期进入G_2期　　　D. 从中期进入后期

E. 从S期进入G_0期

73. 关于细胞周期检查点的描述，错误的是（　　）

A. 限制点和细胞周期蛋白及激酶等一起参与细胞周期的调控

B. 它的作用是细胞遇到环境压力或者DNA受损时使细胞周期停止的"刹车"作用，对细胞进入下一期之前进行检查

C. 细胞周期主要有四个检查点：G_1/S、S/G_2、G_2/M和M/G_1

D. 最重要的是G_1/S限制点

E. 限制点对正常周期运转并不是必需的

74. DNA损伤检测点的作用是（　　）

A. 防止DNA损伤或突变的细胞进入S期

B. 防止DNA复制未完成的细胞进入S期

C. 防止DNA损伤或突变的细胞出M期

D. 防止DNA复制未完成的细胞进入M期

E. 防止DNA复制未完成的细胞出S期

75. DNA复制检测点的作用是（　　）

A. 防止DNA损伤或突变的细胞进入S期

B. 防止DNA复制未完成的细胞进入S期

C. 防止DNA损伤或突变的细胞进入M期

D. 防止DNA复制未完成的细胞进入M期

E. 防止细胞出M期

（二）填空题

1. 细胞周期是指从＿＿＿＿所经历的整个过程。细胞周期的顺序是：＿＿＿＿期→＿＿＿＿期→＿＿＿＿期→＿＿＿＿期。

2. G_1期细胞的主要特点是大量合成＿＿＿＿以及＿＿＿＿含量明显增加。

3. 周期中，DNA的复制和组蛋白的合成是在＿＿＿＿期；细胞中每条染色体的两条姐妹单体分离并向两极移动是在M期的＿＿＿＿期。

4. 根据形态以及结构的变化，可以将连续的动物细胞有丝分裂过程人为地分为＿＿＿＿期，＿＿＿＿期，＿＿＿＿期和＿＿＿＿期。

5. 第一次减数分裂的＿＿＿＿期为其特征时期，共分为5期：即＿＿＿＿期、＿＿＿＿期、＿＿＿＿期、＿＿＿＿期和＿＿＿＿期。

6. 在减数分裂过程中，同源染色体＿＿＿＿发生于粗线期。

7. 在粗线期，四分体中＿＿＿＿相互靠近可发生交叉和互换。

8. 在减数分裂前期Ⅰ的＿＿＿＿期开始联会形成二价体。

9. 构成纺锤体的主要微管有＿＿＿＿、＿＿＿＿和＿＿＿＿。

10. 在减数分裂的前期Ⅰ发生同源染色体的＿＿＿＿和染色体片段的＿＿＿＿；在有丝分裂后期中，使＿＿＿＿发生分离，而在减数分裂后期Ⅰ中则是＿＿＿＿发生分离。

11. 按照细胞增殖能力不同，可将细胞分为三类，即＿＿＿＿、＿＿＿＿和＿＿＿＿。

12. 细胞周期进程严格受＿＿＿＿与＿＿＿＿的调控，细胞周期不同时相的＿＿＿＿是调控细胞周期进程的核心。

13. 细胞周期的检查点包括＿＿＿＿检查点、＿＿＿＿检查点、＿＿＿＿检查点和＿＿＿＿检查点。

（三）判断题（正确的打"√"；错误的打"×"）

1. 在细胞周期中，DNA在S期进行复制，使DNA的含量加倍，因而分裂期细胞的每一条染色体都是由两个姐妹染色单体组成的。（　　）

2. 在有丝分裂中，一般变为中期细胞的染色体在结构上螺旋化程度最高，形态上表现为最粗和最短。（　　）

3. 减数分裂后期中，染色体的行为变化主要表现为同源染色体分离。（　　）

4. 减数分裂中，粗线期的非姐妹染色单体交叉互换是遗传的细胞学基础。（　　）

5. 1个次级卵母细胞经过成熟分裂后，产生1个单倍体的卵子和3个无染色体的极体。（　　）

6. 非同源染色体之间的随机组合发生于减数分裂Ⅱ的末期。（　　）

7. 在减数分裂中，染色体数目的减半发生在末期Ⅱ。（　　）

8. DNA聚合酶合成发生于S期。（　　）

9. 有丝分裂G₁期细胞越过R点进入G₂期，进行DNA的合成。（　　）

10. 真核细胞中周期性蛋白质的降解主要由蛋白质泛素化降解系统来完成。（　　）

11. 有丝分裂是体细胞增殖的方式，而生殖细胞只进行减数分裂。（　　）

12. G₀期细胞仍然保留细胞分裂的潜能。（　　）

（四）名词解释

1. 细胞周期 cell cycle
2. 无丝分裂 amitosis
3. 有丝分裂 mitosis
4. 纺锤体 spindle
5. 有丝分裂器 mitotic apparatus
6. 减数分裂 meiosis
7. 促成熟因子（MPF）
8. 细胞周期同步化
9. 早熟凝集染色体（PCC）

（五）简答题

1. 简述减数分裂和有丝分裂的区别。
2. 说明真核细胞分裂过程中核膜破裂和重新装配的调节机制。
3. 简述细胞周期的分期及各期主要特点。
4. 简述细胞周期的检查点及其作用。

三、参考答案

（一）选择题

1. E　2. A　3. E　4. A　5. A　6. B
7. D　8. C　9. A　10. C　11. B　12. D
13. E　14. C　15. B　16. B　17. B　18. A
19. B　20. D　21. E　22. D　23. C　24. D
25. B　26. C　27. C　28. C　29. A　30. B
31. D　32. C　33. A　34. C　35. E　36. B
37. C　38. A　39. C　40. D　41. B　42. A
43. E　44. D　45. D　46. C　47. B　48. B
49. A　50. A　51. C　52. E　53. A　54. D
55. C　56. C　57. C　58. B　59. D　60. C
61. A　62. A　63. D　64. D　65. E　66. C
67. B　68. A　69. C　70. C　71. C　72. B
73. E　74. A　75. D

（二）填空题

1. 上一次分裂结束开始到下一次分裂结束为止、G₁、S、G₂、M
2. RNA、蛋白质
3. S、后
4. 前、前中、中、后、末
5. 前、细线期、偶线期、粗线期、双线期、终变期
6. 交换（遗传重组）
7. 同源非姐妹染色单体
8. 偶线
9. 星体微管、动粒微管、极间微管
10. 配对、互换、姐妹染色单体、同源染色体
11. 周期细胞、终末分化细胞、静止细胞
12. 周期蛋白（cyclin）、周期蛋白依赖性激酶（CDK）、cyclin-CDK复合物
13. DNA损伤、DNA复制、纺锤体组装、染色体分离

（三）判断题

1. ×　2. √　3. ×　4. √　5. ×　6. ×
7. ×　8. ×　9. ×　10. √　11. ×　12. √

（四）名词解释

1. 细胞周期 cell cycle：从上一次分裂细胞结束开始到下一次细胞分裂结束所经历的整个过程称为细胞周期。
2. 无丝分裂 amitosis：指细胞直接分裂形成两个大小大致相等的子细胞。在无丝分裂过程中没有染色体的组装及纺锤体的形成，也无

核膜、核仁的消失重建及细胞核的变化，故又称直接分裂。

3. 有丝分裂mitosis：又称为间接分裂。它包括核分裂和胞质分裂两个过程，是真核细胞的主要增殖方式。

4. 纺锤体 spindle：是在分裂期出现的特化的亚细胞结构，是一种临时性的梭形细胞骨架结构，由星体微管、极微管和动粒微管纵向排列组成，由中心体作为两极，状如纺锤。

5. 有丝分裂器 mitotic apparatus：由纺锤体及与之结合的染色体共同构成。

6. 减数分裂meiosis：是发生在有性生殖细胞成熟过程中的一种细胞分裂方式，是有丝分裂的一种特殊形式，又称为成熟分裂。

7. 促成熟因子（MPF）：在真核细胞中，由G_2晚期向M期转换的过程中，起关键作用的cyclin-CDK1复合物，又被称作有丝分裂促进因子或M期促进因子。

8. 细胞周期同步化：细胞周期研究中常常需要设法使培养细胞都处于同一时期，这就是细胞的同步化，其主要方法有诱导同步法和选择同步法。

9. 早熟凝集染色体（PCC）：与M期细胞融合的间期细胞发生了形态各异的染色体凝集，称之为早熟凝集染色体。

（五）简答题

1. 简述减数分裂和有丝分裂的区别。

减数分裂	有丝分裂
只发生于生殖细胞	主要发生在体细胞
染色体复制一次而连续分裂两次，最后子细胞的染色体数目是母细胞的一半；一个母细胞形成四个遗传物质不同的子细胞	染色体复制一次分裂一次，最后子细胞的染色体数目与母细胞的相同；一个母细胞形成两个遗传物质相同的子细胞
前期Ⅰ有同源染色体的配对和遗传物质交换等复杂形态变化	前期无复杂形态变化

2. 说明真核细胞分裂过程中核膜破裂和重新装配的调节机制。

答：在有丝分裂过程中，核纤层与核被膜的解体和重建有关。在分裂前期末，核纤层蛋白被磷酸化，核纤层解体，进而使核被膜发生解体；而在分裂末期，核纤层蛋白去磷酸化，重新组装成核纤层，从而又导致核被膜的重建。

3. 简述细胞周期的分期及各期主要特点。

答：细胞周期分为G_1期，S期，G_2期和M期。各期的主要特点如下：

（1）G_1期是细胞周期的第一阶段，即DNA合成前期，这一时期主要的特点表现为RNA大量合成，蛋白质含量明显增加。S期所需要的DNA复制相关的酶系如DNA聚合酶，以G_1向S期转变所需要的蛋白质如触发蛋白、钙调蛋白、细胞周期蛋白均在G_1期合成。在G_1期的晚期阶段有一个特定时期，在真核细胞中，在这一特定时间点称为限制点（R点），如果细胞通过这一限制点，将进入S期。

（2）S期是DNA合成期，是细胞进行大量DNA复制的阶段，组蛋白及其非组蛋白也在此期大量合成。DNA复制的起始和复制过程受到多种细胞周期调节因素的严格控制和调节。细胞能否通过S期进入G_2期将受到S期检查点的控制。

（3）G_2期 DNA复制完成以后，细胞将进入G_2期，即DNA合成后期。此时细胞核内DNA含量增加一倍，每条染色体含有2倍的DNA，进入G_2期的细胞为进入M期做好准备。此时期细胞中将合成一些与M期结构、功能相关的蛋白质，与核膜破裂、染色体凝集密切相关的成熟促进因子。微管蛋白在G_2期合成达到高峰，为M期纺锤体微管的形成提供了丰富的来源。中心粒在G_2期逐渐长大，并开始向细胞两极分离。细胞能否进入M期，将受到G_2期检查点的控制。

（4）M期即有丝分裂期。在此期细胞中，染色体凝集后发生姐妹染色单体的分离，核膜、核仁破裂后再重建，胞质中有纺锤体、收缩环出现，随着两个子细胞核的形成，胞质也一分为二，由此完成细胞分裂，包括核分裂和胞质分裂。

4. 简述细胞周期的检查点及其作用。

答：检查点是细胞周期调控的一种机制，确保细胞周期每一时相的分子事件全部有序的完成。细胞周期主要有以下四个检查点：

（1）DNA损伤检查点为在G_1/S期有一个检查点，该检查点在动物细胞称为限制点（R点），在酵母细胞中称为start点，其主要负责检查细胞中的DNA是否含有损伤，DNA是否可以进行复制，其决定G_1期细胞能否顺利进入S期。

（2）DNA复制检查点为在S/G_2期有一个检查点，称为DNA复制检查点，负责检查DNA的复制进度，只有完成了所有DNA的复制，细胞才能跨过DNA复制检查点进入G_2期。

（3）纺锤体组装检查点为存在于G_2/M期的检查点，负责检查纺锤体的组装情况，当纺锤体装配不完全或者分裂中期染色体排列发生错误时，细胞则不能越过这一检查点进入分裂后期，从而确保染色体分配的准确性，保证后期染色单体的正确分离。

（4）染色体分裂检查点为存在于M期后期的检查点，在分裂后期，该检查点负责检查染色体的正常分离，只有正常分离的后期细胞才能通过染色体分离检查点进入末期。

第十四章 细胞分化

一、教学要求

掌握：1. 细胞分化的概念、特点；细胞决定的基本概念；细胞全能性的概念。

2. 细胞分化的实质是基因的选择性表达。

3. 管家基因和奢侈基因的概念。

理解：1. 细胞分化基因表达的调节。

2. 细胞癌变是细胞去分化的结果；肿瘤细胞的分化特征。

了解：1. 肿瘤细胞的诱导分化。

2. 诱导和抑制对分化的影响。

3. 激素、位置信息、环境因素对细胞分化的影响。

二、自测题

（一）选择题

1. 要产生不同类型细胞需通过（　　）

A. 有丝分裂　　　B. 减数分裂

C. 细胞分裂　　　D. 细胞分化

E. 细胞生长

2. 分化细胞重新分裂回复到未分化状态这种现象称为（　　）

A. 细胞转分化　　B. 细胞分裂

C. 细胞分化　　　D. 细胞去分化

E. 细胞再分化

3. 以下关于细胞分化的叙述，错误的是（　　）

A. 是由非专一性状态向形态和功能专一状态的改变

B. 细胞分化的进程是细胞原有的高度可塑性潜能发挥的过程

C. 主要标志是细胞内开始合成新的特异性蛋白

D. 细胞分化和细胞分裂是两个不完全平行的过程

E. 细胞分化的方向源于细胞决定

4. 以下关于细胞决定的叙述，正确的是（　　）

A. 一般情况下，细胞决定以后，分化方向不会改变

B. 细胞决定的稳定性是不可被遗传的

C. 细胞决定的稳定性是稳定不变的，不受环境因素影响

D. 卵细胞质对早期胚胎细胞决定没有影响

E. 细胞分化方向制约细胞决定

5. 在个体发育中细胞分化潜能的变化是（　　）

A. 单能细胞→多能细胞→全能细胞

B. 多能细胞→全能细胞→单能细胞

C. 多能细胞→单能细胞→全能细胞

D. 全能细胞→多能细胞→单能细胞

E. 全能细胞→单能细胞→多能细胞

6. 比较细胞全能性的大小，下列哪项是正确的（　　）

A. 卵细胞＞受精卵＞体细胞

B. 受精卵＞卵细胞＞体细胞

C. 体细胞＞受精卵＞卵细胞

D. 体细胞＞卵细胞＞受精卵

E. 卵细胞＞体细胞＞受精卵

7. 生物体各类细胞类型中，表现最高全能性的细胞是（　　）

A. 体细胞　　　　B. 受精卵

C. 原肠胚细胞　　　D. 胚胎干细胞

E. 囊胚细胞

8. 下列哪类细胞具有分化能力（　　）

A. 肝细胞　　　　　B. 胚胎细胞

C. 心肌细胞　　　　D. 神经细胞

E. 视网膜细胞

9. 下列哪类细胞不具分化能力（　　）

A. 胚胎细胞　　　　B. 肝、肾细胞

C. 骨髓干细胞　　　D. 免疫细胞

E. 以上细胞均有分化能力

10. 神经细胞属于（　　）

A. 未分化细胞　　　B. 全能细胞

C. 单能细胞　　　　D. 多能细胞

E. 以上均不是

11. 既有自我复制的能力、又能产生分化能力的细胞是（　　）

A. T淋巴细胞　　　B. B淋巴细胞

C. 骨髓细胞　　　　D. 干细胞

E. 红细胞

12. 下列关于管家基因和奢侈基因表述正确的是（　　）

A. 二者均参与细胞分化方向的确定

B. 二者均不参与细胞分化方向的确定

C. 只有管家基因参与细胞分化方向的确定

D. 持续表达的管家基因多为非甲基化状态

E. 以上均不对

13. 属于奢侈基因的是（　　）

A. tRNA基因　　　B. rRNA基因

C. 血红蛋白基因　　D. 线粒体基因

E. 肌动蛋白基因

14. 以下哪些蛋白是细胞生命必需的蛋白（　　）

A. 血红蛋白　　　　B. 角蛋白

C. 肌肉蛋白　　　　D. 糖酵解酶

E. 卵清蛋白

15. 低分化细胞和正常细胞相比，细胞周期哪一时期比较短（　　）

A. G_1期　　B. G_0期　　C. G_2期

D. S期　　　　　　E. M期

16. 维持细胞生命活动必需的管家蛋白是（　　）

A. 膜蛋白　　　　　B. 分泌蛋白

C. 血红蛋白　　　　D. 角蛋白

E. 卵清蛋白

17. 在表达过程中不受时间限制的基因是（　　）

A. 管家基因　　　　B. 奢侈基因

C. 免疫球蛋白基因　D. 血红蛋白基因

E. 卵清蛋白基因

18. 与各种细胞分化的特殊性状有直接关系的基因是（　　）

A. 隔裂基因　　　　B. 奢侈基因

C. 重叠基因　　　　D. 管家基因

E. 微管蛋白基因

19. 对细胞分化起协助作用，维持细胞最低限度的功能所不可缺少的基因是（　　）

A. 隔裂基因　　　　B. 奢侈基因

C. 重叠基因　　　　D. 管家基因

E. 卵清蛋白基因

20. 以下哪些是奢侈蛋白（　　）

A. 膜蛋白　　　　　B. 核糖体蛋白

C. 细胞色素蛋白　　D. 分泌蛋白

E. 核纤层蛋白

21. 果蝇的母体效应基因bicoid基因的mRNA分布在卵母细胞的（　　）

A. 均匀分布于细胞中部的细胞质中

B. 靠近将来发育成背部的一侧

C. 靠近将来发育成腹部的一侧

D. 靠近将来发育成尾部的一侧

E. 靠近将来发育成头部的一侧

22. 以下哪种生物体细胞细胞核没有通过核移植产生完整成体的可能性（　　）

A. 蛙肠道上皮细胞　　B. 鱼皮肤细胞
C. 马蛔虫体细胞　　　D. 绵羊乳腺上皮细胞
E. 小鼠肝细胞

23. 下列哪种细胞的细胞核基因组因细胞分化发生了改变（　　）
A. 胰岛细胞　　　　B. 心肌细胞
C. 星形胶质细胞　　D. 口腔黏膜上皮细胞
E. B淋巴细胞

24. 成肌细胞向肌细胞分化的主导基因是（　　）
A. Wnt1　　　　B. MyoD
C. Shh　　　　　D. FGF10
E. Notch1

25. DNA的甲基化用于基因表达的（　　）
A. 复制水平的调节　　B. 转录水平的调节
C. 转录水平后的调节　D. 翻译水平的调节
E. 翻译后水平的调节

26. 细胞分化的普遍规律是（　　）
A. 基因组遗传信息的丢失
B. 基因组遗传信息的突变
C. 基因组遗传信息的选择表达
D. 基因组的重排
E. 基因组的扩张

27. 对细胞分化远距离调控的物质是（　　）
A. 激素　　　　　B. DNA
C. 蛋白聚糖　　　D. 透明质酸
E. 糖分子

28. 有关细胞分化不正确的说法是（　　）
A. 形态结构发生变化　B. 生理功能发生变化
C. 生化特征发生变化　D. 细胞数目迅速增加
E. 细胞的遗传物质一般不变化

29. 爪蟾蝌蚪的肠上皮核移入去核卵细胞后可以最终发育为成年爪蟾个体，这个实验表明（　　）
A. 分化的细胞核仍保留了所有的遗传信息
B. 肠上皮细胞和卵细胞非常相似
C. 在分化过程中，细胞丢失了不需要的染色体
D. 肠上皮细胞不是终末分化细胞
E. 卵细胞是高分化细胞

30. 在细胞分化中，在转录水平调控的最终目的是（　　）
A. 合成特异的mRNA
B. 选择RNA聚合酶
C. DNA去甲基化
D. 组蛋白泛素化
E. 选择DNA聚合酶

31. 通过对DNA的甲基化来关闭基因的调控是属于从哪个水平调控基因的表达（　　）
A. 染色质活性水平的调控
B. 转录水平调控
C. 转录后加工水平的调控
D. 翻译水平的调控
E. 翻译后水平的调控

32. 在动物组织中，细胞分化的一个普遍原则是（　　）
A. 细胞一旦转化为稳定类型后，一般不能逆转到未分化状态
B. 细胞一旦转化为稳定类型后，很容易逆转到未分化状态
C. 细胞分化是一种暂时性的变化
D. 细胞分化发生在生物体整个生命进程的某一阶段
E. 细胞分化不具有可塑性

33. 克隆羊成功不仅说明了体细胞核保存着全部的遗传信息，也说明了（　　）对细胞分化起着关键性的作用。
A. 细胞器　　　　B. 卵细胞核
C. 卵细胞质　　　D. 体细胞质
E. 体细胞核

34. mRNA对基因表达调控主要发生在（　　）
A. 调控组蛋白乙酰化
B. 结合到启动子上影响启动子活性

C. 在转录后水平调控基因表达

D. 增加靶基因mRNA稳定性

E. 促进DNA甲基化

35. 单个细胞在体外经过诱导并培养成为另一种细胞的实验证明了（　　）

A. 细胞是构成有机体的基本单位

B. 一切有机体均来自于细胞

C. 细胞是有机体生长发育的基础

D. 细胞转分化是有条件的

E. 细胞分化是非常稳定的

36. 从发育过程看，以下哪种细胞是内胚层起源的细胞（　　）

A. 骨骼肌细胞　　　B. 甲状腺细胞

C. 肾小管细胞　　　D. 皮肤表皮细胞

E. 脑神经元

37. 从发育过程看，以下哪种细胞是中胚层起源的细胞（　　）

A. 面部肌肉细胞　　B. 肺泡上皮细胞

C. 胰腺细胞　　　　D. 色素细胞

E. 皮肤表皮细胞

38. 维甲酸治疗早幼粒白血病的原理是（　　）

A. 直接抑制细胞增殖

B. 促进癌细胞凋亡

C. 增加癌细胞对其他化疗药物敏感性

D. 诱导白血病细胞终末分化

E. 作为化疗药物杀死癌细胞

39. 以下哪种人体细胞不能用重编程的方法使之回到近似胚胎干细胞的低分化状态（　　）

A. 红细胞　　　　　B. 表皮细胞

C. 神经胶质细胞　　D. 肠上皮细胞

E. 肾上皮细胞

40. 癌细胞通常由正常细胞转化而来，与原来的细胞相比，癌细胞的分化程度通常表现为（　　）

A. 分化程度相同　　B. 分化程度低

C. 分化程度高　　　D. 成为干细胞

E. 成为终末分化细胞

（二）填空题

1. 细胞分化是同一来源的细胞通过细胞分裂在＿＿＿＿＿和＿＿＿＿＿上产生稳定性的差异过程。其实质是＿＿＿＿＿。

2. 在个体发育中，细胞的分化潜能从全能→＿＿＿＿＿→＿＿＿＿＿，这是细胞分化的普遍规律。

3. 全能性细胞基因表达能力的实际比较：＿＿＿＿＿>＿＿＿＿＿>体细胞。

4. 对细胞本身生存无直接影响的特异性蛋白是＿＿＿＿＿，对细胞生命必需的普遍共同的蛋白是＿＿＿＿＿。

5. 克隆羊的成功一方面说明了体细胞核保存着全部的遗传信息，另一方面也同时说明了＿＿＿＿＿对细胞的决定和分化起关键性的作用。

（三）判断题（正确的打"√"；错误的打"×"）

1. 细胞分化的本质是选择性转录的结果。（　　）

2. 体细胞的分化潜能较受精卵小，主要表现为细胞核的全能性。（　　）

3. 受精卵属于多能细胞。（　　）

4. 胚胎发育过程中逐渐由全能局限为多能，最后成为稳定型单能的趋势，是细胞分化的普遍规律。（　　）

5. 在细胞分化过程中，细胞核的遗传潜力是受核所在的细胞质环境调节的。（　　）

6. 调节细胞中基因转录的因素是组蛋白。（　　）

7. 奢侈基因是维持细胞最低限度功能所不可缺少的基因，对细胞分化只有协助作用。（　　）

（四）名词解释

1. 细胞决定 cell determination
2. 细胞分化 cell differentiation
3. 去分化 dedifferentiation
4. 基因差别表达 gene differential expression
5. 奢侈基因 luxury gene
6. 管家基因 house keeping gene

（五）简答题

1. 何谓基因的差别表达?有何意义?
2. 试述细胞分化的分子机制。
3. 试述细胞分化的一般规律。
4. 什么是胚胎诱导?举例说明胚胎诱导对细胞分化的作用。

三、参考答案

（一）选择题

1. D 2. D 3. B 4. A 5. B 6. B
7. D 8. B 9. B 10. C 11. D 12. D
13. C 14. D 15. B 16. A 17. A 18. B
19. D 20. D 21. E 22. C 23. E 24. B
25. B 26. C 27. A 28. D 29. A 30. A
31. A 32. A 33. C 34. C 35. D 36. B
37. A 38. D 39. A 40. B

（二）填空题

1. 形态结构、生理功能、基因的差别表达
2. 多能、单能
3. 受精卵、卵细胞
4. 奢侈基因、管家基因
5. 卵细胞质

（三）判断题

1. √ 2. √ 3. × 4. √ 5. √ 6. ×
7. ×

（四）名词解释

1. **细胞决定 cell determination**：细胞分化具有严格的方向性，在细胞发生可识别的形态变化之前，就受到一定的限制而确定了细胞的发展方向，这时细胞内已经发生了改变，确定了未来的发育命运，这一现象称为细胞决定。

2. **细胞分化 cell differentiation**：是指同一来源的细胞经过分裂逐渐产生形态结构、生理功能和蛋白质合成等方面具有稳定差异的过程。

3. **去分化 dedifferentiation**：已高度分化的细胞可以重新分裂而回复到未分化状态，丧失细胞分化的特点，这种现象称为去分化。

4. **基因差别表达 gene differential expression**：也称基因的顺序表达，是决定细胞特殊性状的基因（奢侈基因）按一定顺序相继活化表达的现象。

5. **奢侈基因 luxury gene**：是与各种分化细胞的特殊性状有直接关系的基因，丧失这种基因对细胞的生存并无直接影响，只在特定的分化细胞中表达，常受时间和空间的限制。

6. **管家基因 house keeping gene**：它是维持细胞基本生存所不可缺少的基因，但是对细胞分化一般只起协助作用，它的表达不受时空的限制。

（五）简答题

1. 何谓基因的差别表达?有何意义?

答：基因的差别表达也称为顺序表达，它是决定细胞特殊性状的基因（奢侈基因）按一定顺序相继活化表达的现象。其意义为：每一细胞中都存在着决定一个生物所有遗传性状的全部基因，但不是每一种基因都有活性，其中绝大部分处于关闭状态，仅少数能发挥作用，在细胞分化过程中，发挥功能的基因总不同步，即差别表达，形成不同的细

胞产物，由于细胞产物的不同，细胞形态功能出现差异，形成不同类型的细胞，因此基因的差别表达是细胞分化的根本原因。

2. 试述细胞分化的分子机制。

答：细胞分化使同一来源的细胞产生形态结构、生化特性、生理功能上的差异。从分子水平上来看，这是由于特定基因活化的结果。特定基因表达后合成某些特异性蛋白质，执行特殊的功能。因此，细胞分化的问题本质上就是基因表达调控的问题，是管家基因和奢侈基因在胚胎发育过程中差别表达的结果。这些基因的差别表达存在着调控，这些调控是在转录水平或翻译水平上进行的，而以转录水平上的调控为主。脊椎动物的血红蛋白在胚胎发育的不同阶段，四聚体的组成不同，在胚胎早期是$α_2ε_2$，随着胚胎发育成为$α_2γ_2$，成体是$α_2β_2$，这是基因差别表达的结果。这直接证明了不同类型血红蛋白合成的调节发生在转录水平上，调节因素是非组蛋白。

3. 试述细胞分化的一般规律。

答：细胞分化的一般规律是指：

（1）细胞分化的稳定性：在动物体内，细胞分化的一个普遍原则是，一个细胞一旦形成一个稳定的类型以后，一般不能逆转到未分化状态。

（2）细胞分化的可逆性：细胞分化虽然是稳定的，但是在一定条件下，已经分化的细胞可以发生逆转，回复到未分化状态，这种现象称为去分化。

（3）细胞分化基因调节的保守性：不同动物间的同源蛋白，特别是其中的基因调节蛋白，在结构、功能以及生化反应上具有一定的相似性。

（4）细胞分化有时间上的分化和空间上的分化：一个细胞在不同的发育阶段可以有不同的形态和功能，这是时间上的分化。在多细胞生物中，同一细胞的后代由于所处的位置不同，微环境也有一定的差异，表现出不同的形态和功能，这是空间上的分化。

4. 什么是胚胎诱导？举例说明胚胎诱导对细胞分化的作用。

答：在胚胎发育过程中，一部分细胞对邻近的另一部分细胞产生影响，并决定其分化方向的作用称为胚胎诱导。目前已经知道，人体的许多器官，如胃、皮肤等形成都是相应的胚层间叶细胞诱导的结果。胚胎诱导的一个著名实验是以蝾螈为材料证实原肠顶脊索中胚层对外胚层神经分化的诱导，将两种色素明显不同的蝾螈分别作为供体和受体，将一个蝾螈的胚孔背唇移到另一个蝾螈的囊胚腔中，结果受体胚胎最终发育成具有两个神经系统的个体。这是由于背唇诱导产生神经系统的结果。这个例子说明了胚胎诱导细胞分化的作用。

第十五章　细胞衰老与细胞死亡

一、教学要求

掌握：1. 细胞衰老、细胞凋亡和细胞坏死的概念。
　　　2. 细胞衰老和细胞凋亡的特征。
　　　3. 细胞凋亡与细胞坏死的区别。

理解：1. 细胞衰老的遗传学说和损伤积累学说。
　　　2. 细胞凋亡的意义。
了解：细胞凋亡的信号通路和分子机制。

二、自测题

（一）选择题

1. 细胞衰老表现为（　　）
A. 细胞对环境变化适应能力降低
B. 细胞维持内环境稳定的能力降低
C. 细胞体积缩小
D. 酶活性降低
E. 以上均是

2. 细胞衰老的形态学结构变化表现为（　　）
A. 细胞体积缩小　　B. 细胞膜流动性降低
C. 核膜内陷　　　　D. 高尔基复合体碎裂
E. 以上均是

3. 细胞衰老的特征不包括（　　）
A. 色素颗粒沉积增多
B. 线粒体数量增加，体积变小
C. 染色质皱缩，核仁形态不规则
D. 细胞内水分减少
E. 细胞代谢活性减低

4. 在观察某细胞时，发现此细胞增殖能力下降，膜流动性降低，核增大、染色深，线粒体数目减少，细胞质内色素积聚、空泡形成，蛋白质含量下降、功能失活。则此细胞最可能发生了（　　）
A. 细胞衰老　　　B. 细胞坏死
C. 细胞凋亡　　　D. 细胞增殖
E. 细胞分化

5. 细胞衰老过程中线粒体（　　）
A. 数量减少　　　B. 数量增加
C. 数量不变　　　D. 形态不变
E. 体积减小

6. 下列哪项不可能是衰老细胞膜上发生的变化（　　）
A. 流动性降低
B. 间隙连接减少
C. 膜内颗粒分布发生变化
D. 膜蛋白增多
E. 细胞膜的黏性增加

7. 在衰老细胞中DNA的变化不包括（　　）
A. DNA氧化
B. DNA甲基化程度升高
C. DNA复制和转录受抑制
D. 线粒体DNA特异性缺失
E. 端粒DNA丢失

8. 衰老细胞的特征之一是常常出现下列哪种结构的固缩（　　）
A. 核仁　　　B. 细胞核　　　C. 染色质
D. 线粒体　　E. 内质网

9. 在衰老细胞中增多的细胞器是（　　）
A. 线粒体　　B. 内质网　　C. 溶酶体

D. 中心体　　　E. 高尔基复合体

10. 早衰综合征支持下列哪个学说（　　）

A. 自由基学说

B. 代谢废物积累学说

C. 基因转录或翻译差异学说

D. 线粒体DNA损伤学说

E. 遗传决定学说

11. 细胞清除自由基的方式不包括（　　）

A. 生化功能区室化　　B. 保护性酶

C. 抗氧化分子　　D. 氧化酶

E. 超氧化物歧化酶

12. 下列哪项不是人体内自由基的来源（　　）

A. 过氧化物酶体的多功能氧化酶催化底物羟化产生

B. 端粒酶产生

C. 线粒体呼吸链电子泄漏

D. 血红蛋白非酶促反应产生

E. 环境中高温、辐射等引起

13. 衰老过程中，下列哪一项不会出现（　　）

A. 细胞核染色质凝集　　B. 线粒体体积增大

C. 细胞连接增多　　D. 细胞色素沉积

E. 细胞核膜内陷分叶

14. 关于细胞衰老的学说，下列说法错误的是（　　）

A. 衰老是受遗传基因调控的主动过程

B. 自由基损伤细胞，造成了细胞衰老

C. 受衰老相关基因的调控

D. 端粒长度的增加会诱导细胞衰老

E. 细胞代谢废物累积可引起细胞衰老

15. 促进衰老的因素不包括（　　）

A. 与衰老相关的特定基因的突变

B. 体内抗氧化分子充足

C. 端粒DNA序列的缩短

D. 细胞清除自由基的酶不足

E. 基因转录或翻译差错

16. 以下不属于衰老的损伤积累学说的是（　　）

A. WAR基因突变使细胞提前老化

B. 抗氧化酶可以防御自由基损伤

C. 代谢产物自由基的积累导致细胞受损

D. 自由基清除系统功能不足

E. 抗氧化剂是自由基反应的有效终止剂

17. MORF4基因能表达一种与细胞衰老死亡有关的转录因子，该基因突变可导致细胞永生化，而将MORF4基因片段导入到缺失MORF4基因的永生化细胞后，可使永生化细胞衰老。这支持了细胞衰老的哪种学说（　　）

A. 遗传决定学说

B. 自由基学说

C. 端粒钟学说

D. 细胞代谢废物累积学说

E. 基因转录或翻译差错学说

18. 端粒钟学说解释了细胞衰老的一种机制，即与端粒和端粒酶直接相关的复制性衰老。下面的例子不支持这种学说的是（　　）

A. 在体外培养的成纤维细胞中，端粒长度随分裂次数的增加而下降，当缩短到一定程度时细胞增殖停滞

B. 将端粒反转录酶亚基（hTRT）转染入人正常二倍体细胞，发现细胞分裂旺盛，作为细胞衰老标志的β-半乳糖苷酶活性明显降低

C. 提前衰老的克隆羊"Dolly"

D. 肿瘤细胞内端粒酶活性高

E. 某些正常寿命的小鼠终生保持较长的端粒

19. 在老年性痴呆患者脑组织中有大量β-淀粉样蛋白沉积，这种现象支持了下列哪种说法（　　）

A. 细胞代谢废物累积引起细胞衰老

B. 活性氧基团导致细胞损伤和衰老

C. 衰老是遗传上的程序化过程

D. 端粒随细胞分裂不断缩短是衰老的主要原因

E. 此细胞发生了坏死

20. 下列关于个体衰老与细胞衰老关系的叙述中，正确的是（　　）

A. 正在衰老的个体，体内没有新生的细胞

B. 处于青春期的年轻人，体内没有衰老的细胞

C. 总体上看，衰老的个体内，衰老细胞的比例高

D. 个体的衰老与细胞衰老毫无关系

E. 衰老的个体体内细胞都衰老

21. 对细胞衰老起决定作用的是（　　）

A. 细胞质　　B. 细胞核　　C. 细胞器

D. 外界环境　　E. 以上都是

22. 细胞的衰老和死亡与有机体的衰老和死亡是（　　）

A. 一个概念　B. 因果关系　C. 主次关系

D. 两个概念　E. 无任何联系

23. 生理性的程序化细胞死亡模式为（　　）

A. 细胞坏死　　B. 坏疽　　C. 细胞凋亡

D. 细胞溶解　　E. 细胞浸润

24. 细胞坏死的主要特征是（　　）

A. 细胞肿胀，形态不规则

B. 细胞膜溶解或通透性增加

C. 有炎症反应

D. 细胞质外溢

E. 以上都是

25. 属于细胞坏死性死亡的变化包括（　　）

A. DNA在核小体连接区被降解为约200碱基对的片段

B. 核固缩，碎裂

C. 细胞膜破裂

D. 细胞器完整

E. 线粒体浓缩，跨膜电位改变，细胞色素c释放

26. 符合细胞坏死性死亡的（　　）

A. 由一群细胞共同发生形态学与生物化学的改变

B. 有严格的底物特异性

C. DNA在核小体连接区被降解为约200碱基对的片段

D. 由许多基因参与的调控过程

E. 保持正常细胞的能量代谢

27. 细胞凋亡的形态结构改变有（　　）

A. 染色质凝集　　B. 凋亡小体形成

C. 细胞皱缩　　D. 细胞膜完整

E. 以上都正确

28. 细胞凋亡的一个重要特点是（　　）

A. DNA随机断裂

B. DNA发生规则性断裂

C. 70S核糖体的rRNA断裂

D. 80S核糖体的rRNA断裂

E. 端粒DNA断裂

29. 在用琼脂糖凝胶电泳检测细胞内的DNA时，发现DNA呈梯状条带，则此细胞可能发生了（　　）

A. 细胞衰老　　B. 细胞坏死

C. 细胞凋亡　　D. 细胞癌变

E. 细胞分化

30. 细胞凋亡时其DNA断片大小的规律是（　　）

A. 100bp的整数倍　B. 200bp的整数倍

C. 300bp的整数倍　D. 400bp的整数倍

E. 500bp的整数倍

31. 细胞凋亡发生的生化改变有（　　）

A. 细胞外钙离子增加

B. 无基因表达

C. 无蛋白质合成

D. 与胱天蛋白酶（caspase）家族有关

E. DNA发生无规则片段化

32. 细胞凋亡是（　　）死亡机制。

A. 发生于活细胞的

B. 不遵循自身程序的

C. 引起炎症反应的

D. 并非由基因调控的

E. 有溶酶体及细胞膜破裂现象

33. 判断细胞凋亡的主要形态结构是（　　）

A. 染色质凝集　　B. 微绒毛减少

C. 细胞皱缩　　　D. 细胞膜完整

E. 凋亡小体形成

34. 细胞凋亡过程一方面受胞内外多种信号调控，另一方面也是多种生物信号在胞内和胞间传递的结果。以下不属于细胞凋亡信号传导途径特点的是（　　）

A. 有且只有一条传导途径

B. 传导途径的启动可因细胞种类、来源、生长环境、诱导因素的不同而存在差异

C. 传导途径有多样性

D. 与细胞增殖、分化途径存在一些共同通路

E. 有多条传导途径且存在互相交叉部分

35. 诱发细胞凋亡的因素有（　　）

A. TNF　　　　　B. 自由基

C. 热休克　　　　D. 钙离子浓度升高

E. 以上都有可能

36. 细胞凋亡发生的基本生化改变的主要原因是（　　）

A. 内源性核酸内切酶的活化

B. 外源性核酸内切酶的活化

C. 内源性核酸外切酶的活化

D. 外源性核酸外切酶的活化

E. 磷酸化酶活化

37. 细胞凋亡时受很多因素调控，同一组织和细胞可受到不同凋亡诱因的作用而发生凋亡。下列因素不能诱导凋亡的是（　　）

A. 肿瘤坏死因子（TNF）

B. 病毒感染

C. *bcl-2* 原癌基因

D. 野生型 *p53* 基因

E. 化疗

38. 下列参与了凋亡执行的caspase家族成员是（　　）

A. caspase-1　　　B. caspase-2

C. caspase-3　　　D. caspase-8

E. caspase-10

39. 关于caspase家族编码产物的作用，以下正确的是（　　）

A. 生长因子

B. 生长因子受体

C. 具有蛋白酪氨酸激酶活性

D. 诱发衰老

E. 促进细胞凋亡

40. 既能诱导细胞凋亡，又能抑制细胞凋亡的有（　　）

A. bcl-2基因家族　　B. caspase家族

C. fas　　　D. ras　　　E. ced

41. 促进细胞凋亡的基因是（　　）

A. ced-9　　　　B. caspase-9

C. IAP　　　D. bcl-2　　E. PKC-ε

42. 抑制细胞凋亡的基因是（　　）

A. ced-3　　　　B. caspase-3

C. c-myc　　　D. ras　　　E. fas

43. 在病毒性肝炎的肝细胞中可见到嗜酸性小体，最可能的解释是（　　）

A. 病毒感染引发了细胞坏死

B. 病毒感染引发了细胞凋亡

C. 细胞正在进行快速增殖

D. 细胞正在进行分化

E. 细胞发生了癌变

44. 在检测某细胞时，发现大量有活性的caspase家族成员存在，提示此细胞发生了（　　）

A. 细胞衰老　　　B. 细胞坏死

C. 细胞凋亡　　　D. 细胞癌变

E. 细胞分化

45. 系统性红斑狼疮（SLE）是典型的自身免疫病。由于fas表达缺陷，引起自身反应性T

细胞发生了哪种改变（　　）

A. 细胞衰老　　　　B. 细胞坏死

C. 细胞凋亡过度　　D. 细胞凋亡障碍

E. 细胞癌变

46. 1977年，J.Sulston和H.R. Horvitz发现线虫发育过程中，同一类型的细胞在所有胚胎中同时死亡。下列哪项可以解释这种现象（　　）

A. 细胞自噬　　　　B. 细胞胀亡

C. 细胞发生癌变　　D. 胚胎部分细胞坏死

E. 胚胎发育过程中的细胞凋亡

47. 与细胞凋亡增多有关的疾病是（　　）

A. 白血病　　　　　B. 系统性红斑狼疮

C. 艾滋病　　　　　D. 乳腺癌

E. 卵巢癌

48. 与细胞凋亡受抑制有关的疾病是（　　）

A. 白血病　　　　　B. 再生障碍性贫血

C. 艾滋病　　　　　D. 小脑退化症

E. 神经变性疾病

49. 下列哪种现象不属于细胞凋亡的范畴（　　）

A. 人胚胎肢芽发育过程中指（趾）间组织的消除

B. 皮肤、黏膜上皮更新过程中衰老细胞的清除

C. 针对自身抗原的T淋巴细胞的清除

D. 开水引起的皮肤、黏膜的烫伤

E. 子宫内膜在周期性的增生之后由于激素消退而脱落

50. 蝌蚪尾巴消失即变态属于下列哪一种现象（　　）

A. 细胞分裂　　　　B. 细胞坏死

C. 细胞凋亡　　　　D. 细胞分化

E. 细胞自噬

51. 下列关于线粒体与凋亡相关性的描述，不正确的是（　　）

A. 许多凋亡信号都可引起线粒体的损伤和膜渗透性的改变

B. 凋亡相关的bcl-2家族蛋白很多定位于线粒体膜上

C. 线粒体可释放cyt C激活凋亡程序

D. 线粒体诱导的凋亡必须发生在死亡受体信号通路激活以后

E. 凋亡时线粒体生成ROS增多

52. Hayflick极限是指（　　）

A. 细胞的最大分裂速度

B. 细胞最适分裂次数

C. 细胞的最大分裂次数

D. 细胞的最小分裂次数

E. 细胞的传代次数

53. 机体中寿命最长的细胞是（　　）

A. 神经细胞　　B. 表皮细胞　　C. 白细胞

D. 红细胞　　　E. 口腔上皮细胞

54. 下列对体外培养细胞的描述错误的是（　　）

A. 体外培养细胞不是不死的

B. 体外培养细胞的增殖不是无限的

C. 体外培养细胞可以是正常的二倍体细胞

D. 体外培养细胞可以是永生化的

E. 体外培养细胞均为肿瘤细胞

55. 人胚胎成纤维细胞体外培养平均分裂次数约为（　　）

A. 25次　　　　B. 50次　　　　C. 100次

D. 140次　　　E. 30次

56. 细胞内衰老、死亡细胞器被分解的过程称为（　　）

A. 自噬作用　　B. 自溶作用　　C. 吞噬作用

D. 异噬作用　　E. 吞饮作用

57. 细胞自噬也是受基因调控的过程，科学家可通过测量某些蛋白的表达水平来衡量细胞自噬水平。其表达水平可以用来衡量自噬水平的蛋白是（　　）

A. fas　　　　　B. cyt C

C. caspase-3　　D. caspase-9　　E. LC3-Ⅱ

58. 自噬是生物进化过程中被优先保留下来的一种维持细胞稳态的生理机制，下列描述哪项不符合对细胞自噬特点的描述（　　）

A. 可抵抗细胞衰老

B. 总伴随细胞坏死

C. 可抵抗饥饿

D. 可被某些肿瘤药物激活

E. 可导致细胞凋亡

59. 过度自噬可导致细胞发生下列哪种生物学事件（　　）

A. 细胞坏死　　B. 细胞衰老　　C. 细胞凋亡

D. 细胞增殖　　E. 细胞分化

60. 下列细胞行为不受基因调控的是（　　）

A. 细胞坏死　　B. 细胞凋亡　　C. 细胞衰老

D. 细胞自噬　　E. 细胞分化

（二）填空题

1. 细胞死亡往往表现为生理性和病理性死亡，其中生理性死亡指＿＿＿＿＿＿；病理性死亡指＿＿＿＿＿＿。

2. 在细胞凋亡的发生过程中，细胞的形态变化可分为3个阶段：①＿＿＿＿＿＿；②＿＿＿＿＿＿；③＿＿＿＿＿＿。

3. 参与细胞凋亡的主要信号通路有：①＿＿＿＿＿＿；②＿＿＿＿＿＿；③＿＿＿＿＿＿。

4. 细胞凋亡的异常可引起的疾病有①＿＿＿＿＿＿、②＿＿＿＿＿＿、③＿＿＿＿＿＿和④＿＿＿＿＿＿等。

（三）判断题（正确的打"√"；错误的打"×"）

1. 凋亡细胞可形成凋亡小体，DNA电泳图谱为膜状。（　　）

2. 蝌蚪发育过程中尾巴的退化涉及细胞的编程性死亡和细胞坏死过程。（　　）

3. 衰老过程中，细胞所有的蛋白质合成速度都下降。（　　）

4. 细胞寿命的长短取决于离体细胞培养的天数。（　　）

5. 细胞衰老是生命过程中受到自由基随机损伤积累的结果，与细胞自身的基因无关。（　　）

6. 染色质DNA降解"阶梯状"图谱是细胞凋亡的重要实验判断依据。（　　）

7. 细胞坏死有炎症反应，而细胞凋亡没有炎症反应。（　　）

8. 细胞死亡与机体死亡同步。（　　）

（四）名词解释

1. 细胞衰老 cell aging

2. 细胞凋亡 apoptosis

3. 细胞焦亡 pyroptosis

4. 细胞坏死 necrosis

5. 海弗利克极限 Hayflick limit

6. 凋亡小体 apoptosis boby

（五）简答题

1. 在形态结构上，细胞衰老有哪些特征？

2. 请列表区别细胞凋亡与细胞坏死。

比较内容	细胞凋亡	细胞坏死
（1）		
（2）		
（3）		
（4）		
（5）		
（6）		
（7）		
（8）		
（9）		
（10）		
（11）		
（12）		

三、参考答案

（一）选择题

1. E　2. E　3. B　4. A　5. A　6. D
7. B　8. C　9. C　10. E　11. D　12. B
13. C　14. D　15. B　16. A　17. A　18. E
19. A　20. C　21. B　22. D　23. C　24. E
25. C　26. A　27. E　28. B　29. C　30. B
31. D　32. A　33. E　34. A　35. E　36. A
37. C　38. C　39. E　40. A　41. E　42. C
43. B　44. C　45. D　46. E　47. C　48. A
49. D　50. C　51. D　52. C　53. A　54. E
55. B　56. A　57. E　58. B　59. C　60. A

（二）填空题

1. 细胞凋亡、细胞死亡
2. 凋亡的起始、凋亡小体的形成、凋亡细胞的清除
3. 死亡受体介导的信号通路、线粒体通路、颗粒酶B通路
4. 肿瘤、感染性疾病、自身免疫病、神经退行性疾病

（三）判断题

1. ×　2. ×　3. ×　4. ×　5. ×　6. √
7. √　8. ×

（四）名词解释

1. **细胞衰老 cell aging**：是细胞增殖能力和生理功能逐渐下降的变化过程，并伴有细胞形态结构、生物化学及其生理功能等特征性改变。

2. **细胞凋亡 apoptosis**：又称程序性细胞死亡（PCD），是指由死亡信号诱发的受调节的细胞生理性死亡过程。

3. **细胞焦亡 pyroptosis**：又称细胞炎性坏死，是机体一种重要的天然免疫反应，表现为细胞不断胀大直至细胞膜破裂，导致细胞内容物的释放进而激活强烈的炎症反应，是一种程序性细胞坏死。

4. **细胞坏死 necrosis**：是指由于环境因素（理化因子和生物因子）诱导的细胞病理性死亡过程。

5. **海弗利克极限 Hayflick limit**：是指体外培养的正常细胞经过有限次数的分裂后，停止分裂，细胞逐渐衰老直至死亡的现象。

6. **凋亡小体 apoptosis body**：指在细胞凋亡过程中，细胞膜不断出芽、脱落，细胞变成数个大小不等的由膜包裹的结构。

（五）简答题

1. 在形态结构上，细胞衰老有哪些特征？

答：细胞衰老的主要特征有如下几个方面：

（1）细胞体积缩小：衰老细胞内水分减少，细胞收缩，体积缩小，失去正常形状。代谢活性减慢。

（2）细胞膜变化：膜结构中磷脂含量下降，导致细胞膜流动性降低，功能活性降低。细胞兴奋性降低。膜受体-配体复合物结合效率降低。

（3）细胞核变化：核膜内陷，染色质异固缩，核仁形态不规则。

（4）细胞器变化：线粒体数目减少，形态异常，体积肿胀，嵴退化，并出现空泡。内质网老化，核糖体脱落。高尔基复合体囊泡肿胀，分泌功能、运输功能减退。溶酶体功能低下，脂褐素沉积。

2. 请列表区别细胞凋亡与细胞坏死。

比较内容	细胞凋亡	细胞坏死
（1）起因	生理或病理性	病理性变化或剧烈损伤
（2）范围	单个散在细胞	大片组织或成群细胞
（3）细胞膜	保持完整，一直到形成凋亡小体	破损
（4）细胞核	固缩、DNA片段化	弥漫性降解
（5）染色质	凝聚在核膜下呈半月状	呈絮状
（6）线粒体	自身吞噬	肿胀
（7）细胞体积	固缩变小	肿胀变大
（8）凋亡小体	有，被邻近细胞或巨噬细胞吞噬	无，细胞自溶，残余碎片被巨噬细胞吞噬
（9）基因组DNA	有控降解，电泳图谱呈梯状	随机降解，电泳图谱呈涂抹状
（10）基因活动	有基因调控	无基因调控（通常情况下）
（11）自吞噬	常见	缺少
（12）蛋白质合成	有	无

第十六章　干细胞与细胞工程

一、教学要求

掌握：干细胞的概念、分类和基本特征。

熟悉：干细胞、组织工程和医学的关系。

了解：细胞工程的主要相关技术。

二、自测题

（一）选择题

1. 下列不同类型细胞是全能干细胞的是（　　）

A. 受精卵

B. 位于胚泡一侧的内细胞团

C. 位于皮肤基膜处的原始细胞

D. 位于肠隐窝处的原始细胞

E. 位于曲精小管基膜处的原始细胞

2. 下列关于干细胞形态的描述正确的是（　　）

A. 干细胞体积大

B. 干细胞细胞核大，细胞质少

C. 干细胞内质网发达

D. 干细胞内线粒体少

E. 干细胞高尔基复合体多

3. 干细胞生理活动的微环境不包括（　　）

A. 细胞因子　　　B. 质干细胞

C. 外围细胞　　　D. 细胞外基质

E. 端粒酶

4. 下列不同类型干细胞能够发育成一个完整个体的是（　　）

A. 卵原细胞

B. 内细胞团

C. 受精卵二细胞期细胞

D. iPS细胞

E. 精原细胞

5. 通过治疗性克隆获得具有目的基因的胚胎干细胞可应用于下列领域的是（　　）

A. 再生医学　　　B. 基因治疗的载体

C. 药物的筛选　　D. 研究人类疾病的模型

E. 干细胞移植治疗

6. 畸胎瘤实验说明干细胞的（　　）特征。

A. 干细胞能够进行自我更新

B. 干细胞的增殖是缓慢的

C. 干细胞的分化具有可塑性

D. 干细胞具有多向分化潜能

E. 干细胞维持组织器官结构和功能的稳定

7. 干细胞在形态上不具有下列哪些特征（　　）

A. 体积较小

B. 核质比例相对较小

C. 细胞质中内质网不发达

D. 细胞质中线粒体较少

E. 细胞质中高尔基复合体较少

8. 参与肝发育的肝干细胞，参与肠绒毛更新的肠干细胞，参与皮肤更新的皮肤干细胞以及参与神经系统发育的神经干细胞具有的共性是（　　）

A. 具有分化为成熟个体的潜能

B. 具有形成三胚层组织细胞的潜能

C. 具有转分化的潜能

D. 具有去分化的潜能

E. 具有分化为与其相应组织器官组成细胞的

潜能

9. 骨髓造血干细胞移植治疗过程中，如果造血干细胞供体的年龄越大，其成功率越低，并发症发生率越高。这一现象提示了（　）

A．组织特异性干细胞生物学特性在个体发育过程中保持不变

B．组织特异性干细胞的增殖能力下降与疾病的发生无关

C．干细胞的增殖和分化能力与个体的衰老相关

D．干细胞修复能力与来源组织相关

E．干细胞的衰老主要受到外界因素调控

10. 干细胞区别于肿瘤细胞的本质特征是（　　）

A．体积小

B．可维持自身数目恒定

C．具有特异的生化标志

D．具有较高的端粒酶活性

E．核质比大

（二）填空题

1. 具有_____和_____是干细胞的基本生物学特征。

2. 按照所处的发育阶段，干细胞分为_____和_____两类。

3. 按照发育潜能，干细胞分为_____、_____和_____三类。

4. 构成组织工程的三要素分别是_____、_____、_____。

（三）名词解释

1. 干细胞 stem cell
2. 全能干细胞 totipotent stem cell
3. 多能干细胞 multipotential stem cell
4. 单能干细胞 unipotent stem cell
5. 胚胎干细胞 embryonic stem cell
6. 成体干细胞 adult stem cell
7. 细胞工程 cell engineering
8. 组织工程 tissue engineering

（四）简答题

1. 干细胞有哪些基本特征？
2. 举例说明干细胞与医学的关系。
3. 列表说明细胞工程的主要相关技术。
4. 举例说明细胞工程有哪些应用？

三、参考答案

（一）选择题

1. A　2. D　3. E　4. C　5. B　6. D　7. B
8. E　9. C　10. B

（二）填空题

1. 自我更新、多向分化潜能
2. 胚胎干细胞、成体干细胞
3. 全能干细胞、多能干细胞、单能干细胞
4. 种子细胞、支架材料、调控因子

（三）名词解释

1. 干细胞 stem cell：指具有多向分化潜能和自我复制能力的原始细胞、未分化细胞。

2. 全能干细胞 totipotent stem cell：指能够自我更新、具有分化形成任何类型的细胞的能力，发育成为一个完整个体的高分化潜能的细胞。

3. 多能干细胞 multipotential stem cell：指具有产生多种类型细胞的能力，但失去了发育成完整个体的潜能，发育潜能受到一定限制的细胞。

4. 单能干细胞 unipotent stem cell：指只能向一种类型或密切相关的两种类型细胞分化的细胞。

5. 胚胎干细胞 embryonic stem cell：指来自囊泡内皮细胞团的胚胎干细胞核从早期胎儿原始生殖脊中分离出来的胚胎生殖细胞。

6. 成体干细胞 adult stem cell：指存在于一种

已经分化组织中的、能自我更新、并能分化为特定组织的未分化细胞。

7. 细胞工程 cell engineering：指应用生命科学理论，借助工程学原理与技术，有目的地利用或改造生物遗传性状，以获得特定的细胞、组织产品或新型物种的一门综合性科学技术。

8. 组织工程 tissue engineering：指利用生命科学、医学、工程学原理与技术，单独或组合地利用细胞、生物材料、细胞因子实现组织修复或器官再生的一门技术。

（四）简答题

1. 干细胞有哪些基本特征？

答：（1）形态特征：多为圆形或椭圆形，体积小，核质比大，各种细胞器不够发达。

（2）生化特征：端粒酶活性较高，有的能表达特异性抗原、酶、中间纤维或受体等。

（3）增殖特征：增殖速率较慢，有利于细胞对特定外界信号作出反应，减少基因突变的危险；增殖系统具有自稳定性，能进行自我更新，且数量稳定。

（4）分化特征：处于不同发育阶段和不同组织细胞中的干细胞的分化潜能具有严格的谱系限定性；有一定的可塑性。

2. 举例说明干细胞与医学的关系。

答：（1）器官和个体衰老：随着年龄的增加，组织干细胞发生了显著的变化，表现为干细胞数量的变化，静息和活化状态的改变以及增殖和分化能力的降低等，最终导致机体组织退化和功能障碍，产生衰老相关疾病。已有研究证据表明组织干细胞衰老是器官和个体衰老与疾病发生的先决条件，认为通过干预细胞本身的基因表达水平、信号通路、微环境因子或清除衰老细胞等方式，有望使成体干细胞发生衰老逆转。

（2）肿瘤的发生和复发：一般认为，肿瘤的发生是由于其组织中的干细胞发生突变的可能性最大，癌细胞可分化为不同分化状态的肿瘤细胞，增殖效率低，具有对化学药物及射线不敏感的特性，所以经过化疗或放疗的患者仍可复发。

（3）组织再生：组织再生能力和类型与其组织中干细胞的功能行为是直接相关的。

（4）细胞治疗：干细胞治疗可用于治疗一些常规治疗方法目前无法治愈的疾病，几乎涉及各种器官系统。干细胞提供了可用于移植的细胞，已用于治疗神经系统退行性疾病、血液病、恶性肿瘤，还可用于治疗烧伤、心脏病、部分遗传病等。

3. 列表说明细胞工程的主要相关技术。

答：

大规模细胞培养	悬浮培养：细胞在培养液中呈悬浮状态的生长和增殖
	固定化培养：使细胞限制或定位于特定空间位置进行培养
	微载体培养：让细胞吸附于微载体表面进行生长与增殖
	三维细胞培养：将具有三维结构不同材料的载体与各种不同类型的细胞在体外共同培养，可使细胞能在载体的三维立体空间结构中迁移、生长，构成三维的细胞载体复合物
细胞融合	常用抗药性筛选、营养缺陷筛选和温度敏感筛选法
细胞核移植	体细胞核移植技术是细胞工程领域的一个极为重大突破，借此技术可以进行同种动物克隆以及异种间的克隆、同源克隆，具有极大的细胞治疗价值，如治疗性克隆
基因转移	常用的方法有磷酸钙介导的转染、脂质体介导的转染、电穿孔法、病毒感染法和显微注射法
细胞重编程	在不改变基因序列的情况下，通过表观遗传修饰如DNA甲基化来改变细胞的命运，分为多能性重编程和谱系重编程

4. 举例说明细胞工程有哪些应用?

答:(1)单克隆抗体的制备:单克隆抗体具有高度特异性,在生物医学研究、临床诊断和治疗等方面得到广泛应用,是近年来最为成功的生物技术制药。在实践中,人们多利用小鼠腹水和离体悬浮培养方法在体内和体外大量制备单克隆抗体。杂交瘤细胞也可在多种中空纤维系统及搅拌罐生物反应器进行大规模悬浮培养。

(2)药用蛋白的生产:包括哺乳动物细胞生物反应器和动物生物反应器,具有投资少、污染少、工艺相对简单、产品相对特异性较高等优点。药用蛋白包括疫苗(口蹄疫苗、狂犬病毒疫苗、脊髓灰质炎疫苗、乙型肝炎病毒疫苗、疱疹病毒Ⅰ型和Ⅱ型疫苗、巨细胞病毒疫苗等)、细胞因子(凝血因子Ⅶ、凝血因子Ⅷ、凝血因子Ⅸ、凝血因子Ⅹ、促红细胞生成素、生长激素、IL-2、神经生长因子、粒细胞集落刺激因子等)、免疫调节剂(α、β、γ干扰素)以及单克隆抗体。

(3)疾病的细胞治疗:可用于治疗神经系统疾病(如帕金森病)、心肌梗死、糖尿病、某些肿瘤、再生障碍性贫血及某些血液遗传性疾病等。

(4)组织工程:运用细胞生物学和工程学原理,研究开展能修复或改善损伤组织的形态和功能的生物替代物,将其填入机体,恢复失去或下降的功能。如组织工程皮肤、组织工程肾、组织工程骨和软骨、人工工程血管、组织工程心脏瓣膜、组织工程角膜等。

参 考 文 献

白占涛, 李先文, 何玉池, 2014. 细胞生物学实验[M]. 武汉: 华中科技大学出版社.

陈健辉, 李荣华, 郭培国, 等, 2011. 干旱胁迫对不同耐旱性大麦品种叶片超微结构的影响[J]. 植物学报, 46(1): 28-36.

陈庆宵, 花保祯, 2016. 大双角蝎蛉幼虫复眼超微结构及其在全变态类幼虫侧单眼演化中的意义[J]. 昆虫学报, 59(10): 1133-1142.

陈誉华, 陈志南, 2018. 医学细胞生物学[M]. 6版. 北京: 人民卫生出版社.

陈朱波, 曹雪涛, 2010. 流式细胞术——原理、操作及应用[M]. 北京: 科学出版社.

崔志英, 2016. 倒置显微镜技术发展趋势[J]. 科技传播, 8(13): 148-149.

丁明孝, 梁凤霞, 洪健, 等, 2021. 生命科学中的电子显微镜技术[M]. 北京: 高等教育出版社.

丁明孝, 苏都莫日根, 王喜忠, 等, 2013. 细胞生物学实验指南[M]. 2版. 北京: 高等教育出版社.

董树旭, 赵轼轩, 刘津华, 等, 2013. 透射电镜在急性髓系白血病诊断中的作用[J]. 中华血液学杂志, 34(3): 205-207.

高娜, 姚嘉斐, 2007. 宫颈癌筛查中HPV检测、传统涂片及液基制片法的比较研究[J]. 现代妇产科进展, 16(11): 857-859.

胡清坡, 程永伟, 禹飞, 等. 柿炭疽病侵染柿树叶柄的过程观测与分析[J]. 北京农业, 2014, (27): 12-13.

黄朝兴, 吕吟秋, 方周溪, 2022. 透射电镜检查在肾小球疾病病理诊断中的作用[J]. 温州医科大学学报, 32(1): 10-12.

李玲, 刘欢, 贺亚玲, 等, 2020. 聚乙二醇诱导鸡红细胞融合实验方案的优化[J]. 农垦医学, 42(2): 164-169.

李叶, 黄华平, 张新春, 等, 2019. 浅析透射电子显微镜在生物学科中的应用[J]. 热带农业科学, 39(12): 58-67.

刘晓英, 2017. 乳腺肿瘤冰冻切片与石蜡切片病理诊断准确率的比较分析研究[J]. 中国社区医师, 33(29): 119, 121.

吕志坚, 陆敬泽, 吴雅琼, 等, 2009. 几种超分辨率荧光显微技术的原理和近期进展[J]. 生物化学与生物物理进展, 36(12): 1626-1634.

马云, 梁小娟, 刘英, 等, 2010. 细胞膜渗透性实验的改进及鸡血液DNA的提取[J]. 新乡学院学报(自然科学版), 27(6): 43-46.

聂辉, 张译文, 李佳宁, 等, 2021. 减数分裂联会复合体异常与不孕不育相关性研究进展[J]. 遗传, 43(12): 1142-1148.

邱佳裔, 贾晓青, 黄岗, 2017. 细胞、组织冻存方法及应用的研究进展[J]. 中国生物制品学杂志, 30(5): 546-550.

任莉萍, 余娟, 潘亚丽, 等, 2011. 人的外周血淋巴细胞培养及染色体制作技术[J]. 生物学通报, 46(3): 54-55.

宋鹏, 张雅莉, 郭秀璞, 等, 2012. 细胞膜渗透性实验教法改进[J]. 中国科教创新导刊, (17): 93-93.

王伯沄, 2000. 病理学技术[M]. 北京: 人民卫生出版社.

王崇英, 侯岁稳, 高欢欢, 2017. 细胞生物学实验[M]. 4版. 北京: 高等教育出版社.

王建拥, 郭春丰, 2016. 乳腺恶性肿瘤冰冻切片诊断准确率的病理及临床因素分析[J]. 中国医药指南, 14(18): 98.

王俊青, 于净, 王忠, 等, 2021. 小剂量荧光素钠和荧光显微镜在颅内恶性肿瘤切除中的应用效果观察[J]. 中国现代药物应用, 15(15): 111-113.

王亚男, 马丹炜, 2016. 细胞生物学实验教程[M]. 2版. 北京: 科学出版社.

辛华, 2009. 现代细胞生物学技术[M]. 北京: 科学出版社.

杨洪兵, 侯丽霞, 张玉喜, 2018. 细胞生物学实验[M]. 北京: 高等教育出版社.

于恪, 张敏, 2020. 血常规中白细胞、淋巴细胞计数对早期新型冠病毒肺炎的鉴别诊断价值分析[J]. 山东医药, 60(17): 44-46.

袁涛, 刘文杰, 辛志敏, 等, 2022. 人卵巢颗粒细胞体外分离培养后连续传代的观察[J]. 生殖医学杂志, 31(2): 220-226.

章静波, 黄东阳, 方瑾, 2011. 细胞生物学实验技术[M]. 2版. 北京: 化学工业出版社.

赵文静, 张晶, 2016. 小鼠红细胞膜通透性的实验结果与分析[J]. 高教学刊, (11): 106-107.

朱海英, 2012. 医学细胞生物学实验教程[M]. 北京: 高等教育出版社.

邹倩, 濮德敏, 周利平, 等, 2006. 液基超薄细胞技术及TBS系统检测2635例宫颈涂片的临床分析[J]. 中国实用妇科与产科杂志, 22(4): 268-270.

Ba F, Rieder H L, 2000. 荧光显微术与萋-尼氏染色技术在检查痰抗酸杆菌方面的比较[J]. 国际结核病与肺部疾病杂志, 3(Z1): 60-64.

Bonifacino J S, 2007. 精编细胞生物学实验指南[M]. 章静波译. 北京: 科学出版社.

Henegariu O, Heerema N A, Lowe Wright L, et al, 2001. Improvements in cytogenetic slide preparation: controlled chromosome spreading, chemical aging and gradual denaturing[J]. Cytometry, 43(2): 101-109.

Prentice J R, Anzar M, 2011. Cryopreservation of mammalian oocyte for conservation of animal genetics[J]. Veterinary Medicine International, 2011: 146405.